马氏体新形态学

谭玉华　马跃新　著

U0351288

北　京

冶金工业出版社

2014

内 容 提 要

本书共分 14 章。首先对马氏体的研究进行了概述，并介绍了马氏体研究方法方面存在的失误，然后分别分析了低碳钢、低碳高合金钢、中碳钢和高碳钢中的马氏体形貌及组织结构等，接着专门介绍了粗片状马氏体的形貌，并探讨了影响马氏体形态和性能的因素、马氏体类型的新鉴别法及其应用、马氏体晶体学、马氏体相变力矩理论、马氏体新现象论等。第 13 章介绍本书作者的新理论——无扩散点阵类型改组理论。最后对本书的主要结论进行了汇总。

本书可供从事金属材料及热处理研究的科研人员参考，也可作为材料相关专业师生的参考书。

图书在版编目（CIP）数据

马氏体新形态学/谭玉华，马跃新著 . —北京：冶金
工业出版社，2013.4（2014.1 重印）
ISBN 978-7-5024-6222-2

Ⅰ.①马… Ⅱ.①谭… ②马… Ⅲ.①马氏体—研究
Ⅳ.①TG113.12

中国版本图书馆 CIP 数据核字（2013）第 065086 号

出 版 人　谭学余
地　　　址　北京北河沿大街嵩祝院北巷 39 号，邮编 100009
电　　　话　(010)64027926　电子信箱　yjcbs@ cnmip. com. cn
责任编辑　尚海霞　美术编辑　彭子赫　版式设计　孙跃红
责任校对　王永欣　责任印制　牛晓波
ISBN 978-7-5024-6222-2
冶金工业出版社出版发行；各地新华书店经销；北京慧美印刷有限公司印刷
2013 年 4 月第 1 版，2014 年 1 月第 2 次印刷
169mm×239mm；17.25 印张；332 千字；261 页
46.00 元
冶金工业出版社投稿电话：(010)64027932　投稿信箱：tougao@ cnmip. com. cn
冶金工业出版社发行部　电话：(010)64044283　传真：(010)64027893
冶金书店　地址：北京东四西大街 46 号(100010)　电话：(010)65289081(兼传真)
（本书如有印装质量问题，本社发行部负责退换）

前　言

　　1960 年，Kelly 等人首次利用高分辨率的透射电镜观察淬火组织，发现其亚结构有位错和孪晶，这对推动马氏体研究起了不可磨灭的作用。但是，他们的工作也把近代马氏体的研究引入歧途，最重要的表现在下列两个方面：

　　第一，观测不全面和不够深入，导致在马氏体形态学上出现一系列的错判。例如将束状马氏体一律视为板条状马氏体；提出马氏体的形态是板条状、橄榄球状等观点，违反"自由能最低"的基本规律；认为马氏体的高脆性是由于外形呈现片状或具有内孪晶所造成的，歪曲了马氏体的外形和孪晶对材料塑性的作用；混淆了相变孪晶和形变孪晶的本质区别，误认为马氏体中相变孪晶的出现是因为位错临界分切应力超过了孪生临界分切应力；在马氏体形核能量计算中，忽视了相变力矩应变能和铁原子激活迁移能；对淬火组织的鉴别造成混乱等。

　　第二，由于在马氏体亚结构中观察到位错和内孪晶，被视为对"马氏体相变是切变式相变"的力证，从而使"马氏体相变切变论"的观点得到普遍认同并成为广泛探讨的热门。因为马氏体相变实际上是无扩散点阵类型改组转变，马氏体内的位错主要来自界面错配位错和奥氏体的遗传，内孪晶是马氏体晶核的一种不可缺少的长大方式等，都与马氏体切变无关。所以，"马氏体相变切变论"中的数学推演、各种位错模型、马氏体形核和核长大理论等都变成人为的臆猜，导致有关马氏体相变"切变说"的大量研究变成脱离马氏体相变实际的典型。

　　本书评述了目前马氏体的主要研究成果，总结和全面论述了本书作者自 20 世纪 60 年代以来对马氏体形态及其形成机理的研究成果，获得 39 项新发现，提出两个新相变理论和许多新概念、新观点，对马氏体形态学、晶体学、热动力学和马氏体相变机理做了深入、细致的研究和探讨。书中指出：目前，有关马氏体的研究还存在一系列问题，有些观点甚至还相互矛盾。作者认为，这主要也是由上述两方面原因所引起。

本书作者提出并论证了马氏体相变新理论：无扩散点阵类型改组理论。认为马氏体相变不是切变式相变，而是无扩散点阵类型改组的共格单相转变，并得出"惯习面"是铁原子由奥氏体向马氏体转变时这两个点阵中"相距最远铁原子移动距离"最短的晶面，比较全面地论述了马氏体相变新理论的原理和基本规律、热动力学和晶体学及其决定的因素、相变的五种机制等。首次提出束状马氏体一共分两大类三种，以及马氏体形核长大的方式只有两种类型：（1）小角差形核长大；（2）孪晶关系形核长大。同时，采用新理论对马氏体形核和核长大机制、各种淬火组织和亚结构的形成做出了合理的解释。

本书重新论述了"滑移经典理论"：提出"位错"只是晶体"整体滑动"的"先锋"，使滑移面上下原子"活化"；而材料的实际加工变形主要是依靠晶体的"整体滑动"来完成。所以，对金属材料的工业加工而言，塑性变形的机制主要是整体滑动。

本书是我们多年来对马氏体研究的工作总结，其中许多研究已经在国内外的专业期刊上以论文的形式发表。本书提出了一些新的观点，包括提出工业上加工金属材料的塑性变形机制主要是依靠晶体在滑移面上进行整体滑移而不是位错运动。位错的功效只是使晶体整体滑动所需要的切应力降低，在实际塑性变形时，发生整体滑动的晶面不一定都是滑移面。这些新观点可能会在学术界引起争议，因此我们殷切希望读者和我们交流、沟通，促进我国在马氏体这一领域的研究深入展开，更进一步探讨和认识马氏体的本来面目。同时，也诚恳地欢迎对本书不当之处提出宝贵意见。

本书第 3 章~第 9 章由马跃新编写，其余由谭玉华编写，全书由谭玉华统稿和审定。书中所有曲线图由谭曼玲制作。

　　参加本书有关内容研究和试验工作的有曾德长、董希淳、马跃新、贺跃辉、刘跃军、胡书琴、许晓嫦、袁明、吴煜等，在此一并表示感谢。

　　对已故中国科学院院士庄育智老先生给予的帮助特此鸣谢。

谭玉华

2013 年 11 月于湘潭大学

目　　录

1　马氏体研究概述 ……………………………………………………… 1

1.1　研究概况 ……………………………………………………… 1

1.2　铁合金中的马氏体 …………………………………………… 2

1.2.1　马氏体相变定义 ……………………………………… 2

1.2.2　马氏体相变产物的类型 ……………………………… 2

1.3　影响铁合金中马氏体的因素 ………………………………… 10

1.3.1　碳对铁碳合金马氏体的影响 ………………………… 10

1.3.2　铁镍合金中的马氏体 ………………………………… 11

1.3.3　其他铁合金中的马氏体 ……………………………… 14

1.3.4　影响马氏体类型的因素 ……………………………… 15

1.4　马氏体相变理论 ……………………………………………… 21

1.4.1　马氏体相变的切变模型 ……………………………… 21

1.4.2　马氏体相变形核理论 ………………………………… 27

2　马氏体研究方法的失误 ……………………………………………… 34

2.1　马氏体的透射电镜鉴别法 …………………………………… 34

2.2　马氏体的金相鉴别法 ………………………………………… 40

3　低碳钢中的马氏体 …………………………………………………… 42

3.1　试验用钢和热处理 …………………………………………… 42

3.2　低碳马氏体的形貌 …………………………………………… 42

3.3　低碳马氏体在透射电镜下的成像 …………………………… 44

3.4　低碳马氏体在透射电镜下的亚结构 ………………………… 45

3.5　低碳马氏体的空间形态 ……………………………………… 49

3.6　低碳钢淬火组织在光学显微镜下形貌产生的剖析 ………… 52

3.7　低碳马氏体组织示意图 ……………………………………… 53

4 低碳高合金钢中的马氏体················55

4.1 20Cr2Ni4A 钢的显微组织 ·············55

4.2 20Cr2Ni4A 马氏体的立体形貌 ·········57

4.3 20Cr2Ni4A 钢的力学性能 ············59

4.4 其他低碳高合金钢的显微组织和力学性能···········60

4.5 马氏体形态的形成原因与力学性能···········61

5 中碳钢中的马氏体··················63

5.1 问题的提出 ···················63

5.2 中碳钢马氏体在透射电镜下的成像·········64

5.3 试验中碳钢的化学成分和热处理·········65

5.4 中碳钢马氏体在光学和扫描电镜下的图像·······65

5.5 中碳、高碳钢束状马氏体的本质·········68

5.6 中碳钢马氏体的空间形貌············72

6 高碳钢中的马氏体··················73

6.1 试验用钢的化学成分和热处理··········73

6.2 高碳钢马氏体在透射电镜下的成像········73

6.3 高碳钢马氏体在光学显微镜和扫描电镜下的图像·····75

6.4 高碳束状马氏体的本质············77

6.5 当前有关研究资料失真的原因·········79

6.5.1 Speich 等人的研究结果 ·········79

6.5.2 Изотов 的研究结果 ··········81

6.5.3 束状马氏体的惯习面和取向关系·····82

7 粗片状马氏体的形貌·················83

7.1 所试验钢的化学成分和热处理·········83

7.2 平行粗片马氏体 ················84

7.3 束状粗片马氏体 ················85

7.4 等边三角形粗片马氏体············86

7.5 等边六边形粗片马氏体············87

7.6 W 形粗片马氏体 ···············88

7.7 枝干状马氏体 ················89

7.8 片状马氏体显出规则分布的条件········92

8　影响马氏体形态和性能的因素 ··· 94

8.1　碳对马氏体形态的影响 ··· 94

8.2　奥氏体化工艺对马氏体形态的影响 ································· 97

8.2.1　奥氏体化温度对结构钢淬火组织的影响 ················· 97

8.2.2　热处理工艺对结构钢力学性能的作用 ····················· 99

8.2.3　奥氏体晶粒大小对淬火钢韧性的影响 ····················· 101

8.2.4　断口观察 ··· 101

8.2.5　淬火温度对断裂韧性影响的解释 ···························· 102

8.3　决定马氏体类型的基本要素 ··· 103

8.4　决定马氏体力学性能的因素 ··· 105

8.4.1　碳和合金元素的质量分数 ·· 105

8.4.2　残余奥氏体的数量和分布 ·· 106

8.4.3　束状区的大小和马氏体单晶的尺寸 ·························· 106

8.4.4　原奥氏体晶粒大小 ··· 106

8.4.5　马氏体类型 ··· 106

8.5　利用形变热处理实现显微组织超细化的途径 ················· 107

8.5.1　形变热处理的发展方向 ··· 107

8.5.2　铁合金的强塑性形变 ·· 109

9　马氏体类型的新鉴别法及其应用 ··· 111

9.1　束状马氏体的类型和特性 ·· 111

9.1.1　束状薄板马氏体 ·· 111

9.1.2　束状细片马氏体 ·· 112

9.2　马氏体类型的鉴别法 ·· 112

9.2.1　这两类常见马氏体在光学显微镜下的判据 ··············· 112

9.2.2　两类马氏体在扫描电镜下的判据 ···························· 113

9.3　马氏体类型鉴别法的应用 ·· 113

10　马氏体晶体学 ··· 116

10.1　惯习面和马氏体类型 ··· 116

10.2　马氏体束中单晶的取向关系 ·· 121

10.3　马氏体和奥氏体的位向关系 ·· 124

10.4　$\{111\}$ 型马氏体的位向关系 ····································· 125

10.4.1　惯习面 $\{111\}_A$ 的各单晶的取向关系"变化规律" ········· 126

10.4.2　其他惯习面的各单晶的取向关系"变化规律" ……… 129

10.5　马氏体晶核的取向 ……………………………………………… 130

10.5.1　相邻晶核为小角差 ……………………………………… 130

10.5.2　相邻晶核为孪晶关系 …………………………………… 132

10.5.3　相邻晶核为反向关系 …………………………………… 132

10.5.4　相邻晶核其他取向关系 ………………………………… 132

10.6　束状细片马氏体的形成机理 …………………………………… 133

10.7　束状薄板马氏体形成机理 ……………………………………… 134

11　马氏体相变力矩理论 ……………………………………………… 135

11.1　力矩原理 ………………………………………………………… 136

11.2　马氏体晶核形成的力矩分析 …………………………………… 137

11.3　相变力矩理论在马氏体相变中的应用 ………………………… 139

11.3.1　成对马氏体片和中脊线的本质 ………………………… 139

11.3.2　束状马氏体的形成 ……………………………………… 140

11.3.3　W 形马氏体片 …………………………………………… 140

11.3.4　等边三角形组织 ………………………………………… 141

11.3.5　树枝状马氏体相变 ……………………………………… 142

11.3.6　魏氏组织 ………………………………………………… 143

11.3.7　爆发式马氏体相变 ……………………………………… 143

11.4　蝶状马氏体的形成 ……………………………………………… 144

11.4.1　蝶状马氏体的形貌 ……………………………………… 144

11.4.2　蝶状马氏体的几种罕见形貌 …………………………… 146

11.4.3　蝶状马氏体的亚结构和本质 …………………………… 147

11.4.4　蝶状马氏体的几何分析 ………………………………… 149

11.4.5　蝶状马氏体晶体学分析 ………………………………… 151

11.4.6　蝶状马氏体的形成机理 ………………………………… 152

11.5　马氏体长大的相变力矩论 ……………………………………… 155

12　马氏体新现象论 …………………………………………………… 156

12.1　马氏体相变热力学的失误 ……………………………………… 156

12.2　低碳马氏体相变的相内分解 …………………………………… 157

12.2.1　相内分解曲线 …………………………………………… 157

12.2.2　碳对奥氏体和铁素体自由能的作用 …………………… 158

12.3　束状薄板马氏体的形成机理 …………………………………… 161

12.4　相变孪晶和形变孪晶 ·· 169

12.4.1　相变孪晶和形变孪晶的性质和区别 ························· 169

12.4.2　片状马氏体中相变孪晶形成机理 ·························· 172

12.4.3　奥氏体中孪晶的形成机理 ····································· 178

12.5　无扩散点阵类型改组理论 ··· 178

13　无扩散点阵类型改组理论 ··· 179

13.1　惯习面揭示出来的规律 ·· 179

13.1.1　惯习面是奥氏体点阵上的铁原子迁移到马氏体点阵
距离最短的晶面 ··· 179

13.1.2　马氏体形核的条件 ··· 184

13.2　关于马氏体相变晶核的合理形貌 ····································· 186

13.2.1　相变力矩是马氏体晶核长大的条件 ······················ 186

13.2.2　马氏体晶核的基本形态 ······································ 188

13.3　无扩散形核热力学 ·· 189

13.3.1　马氏体相变热力学条件 ······································ 189

13.3.2　极高碳钢不形成束状细片马氏体 ························· 196

13.3.3　马氏体晶核尺寸的范围 ······································ 197

13.4　马氏体相变动力学 ·· 199

13.4.1　马氏体形成的动力学曲线 ··································· 199

13.4.2　马氏体变温相变产生的原因 ································ 203

13.5　完全孪晶和部分孪晶 ··· 204

13.5.1　完全孪晶和穿晶孪晶线 ······································ 204

13.5.2　完全孪晶和穿晶孪晶线的形成原因 ······················ 205

13.5.3　采用"相变力矩论"解释"部分孪晶"的形成 ········· 207

13.6　马氏体组织的形成机制综述 ··· 209

13.6.1　束状细片马氏体的形成 ······································ 210

13.6.2　束状薄板马氏体的形成 ······································ 211

13.6.3　粗片状马氏体的形成 ·· 214

13.6.4　低碳马氏体单晶外形改变和内孪晶增多的解释 ········· 214

13.6.5　其他类型马氏体的形成 ······································ 215

13.7　决定马氏体相变机制和形态的核心因素 ···························· 217

13.7.1　马氏体形核长大的种类 ······································ 217

13.7.2　固态相变形核和核长大的基本规律 ······················ 219

13.7.3　对马氏体相变"形状应变"和"浮凸效应"的新见解 ········ 219

13.7.4 对粗片马氏体加束状马氏体淬火组织的全面解释 …………… 220
13.8 "新马氏体相变理论"小结 …………………………………… 222
13.9 马氏体相变和塑性切变的区别 ………………………………… 225
13.9.1 塑性切变的新观点 …………………………………… 225
13.9.2 马氏体相变和塑性切变比较 ………………………… 231

14 主要结论汇总 ………………………………………………… 232
14.1 新发现 ……………………………………………………… 232
14.2 主要新观点 ………………………………………………… 238
14.3 次要新观点 ………………………………………………… 246

参考文献 …………………………………………………………… 251

1 马氏体研究概述

为了弥补马氏体研究的失误和不足，本书全面和详细地总结了本书作者在这个领域中的试验和观点，部分成果已经发表在文献［1～29］中。下面首先对国内外发表的、有代表性的文献进行综合论述。

1.1 研究概况

从目前公布的资料看，最早采取淬火获得高硬度的内部组织并用来制造刀剑的国家是中国。早在西汉（公元前 206 年）时期，中国就进行了刀剑"水淬"[32]。直到 1895 年，国外才将通过水淬得到的高硬度组织称为"马氏体"（以德国人 A. Martens 命名）[33]。当时使用的是光学显微镜，分辨率比较低，因此，只观察到这种淬火组织呈现片状[34]或者针状[35]，所以称之为"片状马氏体"和"针状马氏体"。直到 1960 年以前，国内外一直把马氏体都视为"片状"或者"针状"马氏体。苏联将在低温淬火获得的、分辨不出"针状"形貌的淬火组织称为"隐针马氏体"；在工业发达国家，没有这个称呼，只称为"超细片状马氏体"。

P. M. Kelly 在 1958 年就开始采用透射电镜观察金属的组织[36]，于 1960 年公布了使用透射电镜研究马氏体的成果，观察到低碳钢中的马氏体具有位错亚结构，而高碳钢则为孪晶亚结构。他们把具有位错亚结构的马氏体称为"位错马氏体"或"板条状马氏体"，具有孪晶亚结构的马氏体称为"孪晶马氏体"或"片状马氏体"[37]。从此，采用透射电镜就成了鉴别这两种马氏体的方法。凡是观察不到片状外形，或者亚结构中没有孪晶者，都被认为是"板条状马氏体"或"位错马氏体"；具有孪晶亚结构者，则称为"片状马氏体"。

透射电镜的应用将马氏体的研究大大地向前推进了一步，导致多种马氏体形态的发现。之后，有人把看不出片状的淬火组织称为"块状马氏体"[38]或"束状马氏体"[39]。目前，马氏体名称的流行术语是：束状马氏体、板条状马氏体和片状马氏体。

从 1976 年开始，约每隔 3 年召开一次"国际马氏体相变会议"，交流和研讨马氏体领域中有关形态学、晶体学、热力学、动力学、热处理工艺、相变理论、马氏体应用新成果等问题。现将国内外在铁合金中的主要研究成果分述于下。

1.2　铁合金中的马氏体

1.2.1　马氏体相变定义

"马氏体"最简单和准确的定义是：马氏体相变的产物。至于什么是"马氏体相变"，最早的定义比较简单，认为："马氏体相变"是点阵类型改变时不需要原子扩散的一种转变[40]。由于铁磁性转变、铁弹性相变等也是无扩散、位移式的，因而对马氏体相变的定义越来越复杂；当把有色合金和非金属材料中的一些具有马氏体相变特征的转变纳入"马氏体相变"范畴后，为了包含这些马氏体相变的新特性，导致定义马氏体相变变得更加困难和烦琐，马氏体相变的定义最多达四百余字[41]。在1995年"国际马氏体相变会议"上，专门讨论了马氏体相变的定义。关于马氏体相变各种定义较全面的介绍，请看徐祖耀先生的专著[42]。徐先生对"马氏体相变"的定义是：替换原子经无扩散位移（均匀和不均匀形变），由此产生形状改变和表面浮凸、呈不变平面应变特征的形核－长大型的相变。Olson，Cohen，Christian等人[31]强调：马氏体相变是一个由切变主宰的、产生点阵畸变的、形核和长大的无扩散相变。

为了解释马氏体相变过程中产生形状应变、呈现表面浮凸等现象，目前普遍都认同：马氏体相变是切变式相变，在相变中马氏体发生了塑性形变；并用马氏体发生了的孪生塑性形变来解释马氏体中内孪晶的形成。但是，高碳马氏体属于高硬度、高脆性材料，不可能在低温（300℃以下）下进行大量塑性形变，因此，在马氏体片中无法形成大量的内孪晶；如碳的质量分数为1.12%时，内孪晶的间距仅$0.009 \sim 0.013\mu m$（参见图$6-2$）。这就给马氏体的定义和马氏体相变机制提出一个示警：当前对马氏体的认识存在问题。

在本章和第13章将专门讨论这些问题，本书作者认为：将马氏体相变认为是切变式相变基本上属于虚构。对马氏体相变的形状应变和内孪晶的形成，本书作者提出新看法，不采用"切变"观念来解释马氏体片中"内孪晶"的产生和相变过程中出现的"形状应变"，进而给出马氏体相变的定义为：马氏体相变是无扩散点阵类型改组的共格单相转变。具体来说，它是置换原子小于一个原子间距的点阵类型重新改组，不是简单的定向位移，而是铁原子进行多向不同距离的迁移；在相变过程中，不存在马氏体的塑性切变。凡是不符合这一定义的，都不宜纳入"马氏体相变"的范畴。因此，在马氏体相变定义中，不必考虑非铁合金马氏体相变的独自特性或者将它们列入"类马氏体相变"的范畴。

1.2.2　马氏体相变产物的类型

自从1960年Kelly等人[37]采用透射电镜研究马氏体之后，人们对马氏体的认识大大向前推进了一步，并发现了多种马氏体类型。现重点介绍最常见的两种马氏体类型。

1.2.2.1 板条状马氏体

在介绍马氏体的类型前，首先需要指出，Krauss 和 Marder[44]的研究对大家有误导。他们在光学显微镜下观察碳的质量分数为 0.2% 的淬火钢，对高 $30\mu m$ 的试样分别抛光 $11\mu m$ 和 $18\mu m$，拍摄了 3 张照片，观察上面两片板条状马氏体的位置变化，绘出图 1-1 所示的示意图，证明板条状马氏体的空间形态是板条状。从此，束状马氏体就是板条状马氏体的概念流行开来，到现在仍然在普遍应用。

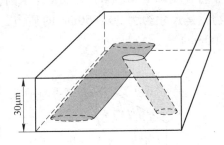

图 1-1　板条状马氏体的外形示意图

在光学显微镜下放大 750 倍，长度约 8mm、宽度约 1mm 的马氏体横断面实际尺寸为 $10.7\mu m \times 1.3\mu m$。而低碳马氏体最小单元的厚度一般为 $0.15 \sim 0.20\mu m$[45]，可见他们所观察到的只是 $7 \sim 8$ 个马氏体单元的集体外形，不能肯定是低碳马氏体单元的空间形貌（低碳马氏体的真实空间形态和示意图参见第 3 章图 3-13）。

Krauss 等人还提出了采用光学显微镜鉴别马氏体的方法。板条状马氏体的特征是：许多尺寸相近的板条相互平行[39,44,49]，组成束状组织[38,39,44,46,47]；而片状马氏体不呈现束状[39,47,48]，各马氏体片相互不平行[44,50,51]且尺寸相差很大[44,51]。

板条状马氏体的光学显微组织如图 1-2(a)[52]所示，呈现黑白双色和单色两种束状形貌，其中，双色束状组织的数量一般超过大约 30%。图 1-2(b)[53]所示为其透射电镜图像，由平行的板条构成。板条内存在亚晶——单晶胞，它们的界面是位错壁。

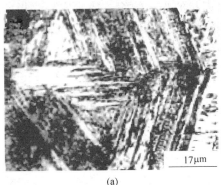

17μm

(a)

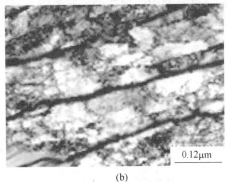

0.12μm

(b)

图 1-2　低碳马氏体在光学显微镜和透射电镜下的形貌

(a) 光学显微镜；(b) 透射电镜

　　图1-3（a）[55]所示为低碳钢淬火组织的示意图。其中，"A"是单色的束状组织；"B"是双色束状组织中的块区，往往呈现黑白两种块区交替的形态；"C"是块区，在高倍放大时由许多平行的板条组成。图1-3（b）[54]所示为低碳高合金钢的淬火组织示意图，由许多取向不同的束状组织构成。束状组织则由许多块区组成，而块区内则是许多具有小角界面的平行板条，每个板条内存在亚晶（见图1-2（b））。MX表示因合金元素质量分数高而生成的金属间化合物，是尺寸约为30~50nm的质点，$M_{23}C_6$是粗碳化物质点（尺寸为100~300nm）。

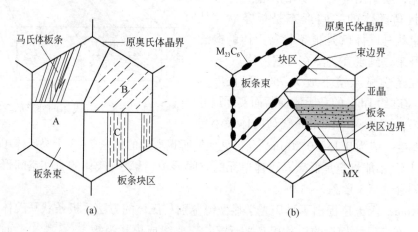

图1-3　低碳钢和低碳高合金钢中板条状马氏体组织两种示意图
(a) 低碳钢；(b) 低碳高合金钢

　　根据碳钢淬火组织在光学显微镜下的形态，文献［45］将碳的质量分数为0.1%~0.8%的钢中的板条状马氏体分成4个类型，并做了详细地描述。这种分类和描述都是因为把在光学显微镜下显出束状的淬火组织一律看成是"板条状马氏体"而产生的错判。实际上，中碳钢和高碳钢中的束状马氏体不是由板条状单晶相互平行构成，而是由许多细片状的单晶彼此平行组成，它们都是"束状细片马氏体"，理应属于片状马氏体的范畴（参见第2章、第4章和第5章）。

　　目前，多数人认为的"板条状马氏体"在光学显微镜下呈现束状组织[38,39,44,47]，有时呈现等边三角形[62~64]。板条状马氏体的块区由许多厚度相近的板条组成，板条的厚度出现的频率如图1-4[45]所示，大部分是0.15~0.2μm。各板条之间的取向差为小角（1°~10°）[39,61,65,66]，相邻块区的取向差为孪晶角（70°32′）[44,56,58~60,82]。

　　在板条状马氏体内，存在大量的缠结位错和细小的位错胞[67]，碳的质量分

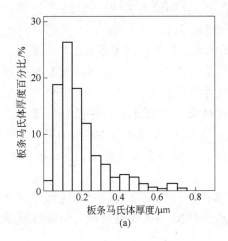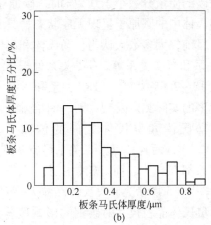

图 1-4 不同钢中板条状马氏体厚度的出现频率

（a）碳的质量分数为 0.2% 的钢；（b）镍的质量分数为 18% 的马氏体时效钢

数为 0.01% 的钢，位错密度为 5×10^{10} cm^{-2}；碳的质量分数为 0.1% 的钢，位错密度为 1.5×10^{11} cm^{-2}[68]。采用电阻法测出[69]，板条状马氏体的位错密度为 $0.3 \times 10^{12} \sim 0.9 \times 10^{12}$ cm^{-2}。最近测得[70]：碳的质量分数小于 0.002%、锰的质量分数为 1.55% 的纯铁淬火后，位错密度为 2.0×10^{11} m^{-2}。低碳钢板冷轧 50% 后，位错密度可以达到 1×10^{15} m^{-2}，而低碳钢板马氏体的位错密度为 2.3×10^{15} m^{-2}[70] 或 24×10^{14} m^{-2}[71]。强冷加工的位错分布不均匀，组成位错胞和剪切带[72]，而低碳马氏体内的位错分布比较均匀[45]。碳的质量分数为 0.36%、铬的质量分数为 5.06%、钼的质量分数为 1.25%、钒的质量分数为 0.49% 的板条状马氏体[74] 的位错密度为 1.5×10^{16} m^{-2}。回火温度到 550℃，位错密度仍然在约 10^{16} m^{-2}。一些板条内，存在部分相变孪晶[75]。在马氏体同奥氏体的分界面上是错配位错结构[54]。

目前，对板条状马氏体惯习面的测定结果很不一致。大多数得出是 $\{111\}_\gamma$[44,46,77,78]，也有的得出的是接近 $\{111\}_\gamma$[57]、偏离 $\{111\}_\gamma 4.5°$[80]、$\{223\}_\gamma$[81]、$\{213\}_\gamma$[82]、$\{557\}_\gamma$[83~86]（$\{557\}_\gamma$ 偏离 $\{111\}_\gamma 8°$[84]）和 $\{345\}_\gamma$[82]。

当碳的质量分数为 0.5% ～ 1.4% 时，铁基合金马氏体的惯习面为 $\{225\}_\gamma$[78]；碳的质量分数为 1.5% ～2.0% 时，惯习面为 $\{259\}_\gamma$[87]；对 Fe-5Ni-C、Fe-24Ni-2Mn 和 Fe-20Ni-6Ti 合金，惯习面是 $\{213\}_\gamma$[82]。

已经确定，低碳（碳的质量分数小于 0.2%）马氏体是体心立方点阵。中碳和高碳马氏体中，碳原子呈现无序分布时，为体心正交点阵。当碳原子变成有序分布时，马氏体具有体心正方点阵。铁碳合金马氏体在室温大都是正方点阵，大部分（大于 80%）的碳原子呈有序分布。

碳的质量分数小于0.2%时，碳原子有序化的温度 T_c 低于室温[45]，所以低碳马氏体中的碳原子呈现无序状态，具有立方点阵。

目前，大多数人认为，马氏体和奥氏体的晶体学位向关系有：K-S 关系、N-W 关系和 G-T 关系等。G-T 关系处于 K-S 关系和 N-W 关系之间，与 K-S 关系相差仅 1°~2.5°[44,46,82]。K-S 关系和 N-W 关系之间相差 5°16′或者 5.26°[61,90]。越来越多的实际测定发现，对一种合金，其马氏体相变并不只遵循一种晶体学关系。马氏体和奥氏体之间的位向关系往往是在 K-S 关系和 N-W 关系之间[61,90,316]，而且，以 G-T 关系最常见[61,88,91]。同一个板条束中，K-S 和 N-W 两种关系都有[37,39]，而且轮番出现[37,39,46]。

图 1-5 所示为原奥氏体晶粒大小对板条状马氏体束的尺寸和块区厚度的影响。奥氏体晶粒尺寸对碳钢的影响显著大于 18Ni 马氏体时效钢，块区厚度受奥氏体晶粒大小的影响比较小。

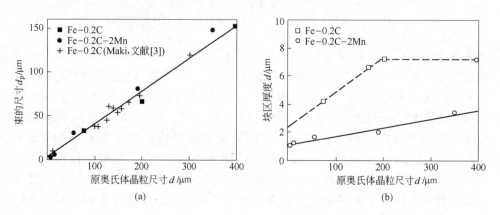

图 1-5　原奥氏体晶粒的大小对板条状马氏体束的尺寸和块区厚度的影响[92]
(a) 对马氏体束尺寸的影响；(b) 对块区厚度的影响

图 1-6 所示为奥氏体化温度对铁碳（碳的质量分数为 0.2%）板条状马氏体的厚度分布的影响[93]。总的说来，奥氏体化温度不改变板条厚度的分布曲线，而且并不一定是淬火温度越高，该种厚度的板条就越多。也就是说，无论是低温还是高温淬火，大部分板条的厚度都在 0.10~0.35μm 之间，以 0.2μm 最多。

淬火冷却速度对板条状马氏体束尺寸的影响也不大，增大冷却速度可以使马氏体束和块区的尺寸稍有变小，淬火组织细化。但随着原奥氏体晶粒尺寸的变小，冷却速度的作用则更小，如图 1-7 所示。图中再次显示出原奥氏体晶粒大小对淬火组织细化的强烈作用。可见在热处理时，降低奥氏体化温度，采取低温淬火是显微组织细化的关键。

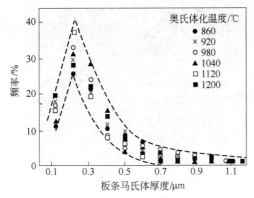

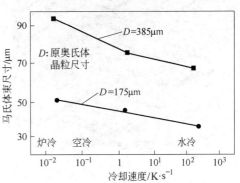

图1-6 奥氏体化温度对铁碳(碳的质量分数为0.2%)板条状马氏体的厚度分布的影响

图1-7 冷却速度对18Ni马氏体时效钢中板条状马氏体束尺寸的影响[45]

1.2.2.2 片状马氏体

目前普遍认为:与板条状马氏体不同,片状马氏体不能组成束状组织[38,39,47,48],各马氏体片不相互平行[44,50,51],亚结构是平行的细小孪晶[34]和螺形位错[95],具有细小和均匀的位错胞[96]。孪晶是 $\{112\}_M <111>_M$,厚度约 $10\mu m$[50]。

在具有 M_s 点稍低但高于室温的高碳钢和铁镍合金中形成片状马氏体,具有形变孪晶[50]。

Marder 等人[39]研究不同碳的质量分数对马氏体类型的作用时发现:碳的质量分数低于0.6%时,为块状马氏体;碳的质量分数为0.6%~1.0%时,为块状马氏体+针状马氏体;碳的质量分数大于1.0%时,全部是针状马氏体,得到

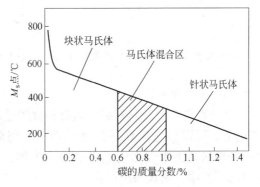

图1-8 碳的质量分数对淬火组织的影响[39]

图1-8所示的结果。后来 Speich 等人[97]又做了更细致的研究,得出:碳的质量分数不超过0.6%时,淬火钢的组织全部都是板条状马氏体;碳的质量分数为0.6%~1.0%之间时,为板条状马氏体+片状马氏体;碳的质量分数大于1.0%时,全部是片状马氏体。从此,国内外都按照这个原则区分各种碳钢的淬火组织类型。

1.2.2.3 铁合金中马氏体的类型

在铁合金中,除了常见的两大类板条状马氏体和片状马氏体外,还有蝶状马氏体、透镜状马氏体、粗大薄板状马氏体和 ε' 马氏体,如图1-9所示。

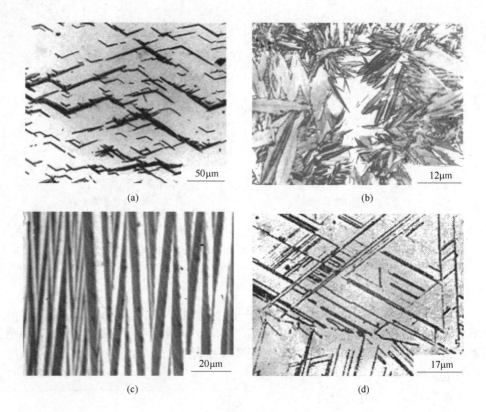

图 1-9　不同马氏体的图像

(a) 蝶状马氏体[98]；(b) 透镜状马氏体[99]；(c) 粗大薄片状马氏体[100]；(d) ε′马氏体[94]

A　蝶状马氏体

在铁碳合金中，只有碳的质量分数超过 0.8% 时才出现蝶状马氏体；在应力作用下，可以促进蝶状马氏体的形成。因而将淬火冷却过程中形成的，称为"冷却蝶状马氏体"；由于应力促发产生的，称为"应力促发蝶状马氏体"。在铁镍合金[107]中，蝶状马氏体在 0 ~ -60℃ 形成。

蝶状马氏体的惯习面为 {225}γ，是 {225}γ 马氏体的代表[108]，具有位错亚结构[91,107,109]。文献 [110] 中得出：除了完全位错型蝶状马氏体外，有些蝶状马氏体在两个叶片交接处存在少量孪晶。蝶状马氏体的亚结构接近于板条状马氏体，未发现相变孪晶[103]。有人甚至猜测，其韧性比片状马氏体好[112]。蝶状马氏体两个叶片之间存在内界面，属于孪晶界[99,113]。

B　透镜状马氏体

透镜状马氏体出现在碳的质量分数为 1.5% ~2.0% 的铁碳合金中，外形像透镜，中间具有中脊线。在日本，有些人[79]把不呈现透镜状的片状马氏体也列为透镜状马氏体。透镜状马氏体常见于高镍的铁合金当中，属于爆发式转变，在光学显微镜下呈现"W"的形貌。中脊线厚度约 $0.5 \sim 1 \mu m$[80]，文献［114］中得出：中脊线宽约 $1 \mu m$，是一个孪晶密度高的区域。而且，其取向与周围的 $\{112\}_b$ 孪晶稍不同。

透镜状马氏体的惯习面是 $\{259\}_\gamma$ 和 $\{225\}_\gamma$，片内具有相变孪晶，通常是 $\{112\}_M$ 孪晶。对正方度大的铁碳合金（$c/a = 1.08$，碳的质量分数为 1.82%），还有 $\{011\}_M$ 孪晶[101]。$(011)[01\bar{1}]$ 孪生的切变量只有 0.154，而 $(112)[\bar{1}\bar{1}1]$ 的孪生切变量为 0.71，因而认为 $\{011\}_M$ 不是相变孪晶，而是协作形变时产生的形变孪晶。

文献［110］中测定得出，马氏体的实际相变孪晶偏离理想的 $\{112\}_M$ 孪晶面 $3° \sim 20°$，因而首次提出马氏体片晶内发生了双向不均匀切变。孪晶面沿 $[\bar{1}\bar{1}1]$ 方向产生了附加滑移。

一般情况下，这种孪晶属"部分孪晶"，位于片的中央，不穿透整个马氏体片；非孪晶区存在大量的位错。随镍的质量分数的增加或者 M_s 点降低，孪晶区变宽[108]。对 Fe-Ni-C 合金，改变 M_s 或者镍和碳的质量分数，相变孪晶的密度不变。其厚度几乎也相同，约 $5nm$[109]。

需要指出的是：本书作者的大量观察得出，大部分马氏体的内孪晶都是穿晶的"完全孪晶"，碳钢和低合金钢也是如此；"部分孪晶"仅很少部分，只有在相变潜热释放多的高合金中才会出现。

透镜状马氏体的突出问题是产生显微裂纹。目前已经确定，因马氏体片相互撞击，应力很大，对不能塑性形变的碳素淬火钢，在撞击处形成裂纹[93]。铁镍合金马氏体具有塑性，可通过孪生形变使应力松弛[109]而减少裂纹出现。

C 粗大薄片状马氏体

粗大薄片状马氏体是在 M_s 点很低的 Fe-Ni-C 合金中观察到的[115]，呈现狭窄的片状，平直边界。在一般书籍和日本刊物上，只取了局部晶体，呈现薄板状；实际上，因这种马氏体的界面能非常大，因而端面都是锐角，如图 1 - 9 (c)[100]所示。一片粗大薄片状马氏体可以穿过另外一片，相互交叉，还可以出现曲折、分支等形态。惯习面为 $\{3\,10\,15\}_A$，内部具有 $\{112\}_M$ 完全孪晶，没有中脊线。这是它与透镜状马氏体的最大区别。对碳的质量分数为 0.23% 的铁镍合金（镍的质量分数为 31%），在 $-150℃$ 发生由透镜状马氏体向粗大薄片状马氏体的转变，提高碳的质量分数，此转变温度升高。对无碳的铁镍合金，转变温度为 $-196℃$；对碳的质量分数为 0.8% 的铁镍合金，转变温度为 $-100℃$。在碳的质量分数为 2% 的铁铝合金中，也观察到这种形态的马氏体[111]。

具有粗大薄片马氏体的 Ni58Fe17.5Ga27Al0.5 合金的断口图片如图 1 - 10 所示。从图中右上角可以清晰看出，它们的立体形态是平行的薄片堆垛在一起。

　　具有这种惯习面的合金，若界面能进一步增大，将出现"树枝状形"，本书作者称之为"枝干状马氏体"，如图 1－11 所示，文献［117］中称之为"山脊状"（ridge-shaped）片状马氏体，将在第 10.7 节专门讨论。

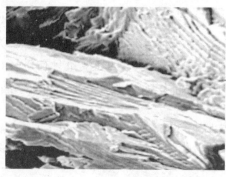

图 1－10　Ni58Fe17.5Ga27Al0.5 合金中
粗大薄片马氏体的空间形貌[116]

图 1－11　枝干状马氏体（Fe-9Cr-0.94C）

D　ε' 马氏体

　　以上都是具有体心立方或者正方点阵的 α' 马氏体。当奥氏体层错能比较低时，一些合金（如 Fe-Mn-C 合金、Fe-Mn-Cr-C 合金、Fe-Ni-Cr-C 合金、18－8 不锈钢等）产生具有密排六方点阵的 ε' 马氏体[118]，它经常和 α' 马氏体共存，呈现平直边界的薄板状，惯习面为 $\{1\,1\,1\}_A$。在透射电镜下呈现较多的、由层错产生的干涉条纹[119]，如图 1－12 所示；马氏体片很细，未观察到任何亚结构[98]。在光学显微镜下，沿奥氏体的 $\{1\,1\,1\}$ 面呈现魏氏组织。

图 1－12　Fe－15% Mn 钢中
ε' 马氏体的层错结构

1.3　影响铁合金中马氏体的因素

1.3.1　碳对铁碳合金马氏体的影响

　　因碳的质量分数不同，出现马氏体的形态也不同。如上所述，最早研究的是 Marder 等人[39]。后来，Speich 等人[97]也做了测定。因在碳的质量分数为 0.57% 的钢的束状淬火组织中未看到内孪晶，按照透射电镜鉴别马氏体的判据[34]："看不到内孪晶的应该属于板条状马氏体"，因而，他们采用光学显微镜观测了不同碳的质量分数钢的高温淬火组织。凡是呈现束状组织者，一律当成是板条状马氏体；看到马氏体片时，才认为是片状马氏体。他们制作出板条状马氏体和片状马氏体的相对体积分数随碳的质量分数的变化，如图 1 – 13 所示。碳的质量分数不超过 0.6% 时，淬火钢的组织全部都是板条状马氏体；碳的质量分数在 0.6% ~ 1.0% 之间时，为板条状马氏体 + 片状马氏体；碳的质量分数大于 1.0% 时，全部是片状马氏体。应该指出：高碳钢（碳的质量分数大于 1.0%）全部是片状马氏体的说法不准确。本书作者观察到的结果是：大部分为粗片马氏体 + 束状马氏体；

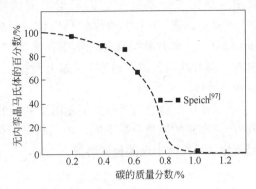

图 1 – 13　碳的质量分数对马氏体类型的影响

碳的质量分数和淬火温度很高时，才是粗片马氏体 + 残余奥氏体；只有碳的质量分数超过 1.6% 时，在高温淬火下才不出现束状马氏体，淬火组织由粗片马氏体和残余奥氏体组成。而且，碳的质量分数不超过 0.6% 时，淬火钢的组织全部都是板条状马氏体也不准确，详情请看第 4 章。

1.3.2　铁镍合金中的马氏体

　　文献［121］中总结了 Fe-Ni-C 合金中所形成的马氏体的种类、形貌和特性（见表 1 – 1）。一般生成 4 种马氏体类型：片状马氏体、透镜状马氏体、蝶状马氏体和板条状马氏体。

表 1 – 1　Fe-Ni-C 合金中所形成的马氏体的种类、形貌和特性

马氏体类型	片状马氏体	透镜状马氏体	蝶状马氏体	板条状马氏体
形貌				
在 Fe-Ni 合金中 Ni 的质量分数	高←			→低
形成温度	低←			→高
亚结构	孪晶	孪晶 + 位错	孪晶 + 位错	位错
晶体取向关系	G-T	G-T, N-W 或 K-S	K-S 或 N-W	K-S
惯习面	$\{3\,10\,15\}_\gamma$	$\{3\,10\,15\}_\gamma$ 或 $\{2\,5\,9\}_\gamma$	$\{2\,2\,5\}_\gamma$	$\{5\,5\,7\}_\gamma$ 或 $\{1\,1\,1\}_\gamma$

对铁镍合金，镍的质量分数小于25%时，为板条状马氏体；镍的质量分数大于25%时，为透镜状马氏体[122]。

应该指出：高镍铁合金中的所谓"板条状马氏体"，都是单色束状组织，没有块区结构[58]。实际上它们都是"束状细片马氏体"，而不是"板条状马氏体"。而且，表1−1中的片状马氏体（plate martensite），一般写成"thin plate martensite"（薄片状马氏体，本书称之为"粗大薄片状马氏体"，以便与中碳钢中的"薄片状马氏体"区别）。如上所述，具有 $\{3\ 10\ 15\}_A$ 的马氏体还有"枝干状马氏体"的形貌。

Fe-Ni-C 合金的马氏体类型随温度和碳的质量分数的变化如图1−14[94]所示。因 M_s 点和碳的质量分数不同，板条状马氏体、透镜状马氏体、蝶状马氏体和粗大薄片状马氏体出现的位置各异。

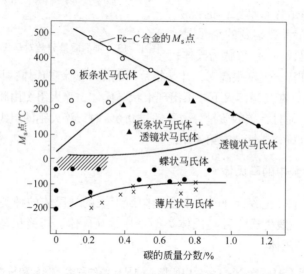

图1−14 碳的质量分数和 M_s 点对 Fe-Ni-C 合金马氏体形态的影响

目前，马氏体研究集中在铁碳合金和铁镍合金，许多有关蝶状马氏体、透镜状马氏体和粗大薄片状马氏体的规律都是来自对铁镍合金的观测。这种合金与铁碳合金的最大区别是：无论含没含碳，还是碳的质量分数高低，都是立方点阵，因此都具有一定的塑性。例如，碳的质量分数为0.8%的铁镍合金（镍的质量分数为20%），具有95%马氏体时在室温可以压缩15%[124]。

无碳（碳的质量分数小于0.005%）的铁镍合金，镍的质量分数为15%时，为板条状马氏体，惯习面为 $\{1\ 1\ 1\}_\gamma$；镍的质量分数为30%时，为透镜状马氏体，惯习面为 $\{2\ 5\ 9\}_\gamma$[115]。这些合金首先在液体氮中冷却形成马氏体后，可以使室温冷轧压下量达到50%。

铁镍合金中，一共出现下列 3 种马氏体形貌[104]：

（1）蝶状马氏体，形成温度较高，为 -30℃。

（2）透镜状或片状马氏体，比蝶状马氏体的形成温度低，为 -20 ~ -150℃。

（3）粗大薄片状马氏体，形成温度更低，不超过 -150℃。

无碳铁镍合金由透镜状马氏体转变成粗大薄片状马氏体的温度为 -196℃。随碳的质量分数增加，这种转变温度升高，如碳的质量分数为 0.8% 的铁镍合金，转变温度为 -100℃。

目前，对塑性形变在马氏体形态上的作用有两种观点：

（1）应变诱发形核机制，取决于塑性形变时产生的新部位和胚芽，应力和应变都能促进马氏体形核[126]。

（2）形变诱发马氏体相变的作用仅仅是所施加的应力的作用，而不是应变的作用[127]。

在 M_s 点以上压缩加工，对马氏体没有促进作用，只是在以后冷却过程中使形成的透镜状马氏体破碎和变弯曲[128]，这种形态改变是由于奥氏体基体的畸变和细化[129]。拉伸形变可以诱发马氏体相变，主要取决于形变的温度[128]。随着拉伸形变的进行，马氏体的形貌发生下列变化[130]：

（1）在 Fe-19.29Ni-0.48C 合金和 Fe-17.26Ni-0.71Cr-0.46C 合金中，蝶状马氏体→板条状马氏体。

（2）在 Fe-30Ni 合金中，透镜状马氏体→蝶状马氏体→密集的马氏体块区。

（3）在 Fe-30Ni-0.11C 合金中，透镜状马氏体→蝶状马氏体→{111}少量蝶状马氏体。

（4）对 Fe-30Ni-0.34C 合金，在较低温度（M_s = 12℃）下，粗大薄片状马氏体→双片马氏体→透镜状马氏体；在较高的温度下，粗大薄片马氏体→透镜状马氏体。

在相变过程中，马氏体的惯习面和晶体学取向关系也发生改变。马氏体形貌的转变同点阵变体的切变方式和宏观形状应变（弹性或塑性形变）的协调机制有关[116]。因为由塑性形变产生的松弛效应改变了马氏体片的长大和随后的形貌[130]。

目前，对铁镍合金马氏体中孪晶的变化研究很多，认为具有 {112}$_M$ 相变孪晶（此孪晶不横穿马氏体片，往往位于中脊线附近[120]），还有 {011}$_M$ 形变孪晶。不过这些研究往往未把因各种原因导致马氏体在透射电镜下由层错、并列的滑移带、平行的位错网、大量相变孪晶等产生的干涉条纹区分开，导致结果不一致和存在矛盾，这还有待今后深入研究。

需要特别指出的是：将"部分孪晶"认为是"相变孪晶"，"完全孪晶"

（横穿马氏体片）视为"形变孪晶"的看法不符合实际。相变孪晶基本上也是穿晶的，呈现"完全孪晶"。有关这两种孪晶的区别和生成原因参见第 12.4 节和第 13.5 节。

1.3.3　其他铁合金中的马氏体

1.3.3.1　Fe-Cr-C 合金

铬的质量分数为 12% ~ 13% 的马氏体不锈钢广泛用于耐蚀、耐热、刀刃和耐磨工件。目前，对 Fe – Cr 和 Fe-Cr-C 合金的局部相图[131,132]进行了研究，但对高铬钢的显微组织与铬、碳的质量分数的关系的研究则较少。文献［133］中得出图 1 – 15，M_s 点在 320℃ 以上，为板条状马氏体；170℃ 以下，为透镜状马氏体；这两个温度之间为两种马氏体的混合组织。对 Fe-Cr-C 合金，铬、碳的质量分数虽然显著降低 M_s 点，但对马氏体类型形成的温度范围的作用很小。

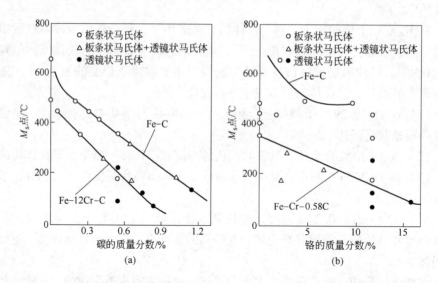

图 1 – 15　碳、铬的质量分数对铁碳和高铬合金的 M_s 点和显微组织的影响[133]

同样，这里的"板条状马氏体"都是单色束状组织，应该是"束状细片马氏体"。

1.3.3.2　Fe-6Mn-C 合金和 Fe-3Mn-3Cr-1C 合金

Fe-6Mn-C 合金和 Fe-3Mn-3Cr-1C 合金中，｛225｝马氏体内出现复杂的亚结构。既有 ｛112｝$_M$ 孪晶，还有 ｛011｝$_M$ 和 ｛123｝$_M$ 堆垛层错和位错[124]。这种由奥氏体中的层错和位错遗传到马氏体中的现象实际上很普遍，可惜的是，将它们拍摄出来的则很少。甚至有人将遗传层错所产生的衍射条纹当成是马氏体内的孪晶，这导致有关马氏体中孪晶的研究结果很混乱。

铁系二元合金的 M_s 点和马氏体的类型统计见表 1−2[44]，所列出的马氏体类型只有 3 种：板条状马氏体、透镜状马氏体和 ε' 马氏体。必须指出：此表存在一个大的失误，它把束状马氏体一律当成是板条状马氏体。在本书第 2 章中将详细论述因马氏体鉴别方法的错误，导致马氏体研究出现矛盾和混乱。根据本书作者多年的研究，在表 1−2 中的板条状马氏体一栏中，大部分不是板条状马氏体，而是束状细片马氏体；同样，在透镜状马氏体一栏中，许多不是透镜状马氏体，而是非透镜状的普通片状马氏体。

表 1−2 铁合金中的 M_s 点和所形成的马氏体类型

合金系		板条状马氏体		透镜状马氏体		ε' 马氏体
		合金成分（质量分数）/%	M_s 点/℃	合金成分（质量分数）/%	M_s 点/℃	合金成分（质量分数）/%
扩大γ区型	Fe-C	< 1.0	700 ~ 200	0.6 ~ 1.95	300 ~ 40	
	Fe-N	< 0.7	700 ~ 250	0.7 ~ 2.5	350 ~ − 100	
	Fe-Ni	< 29	700 ~ 25	29 ~ 34	25 ~ − 196	
	Fe-Pt	< 20.5	700 ~ 400	24.5	− 30	
	Fe-Mn	< 14.5	700 ~ 150			14.5 ~ 7
	Fe-Ru	7.5 ~ 10	600 ~ 200			11 ~ 17
	Fe-Ir	20 ~ 40	550 ~ 40			35 ~ 53
	Fe-Cu	2 ~ 6				
	Fe-Co	0 ~ 1	700 ~ 620			
		1 ~ 24	620 ~ 800			
封闭γ区型	Fe-Cr	< 10				
	Fe-Mo	< 1.94				
	Fe-Sn	< 1.3				
	Fe-V	< 0.5				
	Fe-W	< 0.2				

1.3.4 影响马氏体类型的因素

大多数人认为，马氏体类型之间的重要区别是亚结构，因此普遍认为：由于亚结构的变化而引起马氏体的形态和类型产生改变。至今所发表的见解有下列几种。在下面的介绍中，请留意目前鉴别马氏体类型的方法存在问题（参见第 2.1 节和第 9.2 节），凡是高合金钢中的"板条状马氏体"，实际上大部分是"束状细片马氏体"。

1.3.4.1 化学成分

化学成分是决定马氏体形态的基本因素，它既影响 M_s 点，也决定马氏体的点阵结构、奥氏体和马氏体的比体积、强度、相变驱动力等。不过，不同的人，测定的结果差异较大。这一点可以从图 1-16 看出。由此可见，对国外所发表的资料，也不可过于相信。

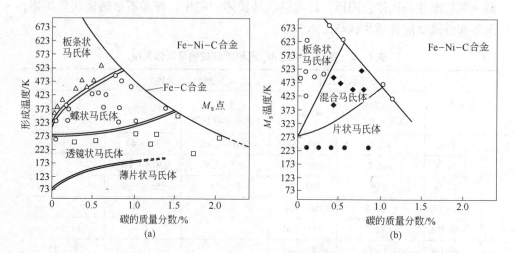

图 1-16   不同人对 Fe-Ni-C 合金马氏体形态和化学成分关系图的测定结果

从图 1-16 中可以看出，铁碳合金的各类马氏体的存在范围也出现不同。图 1-16 (a)[98] 所示的板条状马氏体 + 透镜状马氏体共存的碳的质量分数范围是 0.8% ~ 1.5%，而图 1-16 (b)[134] 所示的碳的质量分数范围是 0.6% ~ 1.0%。

1.3.4.2 M_s 点

M_s 点对马氏体形貌的影响并不等于马氏体生成温度对马氏体形态的作用。例如，尽管形成马氏体的温度都同在 100℃，$M_s = 150$℃ 的合金比 $M_s = 250$℃ 的合金在马氏体形核时的相变驱动力要小。对同一种合金，M_s 点不变，可是马氏体生成温度越低，相变驱动力则越大，甚至可以使马氏体晶核的临界尺寸为零。详细论述请看第 13.4.1 节。

由于马氏体相变是变温转变，随着冷却温度的降低，马氏体的形成量不断增多。高碳钢的 M_s 点在 300℃ 以下，高温淬火钢的组织是粗大马氏体片 + 束状组织。按照经典观点，束状组织是板条状马氏体，那么怎么可能在比较高的温度首先形成片状马氏体，而冷却到较低温度时反而转变成板条状马氏体呢？这个矛盾请参见第 6 章、第 9 章和第 13 章的论述。

M_s 点反映了合金的化学成分、比体积、弹性模量、相变驱动力等的差异，这些差异直接决定马氏体相变时所出现的体积应变能和界面能的大小，进而影响形核功和核长大功,以及相变的机制,最后决定了相变产物——马氏体的类型和形貌。

Kelly 等人[187]首先发现,铁碳合金中因碳的质量分数升高使 M_s 点低于 300℃时,容易形成相变孪晶,从而导致透镜状马氏体的出现。Thomas 等人[146]得出:马氏体的亚结构取决于 M_s 点。表 1–1 的统计证实了 M_s 点决定马氏体类型的理论。随着合金元素(除钴外)的质量分数的增高,引起 M_s 点降低,无例外地都导致马氏体由板条状转变成透镜状。目前普遍认为,降低温度,孪生形变比滑移形变容易发生,因而随温度下降,板条状马氏体向透镜状马氏体转化。应该指出:在这些研究和理论中,忽视了一个重要的事实,即高碳马氏体不可能发生大的孪生塑性变形,形成孪晶。所有片状马氏体中的内孪晶都是相变孪晶,它不是由切变产生,而是因马氏体晶核改变长大方向而产生(见第12.4.2 节)。在相变过程中,绝大部分马氏体都没有发生塑性变形,因此不存在"形变孪晶"。详情请看第 12.4 节。此外,本书作者发现(见第 13 章):采取在晶核高能端面形成"内孪晶"是所有无扩散相变时晶核最初的长大方式。因此,所有马氏体都具有内孪晶,区别只是内孪晶的密度不同。随碳的质量分数升高,内孪晶密度变大。

因高压降低 M_s 点,使相变孪晶容易形成[135],促进板条状马氏体向透镜状马氏体转化。

如图 1–17[135]所示,4MPa(40kbar)的高压可以令 M_s 点比 0.1MPa(1atm)降低 100~200℃,从而使由板条状马氏体转变成透镜状马氏体的碳的质量分数范围从 0.25%~0.6% 变成 0.1%~0.3%。同样,这一结果也是建立在"具有内孪晶"者为"透镜状马氏体"的片面观念上。碳的质量分数约为 0.25%的低碳钢,即使因高压变成了"透镜状"和"具有内孪晶",但是它的力学性能仍然与常压下形成的低碳马氏体(即板条状马氏体)相似,而不同于普通的透镜状马氏体。详情请看第 4 章。

文献 [94] 中根据对 Fe-Ni-C 合金的研究,认为决定亚结构的不是 M_s 点,严格说应该是马氏体的"生成温度"。

文献 [104] 中得出,M_s 点在 200℃和 200℃以上的碳的质量分数为 0.7%~1.0%的铁碳合金的马氏体内具有相变孪晶,而 M_s 点在室温以下的 18–8 不锈钢或 Fe-8Cr-1.1C 合金马氏体中只含位错。因此,并非相变温度越低,相变孪晶越多。除了 M_s 点的作用外,还存在其他因素,如应变能、界面能、扩散系数等同时在影响马氏体的形貌和亚结构。

M_s 点和马氏体"生成温度"都是复合因素,它包含了合金成分、比体积、弹性模量、驱动力、相变力矩、扩散系数等因素的影响。它们对马氏体产物类型所发生的作用主要是因为合金成分、比体积、碳原子和铁原子的扩散速度、弹性模量、相变力矩和相变驱动力等出现变化而产生的。增加合金元素的质量分数,

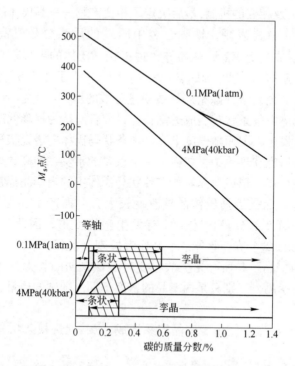

图 1 - 17   高压对铁碳合金的 M_s 点和马氏体类型的作用

尤其是碳的质量分数，降低碳原子的扩散速度，增大相变力矩和弹性模量等因素都会导致形核功和核长大功增大，促使马氏体相变产物变成"片状马氏体"类型组织。

1.3.4.3   冷却速度

文献［136，137］中得出，非常高的淬火冷却速度既可以提高 M_s 点，也可以改变马氏体的形貌，如图 1 - 18 所示。0.76C - 14Ni 合金在 13200℃/s 下淬火，获得板条状和片状马氏体的混合组织，但当淬火速度增至 17050℃/s 时，变成几乎全部是片状马氏体 + 残余奥氏体；但淬火速度为 20900℃/s 时，得到较细的片状马氏体 + 残余奥氏体。速度为 13200℃/s 和 17600℃/s 时，表层组织是片状马氏体，而心部是板条状马氏体。

对碳的质量分数为 0.5% 的钢和碳的质量分数为 0.5%、镍的质量分数为 2.05% 的钢，淬火冷却速度由 5500℃/s 增至 27800℃/s 后，孪晶马氏体的数量增多，孪晶的厚度变小[138]。

不同的铁镍碳合金，淬火冷却速度的作用不同[139]（见图 1 - 18）。虽然两者的 M_s 点随冷却速度而升高，但相变量的变化则相反。淬火冷却速度引起高碳低镍合金的相变量增大，但却导致低碳高镍合金的相变量不断减少。

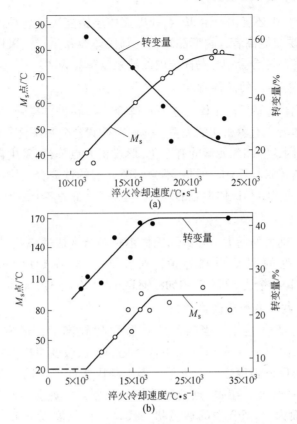

图 1 – 18 淬火冷却速度对不同铁镍合金的 M_s 点和转变量的作用

(a) 0.76C-14.19Ni 铁镍合金；(b) 0.24C-23.74Ni 铁镍合金

　　高碳低镍合金得到的是具有大量孪晶的片状马氏体。低碳高镍合金是板条状马氏体，板条之间为残余奥氏体。随冷却速度增大，板条内的孪晶数量增多。

　　此外，从图 1 – 18 可以看出，淬火冷却速度对马氏体相变的影响不能简单地看成是马氏体生成温度的影响。

1.3.4.4 奥氏体层错能

　　Kelly 等人[140]认为：奥氏体的层错能越低或者马氏体的层错能越高，相变孪晶越难以生成，因此形成板条状马氏体的倾向越大。这一假说可以很好地解释"M_s 点假说"无法说明的问题，即层错能比较低的 10 – 8 不锈钢或 Fe-8% Cr-1.1% C 钢，它们即使在液氮温度下形成的马氏体也是位错型马氏体。镍是使奥氏体层错能增大的合金元素，增加镍的质量分数会令奥氏体层错能升高，而导致相变孪晶增多。随镍的质量分数的增高，铁镍合金（镍的质量分数为 30% ~ 33%）透镜片状马氏体中的相变孪晶区域扩大[128,167]。

文献［140］中还提出：由 M_s 点和奥氏体层错能决定着马氏体内缺陷的种类，M_s 点低和层错能高者，含孪晶缺陷的马氏体容易生成。采用铁镍合金证实了这一论点，在高镍合金中，马氏体内的缺陷以孪晶为主。

1.3.4.5 马氏体的点阵结构

有些人提出[38]，马氏体由体心立方点阵变成体心正方点阵，与板条状马氏体向透镜状马氏体转变有着密切的关系。他们在铁碳合金和铁钒合金中提高碳或者氮的质量分数，因这些间隙元素的有序化，形成正方点阵，而发生淬火组织由板条状马氏体变成透镜状马氏体。但是，不含间隙元素的铁镍合金照样生成透镜状马氏体，这充分说明决定马氏体形态的因素不是一个，而是多个因子的复合作用。

1.3.4.6 相变驱动力

随着相变驱动力的增大，导致马氏体由板条状变成透镜状[94,142]。引起马氏体形态发生改变的驱动力临界值，对铁碳合金为 1317.96J/mol（315cal/mol）[142]，对铁镍合金为 1255.2~1548.08J/mol（300~370cal/mol）[123]。

1.3.4.7 奥氏体和马氏体的强度

由于在大量的合金中，当碳的质量分数比较高时，形成 {225} 马氏体[64,143~145]，因此 Davies 等人[64]采用合金化的方法改变奥氏体的强度，研究了马氏体形态与奥氏体强度之间的关系，得出马氏体的形态同合金类型、成分和 M_s 点无关，而是取决于在 M_s 点处奥氏体的屈服点。屈服点在 205.8MPa 以上时，生成惯习面为 {259}$_\gamma$ 的透镜状马氏体。在此值以下者，形成惯习面为 {111}$_\gamma$ 的板条状马氏体或惯习面为 {225}$_\gamma$ 的片状马氏体。他们认为，奥氏体的强度是影响马氏体的形态（惯习面）的决定性因素。当研究马氏体的强度的作用时，他们得出，当奥氏体强度低于 205.8MPa 时，分两种情况：

（1）所生成的马氏体的强度较高时，生成惯习面为 {225}$_\gamma$ 的片状马氏体；

（2）所生成的马氏体的强度较低时，形成惯习面为 {111}$_\gamma$ 的板条状马氏体。

他们认为：采用奥氏体和马氏体"强度说"，可以很好地解释合金成分或 M_s 点对马氏体形态的作用，尤其是铁镍合金中 {111}$_\gamma$ 向 {259}$_\gamma$ 的变化，以及铁碳合金中 {111}$_\gamma$ 向 {225}$_\gamma$ 以及向 {259}$_\gamma$ 的变化[143]。这些观点是在3个重大假设的基础上提出的：

（1）假设相变应力的缓和只在马氏体内以孪晶变形的方式进行时，获得 {259}$_\gamma$ 马氏体；

（2）如果应力缓和，一部分在奥氏体中以滑移的方式进行，而另一部分在马氏体内以孪晶变形方式发生时，则得到 {225}$_\gamma$ 马氏体；

（3）如果应力缓和全部在马氏体内，以滑移方式进行时，则得 {111}$_\gamma$ 马氏体。

应该指出，这一假说主要存在 3 个问题：

（1）由于是采用光学显微镜鉴别马氏体类型，把束状马氏体一律视为板条状马氏体，而导致许多本来是属于 $\{225\}_\gamma$ 的束状细片马氏体或者 $\{111\}_\gamma$ 束状细片马氏体被当成是 $\{111\}_\gamma$ 板条状马氏体；

（2）同样，将板条状马氏体的惯习面都视为 $\{111\}_\gamma$ 也与事实不符，本书第 10.1 节将论证，板条状马氏体的惯习面是 $\{557\}_\gamma$，具有惯习面为 $\{111\}_\gamma$ 的马氏体不是板条状马氏体，而是 $\{111\}_\gamma$ 片状马氏体；

（3）把马氏体的"内孪晶"一律看成是通过孪生形变产生的"变形孪晶"也不符合客观实际。

本书作者的研究证实：片状马氏体的内孪晶都是在马氏体相变过程中为了降低形核功，通过铁原子小于一个原子间距的迁移而形成的相变孪晶，根本就没有形变孪晶。详情请看第 12.4 节。考虑到这 3 个问题，Davies 等人提出的新旧相的"强度说"就不存在什么规律了。因为，在 Davies 等人所试验的合金不生成板条状马氏体，全部属于片状马氏体，可见，并不存在由前者变成后者的规律。

1.3.4.8　临界分切应力

因将马氏体相变视为"无扩散切变式相变"的理论，很自然认为马氏体的内孪晶是由塑性切变产生。Thomas 等人[146,192]主张，马氏体的亚结构是由相变时马氏体形变的方式决定的；进行滑移塑性变形时，形成位错亚结构；进行孪生形变时产生孪晶亚结构。两者的临界分切应力的大小决定着在马氏体相变过程中以何种方式进行塑性切变。

这种观点曾经流行一时，且容易令人接受，但是由于曲解了马氏体相变的本质，把它视为"切变式相变"，从而歪曲了马氏体相变过程中的许多规律，尤其重要的是把马氏体的"内孪晶"看成是由形状效应引起的"形变孪晶"，这使许多现象无法解释。

1.4　马氏体相变理论

目前，对马氏体相变的晶体学、热力学和动力学的研究似乎已经比较成熟，在文献 [42，147] 中进行了较为全面的综合介绍，在此不再赘述。下面主要论述有关马氏体的形成机制。应该指出，这些研究大都属于针对马氏体形核和长大机制的一般性讨论，并未针对低、中和高碳马氏体组织的形成理论和它们的亚结构产生的机理进行具体的阐明。

1.4.1　马氏体相变的切变模型

为了解释马氏体相变的"形状应变"和"浮凸效应"，目前普遍认同马氏体相变是通过点阵切变来实现铁原子的无扩散位移；把马氏体相变认为是奥氏体通过新旧相的塑性均匀切变和不均匀切变，来完成由一种点阵变成另一种点阵。所设想的相变机制主要有3种。

1.4.1.1 贝茵模型[148]

实际上这种模型不是切变模型，只是点阵转变的一种方式。它认为可以将面心立方点阵看成是体心立方点阵，如图1-19所示，在两个面心立方晶胞的中央是一个体心立方晶胞。当碳的质量分数为1%时，通过 z 轴压缩20%，x 轴和 y 轴伸长12%，就获得正方度为1.05的马氏体正方点阵。

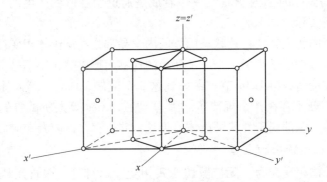

图1-19 贝茵模型示意图

从图1-19中可以看出，$\{111\}_\gamma$ 和 $\{011\}_\alpha$ 是同一个晶面，晶面符合 K-S 关系。但是晶向是 $[\bar{1}11]_\gamma$，和 $[1\bar{1}1]_{\alpha'}$ 的方向相同，与 K-S 关系不符。同时，其惯习面为 $(010)_\gamma$，在马氏体相变中没有这种惯习面。

1.4.1.2 K-S 切变模型

1930年由苏联 Kurdjumov 等人[149] 提出 K-S 切变模型。他们测定出碳的质量分数为1.4%的钢中马氏体与奥氏体的晶体学取向关系是：$\{111\}_A//\{011\}_M$；$<101>_A//<111>_M$，采用图1-20表示依靠塑性切变来实现原子的位移过程。

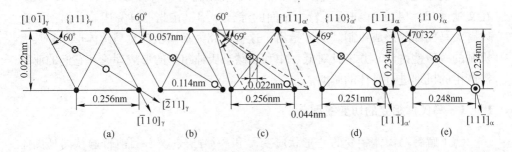

图1-20 K-S模型示意图

图 1 - 20 中，纸面为 $\{1\,1\,1\}_A$ 晶面，●表示第一层原子，⊗表示第二层原子，○表示第三层原子。相变过程分解成 3 步：

（1）在 $\{1\,1\,1\}_A$ 面上沿 $[\bar{2}\,1\,1]_A$ 方向切变后，使第二层原子位移 0.057nm，第三层原子位移 0.114nm。对无碳合金，切变角为 19°28′。奥氏体点阵就变成了马氏体点阵。

（2）在 $\{2\,2\,\bar{1}\}_A$ 面上沿 $[1\,\bar{1}\,1]_M$ 方向进行第二次切变，使夹角由 60° 变成 70°28′（无碳时，见图 1 - 20 (e)）或 69°（碳的质量分数约 1% 时，见图 1 - 20 (d)）。

（3）原子进行必要的位移调整，使之符合实际的晶面间距。

K-S 模型的功绩在于揭示出马氏体同奥氏体之间存在晶体学关系，这对马氏体形成的理论研究起了推动作用。但是，也造成误解，它将马氏体的理论研究引进死胡同，导致至今世界各国对马氏体的认识和研究都是按照"马氏体相变是切变式相变"的方向发展。当前的马氏体相变理论越来越背离马氏体相变的实际，大量的数学推导和论证、位错模型、形核和核长大理论变成与实际马氏体相变无关的臆猜。

K-S 模型的主要问题是：

（1）一般认为，保持 K-S 关系具有最低的应变能和界面能，因此 $(1\,1\,1)_A$ 应该是惯习面。但是 K-S 所测定的钢中碳的质量分数达 1.4%，其惯习面却是 $(2\,2\,5)_A$，而不是 $(1\,1\,1)_A$。Kurdjumov 等人采用图 1 - 20 的图解被人们误解成奥氏体在 $(1\,1\,1)_A$ 上切变成马氏体的 $(0\,1\,1)_M$ 晶面，无形中将 $(1\,1\,1)_A$ 当成了高碳钢的惯习面。

（2）K-S 关系无法解释为何会出现其他惯习面，如 $(5\,5\,7)_A$、$(2\,2\,5)_A$、$(2\,5\,9)_A$ 等。

（3）在 K-S 模型中，均匀切变和不均匀切变都是产生永久变形的切变，应该发生在奥氏体的滑移面 $\{1\,1\,1\}_A$ 面上，马氏体晶核理应在 $\{1\,1\,1\}_A$ 面上形成；但是马氏体相变的实际情况是：碳的质量分数在 0.25% 以下时，形成马氏体晶核的惯习面不是 $\{1\,1\,1\}_A$，而是 $\{5\,5\,7\}_A$；碳的质量分数在 1.0% ~1.5% 时，惯习面是 $\{2\,2\,5\}_A$；碳的质量分数在 1.6% ~2.1% 时，惯习面是 $\{2\,5\,9\}_A$。这些产生马氏体晶核的惯习面都不是滑移面，在上面只能进行弹性形变。它们发生塑性切变的切应力很高，这时奥氏体仅仅在 $\{1\,1\,1\}_A$ 上产生永久变形的切变。因此，K-S 模型的第一步——在惯习面上"奥氏体发生塑性均匀切变"便成为无法实现的空想。

（4）图 1 - 20 (c) 中的虚线点阵是按照 K-S 模型，在 $\{1\,1\,1\}_A$ 面上沿 $[\bar{2}\,1\,1]_A$ 方向切变 19°28′ 后奥氏体点阵的形貌；实线点阵是无碳马氏体的点阵。两者相差很大，奥氏体点阵上的铁原子 a_1、a_2、a_3、a_4 同马氏体点阵上的铁原

子位置 b_1、b_2、b_3、b_4 存在明显的差异。晶胞的夹角：奥氏体是 60°，而马氏体是 70°32′。这两种晶格的点阵常数也不同，所以，不能说均匀切变后的虚线奥氏体点阵就是实线马氏体点阵。它其实是发生了 19°28′切变的奥氏体点阵。

显然，在这里还缺少一个由虚线奥氏体点阵转变成实线马氏体点阵的过程，而这一过程正是马氏体相变理论的核心。没有这一核心过程的 K-S 模型不能成为马氏体相变的机理。

（5）也许有人会说，当奥氏体经过上述均匀切变后，就自动变成了马氏体点阵。但是，这种理解又与上面的第（2）步和第（3）步矛盾。因为已经完成了上述的"点阵转换"的核心过程，那么所形成的马氏体就已经具有了完全正规的马氏体点阵，它的夹角和点阵常数都是马氏体的，所以就不需要再进行"几次不均匀切变"和"原子进行必要的位移调整，使之符合实际的晶面间距"。

（6）在 K-S 模型中，没有交代第（2）步和第（3）步是依靠什么力量进行不均匀切变和位置的调整的。产生"马氏体不均匀切变的应力"从何而来？这是 K-S 模型能否成立的关键。可惜，对这个主要问题却没有明确的交代，所以，它不能够成为一种正式的理论。

1.4.1.3 G-T 切变模型[150]

G-T 切变模型认为马氏体形成的切变过程也是 3 个步骤：

（1）奥氏体首先在（259）$_A$ 面上进行均匀切变，如图 1-21（a）所示（此图是奥氏体点阵的示意图），产生整体的宏观形变，引起试样表面出现浮凸，如图 1-21（b）所示。这时也不是马氏体点阵，而是一种"过渡点阵"，它的一组晶面间距和原子排列与马氏体的（112）$_\alpha$ 面相同。

（2）在（112）$_A$ 面上进行 12°~13°的第二次切变后，转变成马氏体点阵。如果采取滑移切变（见图 1-21（c）），则形成位错亚结构；如果采取孪生形变（见图 1-21（d）），则出现孪晶结构。

（3）最后进行一些微小的调整。

本切变模型除了存在与 K-S 模型相同的问题外，还存在以下问题：

（1）第一步产生"整体的宏观形变，引起试样表面出现浮凸"是在"（259）$_A$ 面上进行均匀切变"；而（259）$_A$ 面不是奥氏体的滑移面。在这个晶面上，只能产生弹性形变，位错在它上面运动所需的切应力非常大，远远高于 $\{111\}_A$ 面；因切应力达不到要求数值，从而不可能在（259）$_A$ 面发生塑性形变。因此，这种均匀切变只是弹性切变，无法保存下来。一旦引起弹性均匀切变的应力发生改变，在（259）$_A$ 面上的均匀弹性形变就会消失，那么"过渡点阵"也就不存在。所以，当进行上面的第（2）步："在（112）$_A$ 面上进行 12°~13°的第二次切变"时，由于应力的方向改变，"过渡点阵"也就没有了，那么实际上进行第二次切变的不是"过渡点阵"，而是原来的奥氏体点阵。这样

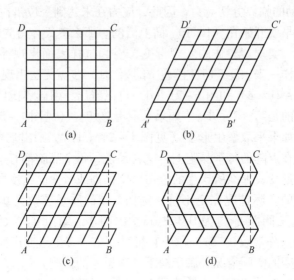

图 1-21　G-T 切变模型示意图

一来，通过"在（1 1 2）$_A$ 面上进行 12°~13°的第二次切变"，便得不到马氏体点阵。

（2）可见，上面的第（1）步就不能成立，即"过渡点阵，它的一组晶面间距和原子排列与马氏体的（1 1 2）$_α$面相同"这一说法既没有证明，也不可能出现，属于人为的指定。奥氏体在任何方位的切变，只能引起其点阵与马氏体点阵接近，绝对不可能出现"晶面间距和原子排列与马氏体的（1 1 2）$_α$面相同"。图 1-20 就是证明，奥氏体在 $\{1 1 1\}_A$ 面上沿 $[\bar{2} 1 1]_A$ 方向切变 19°28′后，它与马氏体点阵的"晶面间距和原子排列"仍旧相差较大，对比图 1-20（c）中的两种点阵。

（3）以上切变模型的共同特点是：自相矛盾。一律说"第二次不均匀切变"在（1 1 2）$_A$ 面上进行，而奥氏体在 200~300℃不可能发生孪生切变，只进行位错运动，所以不能解释马氏体片中形成大量内孪晶。若孪生切变是在奥氏体点阵上发生，那么就不是马氏体的"内孪晶"。如果说不均匀切变是在马氏体中进行，那么就等于承认马氏体相变只需要奥氏体的一次均匀切变就完成了。即"切变"就等于"相变"，这是谁都不能认同的。可见，"不均匀切变"和"进行一些微小的调整"到底是在奥氏体中还是在马氏体中发生，这一重要问题含糊不清。这个产生"整体的宏观形变，引起试样表面出现浮凸"的过渡点阵在G-T 切变模型中也不明确。既然"过渡点阵"不等于马氏体点阵，那么它发生孪生切变就不会变成马氏体的内孪晶。

（4）在（2 5 9）$_A$ 面上，位错运动所需要的临界分切应力显著高于在

（111）$_A$ 面上运动的临界分切应力，因此，应力在未达到令位错在（259）$_A$ 面上运动之前，位错早就开始在（111）$_A$ 面上活动。那么奥氏体首先在（259）$_A$ 面上进行均匀切变，实现"整体的宏观形变，引起试样表面出现浮凸"的过程永远不会发生。这样一来，G-T 切变模型中的第（1）步就无法出现。

（5）从图 1-21（c）和图 1-21（d）可以看出，引起奥氏体变成马氏体的机制中，最重要的是第（2）步。"如果采取滑移切变（见图 1-21（c）），则形成位错亚结构；如果采取孪生形变（见图 1-21（d）），则出现孪晶结构"。这些过程都是发生在点阵的每个晶胞上。这就是说，每个晶胞都有一条位错运动或者都要产生孪生形变，那么所产生的位错密度极高或者孪晶密度会极大。这一推论与马氏体相变的实际情况完全不符。例如，碳的质量分数为 0.38% 的 40 钢，马氏体中内孪晶面间距平均为 0.128μm，比图 1-21（d）大 255 倍（等于 0.128μm 被 2 倍点阵常数 0.251nm 除）！可见，依靠孪生形变产生孪晶结构完全脱离了马氏体相变的实际情况，属于缺乏严谨思考的猜测。

此外，切变模型都解释不了低碳马氏体如何形成块区结构，在中、高碳马氏体束中相互平行的马氏体细片之间为何是孪晶关系，以及依靠什么力量来进行不均匀切变和做最后微量调整位置等。尤其是具有高脆性的高碳马氏体的强度和杨氏模数比奥氏体高很多，有大量奥氏体的存在的相变初期，试样内部根本就不可能达到令马氏体普遍发生塑性变形所需要的切应力，所以，根本就没有马氏体的塑性不均匀切变。更何况，马氏体实际相变过程中产生的微裂纹都是在未发生孪生塑性变形之前就断裂了。

综上所述，可以得出结论：无扩散相变不等于切变式转变；单靠"切变"实现不了由奥氏体点阵变成马氏体点阵。即使在 {111}$_A$ 上均匀切变之后，奥氏体中各铁原子的间距和相邻方位仍然同马氏体中各铁原子在 {110}$_M$ 上的分布相差较大（参见图 1-20）；唯有通过在惯习面上，"在 {22$\bar{1}$}$_A$ 面上沿 [1$\bar{1}$1]$_M$ 方向进行第二次切变"之后，才能使奥氏体点阵较多地相似马氏体点阵，但是两者仍然不很相同（参见图 1-20 和图 13-1）。它依旧不是马氏体点阵，实际上它只是奥氏体点阵中的畸变区。

只有通过奥氏体点阵上的铁原子发生无扩散"多向异量"的迁移，重新改组成马氏体点阵，才能形成马氏体晶核。所以，本书作者提出马氏体相变的"无扩散点阵类型改组理论"，认为马氏体相变是铁原子迁移距离小于一个原子间距的点阵重新改组。在相变驱动力下，奥氏体点阵上的置换原子自发进行了"小于一个原子间距"的迁移组合。切变只是促进奥氏体点阵发生点阵重新改组的条件，马氏体相变本身不需要，而且马氏体内也没有发生任何塑性切变过程。马氏体晶核的长大就是在马氏体晶核产生的"相变力矩"作用下，令奥氏体局部点阵出现弹性切变，使惯习面附近的奥氏体点阵被"活化"，马氏体晶核沿

"核长大功"小的方向迅速长大。最后按照"小角差形核长大机制"和"孪晶关系形核长大机制",获得马氏体相变的产物。由于在马氏体的相变过程中,并不存在切变过程,因此从切变的观点进行探讨、数学推演,以及所建立起的所有模型和理论都脱离了马氏体相变的实际过程。细节将在第13章详细论述。

1.4.2 马氏体相变形核理论

因为在奥氏体点阵中直接形成马氏体点阵需要的激活能很高,化学驱动力满足不了要求,因此完全不可能发生马氏体的均匀形核。至今,关于马氏体不均匀形核的理论都与位错理论有关。在马氏体形核和核长大机制理论中,"位错理论"成了"法宝";只要一把位错机制拉进来,人们对它们的合理性、真实性和可行性就失去判断能力,一味的信以为真。下面以几种常见的马氏体形核的位错模型进行分析。

1.4.2.1 位错形核论

位错形核论最早由 Knapp 等人[151]提出,它成为所有马氏体相变教材和专著都要详细介绍的理论。他们首先假设在奥氏体内存在一个如图1-22所示的铁饼形马氏体核胚。

铁饼形马氏体平行于惯习面 $\{225\}_A$,它的两个主界面是 K-S 关系,图1-22中纵向的椭圆是许多大小不同的位错圈,位于马氏体与母相的界面之上。位错圈由一侧为左螺型位错,另一侧为右螺型位错,上下顶部为正负刃型位错组成。位错圈向外扩展,引起核胚向 $[1\bar{1}0]_A$ 和 $[225]_A$ 两个方向长大。由于刃型部分在径向移动,使尖端产生新的位错圈,令核胚出现径向 $[55\bar{4}]$ 长大。只要相变驱动力能够大于新增的界面能和体积应变能之和,位错圈便能迅速扩展,形成新的晶核和核长大,完成马氏体相变。

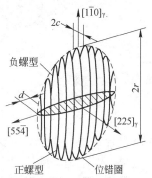

图1-22 马氏体晶核胚
的 K-D 模型

K-D 模型是根据图1-23推出的。通过精确测定,K-S 关系中 $(111)_A$ 和 $(110)_M$ 两个晶面并不相互平行,而是相差约1°;这两种晶面的间距也相差 1%~2%(见图1-23(a))。通过铁原子在马氏体惯习面 $(225)_A$ 沿 $[110]_\gamma$ 方向按照图1-23(b)中箭头所示的方向做相对的位移,就可以使奥氏体和马氏体的点阵相互吻合,如图1-23(b)所示。

图1-24所示为奥氏体 (111) 晶面上的铁原子同马氏体 (110) 晶面上的铁原子分布图[152]。由图1-24中可以明显看出:要想使奥氏体点阵与马氏体

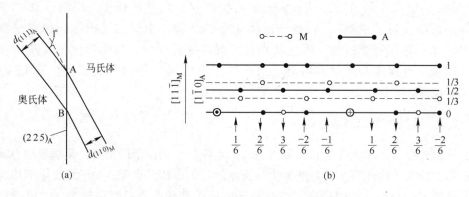

图 1-23　马氏体惯习面 (225)$_A$ 同 (111)$_A$ 和 (110)$_M$ 的关系 (a)
以及在 (225)$_A$ 面上两相的铁原子排列 (b)

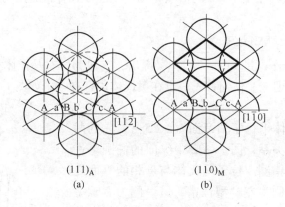

图 1-24　K-S 模型的空间图像

点阵重合，每个铁原子需要位移的方向和距离都不相同；它们之间是三维位置上的差异，而不是一维位置上的不同。不能依靠沿同一方向 [1$\bar{1}$0]$_A$ 上下位移相同的数值（即一维迁移）而没有其他二维方向上的不同间距的位移来实现三维位置的重合。这一假设与 G-T 切变模型的指定："'过渡点阵'，它的一组晶面间距和原子排列与马氏体的 (112)$_{\alpha'}$ 面相同"同出一辙，都属于人为的假定，实际上不可能出现。

　　此外，图 1-24 也说明在马氏体相变中，不存在"不变平面"。在惯习面上，母相奥氏体和新相马氏体的置换原子会发生多方向和不同位移量的迁移，它们不可能"不变"。

　　奥氏体转变成马氏体后，铁原子的堆垛顺序都会发生改变，由奥氏体点阵的 {111}$_A$ 晶面堆垛顺序 ABCABC 变成马氏体点阵的 {110}$_M$ 晶面堆垛顺序 ABAB。假如不出现上述堆垛顺序的改变，那么马氏体相变就没有发生。当本书作者按照图 1-23（a）绘出奥氏体的（111）$_A$ 和马氏体的（110）$_M$ 的排列顺序时，得出图 1-25 的空间图像。图 1-25 左中在奥氏体点阵上画出"投影线"的面是晶面（111）$_A$，呈现 ABC 三层重复。而图 1-25 右边马氏体点阵中的（110）$_M$，则按照 AB 两层重复进行堆垛。那么在惯习面（225）$_A$ 上沿图中箭头所示的方向做"一维"相对的前后位移后，能不能令奥氏体和马氏体的点阵相互吻合呢？可以从图 1-25 清楚看出。

（225）$_A$ 和（111）$_A$ 的空间夹角是 23°，两者的交线一根是[1$\overline{1}$0]$_A$，如图 1-25 所示。

尽管奥氏体（111）$_A$（见图 1-24（a））和马氏体（110）$_M$（见图 1-24（b））的铁原子分布的花样相似，都是由 4 个铁原子组合成四边形。但是，如上所述，各铁原子的方位和间距都不同。奥氏体点阵的四边形中有两个间隙，而马氏体点阵的四边形中只有一个间隙（见图 1-24（b）中的粗黑线四边形）。欲令奥氏体点阵上的铁原子与马氏体相互吻合，每个铁原子的位移方向和间距都不相同，铁原子需要进行三维迁移。单单依靠在惯习面（225）$_A$ 上沿图 1-23（b）

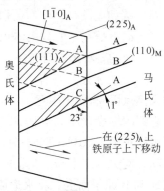

图 1-25　奥氏体在｛111｝$_A$(A)和
马氏体在 ｛110｝$_M$(B)
面上的原子分布

和图 1-25 所示的箭头方向 [1$\overline{1}$0]$_A$ 做一维方向的前后相对位移，不但不能令奥氏体点阵变成马氏体的点阵，而且连奥氏体点阵中出现 ABAB 型的铁原子堆垛顺序都不可能，所以，奥氏体点阵不可能变成马氏体的点阵。

在 K-D 模型的基础上，有人还提出 K-C[153] 模型和 R-C[154] 模型等。应该指出，这些位错形核理论很形象和容易被人接受，但都存在可疑之处。主要问题如下：

（1）图 1-22 所示为 Knapp 等人假设在奥氏体中存在的马氏体晶核胚，只要它一长大，位错圈一扩展，就成了马氏体晶核。试问：这能算是晶核胚吗？晶核胚不需要任何转变，只需要长大就成了晶核，那么与晶核长大过程还有什么区别？所以，Knapp 等人所假设的不是马氏体的晶核胚，而是具有马氏体点阵的晶核。奥氏体中存在马氏体晶核的假设不能够成立。

（2）众所周知，位错圈里面不过是层错，不能是马氏体点阵。上面的分析已经得出：单单通过铁原子在惯习面（225）$_A$ 上沿箭头一个方向上下相对位移，实现不了奥氏体和马氏体点阵相互吻合，因此，即使在奥氏体惯习面上出现层错，缺少 C 层原子，形成 ABAB "四层铁原子"的堆垛，与马氏体的铁原子堆垛顺序相同。但是，如果此层错区内不发生铁原子多方向且不同距离位移的话，照样不会变成马氏体的点阵，它们依然只是奥氏体的层错区而已。这样一来，图 1

-22所示的铁饼内实际上是奥氏体中的层错区，根本就不是马氏体点阵。图中"大小位错圈的向外扩展"，只是奥氏体的层错区扩大，不能转变成马氏体。可见，图1-22所示的位错模型不是马氏体的晶核长大的模型，只是奥氏体的层错扩展模型。

（3）马氏体相变的形核和核长大不能脱离马氏体的实际相变。对大部分马氏体相变，形成"两种结构"的晶核：块区结构（对低碳马氏体）和内孪晶结构（对中碳和高碳马氏体）。凡是不能阐明块区结构和内孪晶结构的形核和核长大理论，都不是真正的马氏体相变理论，因为它脱离了马氏体相变产物的实际情况。在上面的各种形核理论中，都解释不了这些组织结构是怎样形成的。

（4）如上所述，只有奥氏体点阵C面上出现的位错圈，才有可能产生ABAB的马氏体点阵堆垛（注意：不发生铁原子的进一步迁移，仍然是奥氏体点阵，尽管它们的堆垛顺序与马氏体点阵相同）。而且，在A和B晶面上即使形成层错，也产生不了ABAB型的马氏体点阵堆垛。而图1-22中，依靠刃型部分在径向移动，使尖端产生新的位错圈，令核胚径向长大。这些新形成的位错圈如果出现在A和B原子面上，将永远成不了马氏体晶核。唯有位于C面上的位错圈内发生了铁原子的多向和不同数量的位移（这是转化为马氏体点阵的关键），才具有演化成马氏体晶核的可能性。此外，是什么因素保证每隔两个原子面就出现一个位错圈呢？这些理论中都没有提到。

（5）可见，图1-22的铁饼形晶核是人为假设存在的，没有这种假设晶核来源可能性的论证，也没有说明是什么因素保证每隔几个原子面产生一个位错圈，更没有涉及奥氏体点阵如何转变成马氏体的点阵，以及马氏体晶核中的亚结构是如果生成的，它们与马氏体组织有何关联等，这些关键问题都没有交代。

1.4.2.2 藤田位错模型

在研究位错运动与马氏体相变关系中，以藤田[152]的研究最具体。他的基础声称是K-S关系，即：

$$(111)_f//(101)_b; [11\bar{2}]_f//[10\bar{1}]_b$$

藤田将面心立方$(111)_f$和体心立方$(101)_b$面上的原子分布分别如图1-24（a）和图1-24（b）所示；图中把$[11\bar{2}]_f$和$[10\bar{1}]_b$方向上的两个间距各分成六等分，标号为：AaBbCcA。令在惯习面$(111)_f$上的第一层为"A层"。当原子堆垛第二层时，为"B层"，向$[11\bar{2}]_f$方向位移"2"格（即Aa和aB），原子中心到"B"点，占据第一个空隙X_1。当原子堆垛第三层时，为"C层"，向$[11\bar{2}]_f$方向位移"2"格（即Bb和bC），原子中心到"C"点，占据第二个空隙X_2。再继续堆垛，原子的堆垛顺序又重复ABCABC，称之为"ABC型"堆垛，如图1-24（a）所示。因为每层原子都位移"2格"，因此用代号

［2］表示面心立方点阵。

若令在惯习面 $(10\bar{1})_b$ 上的第一层为"A 层";当原子堆垛第二层时,则为"B 层",向 $[10\bar{1}]_b$ 方向位移"3"格（即 Aa、aB 和 Bb）,原子中心到"b"点,占据空隙 X。再继续堆垛,原子的堆垛顺序重复 ABAB,称之为"AB 型"堆垛,如图 1-24（b）所示。因为每层原子都位移"3 格",因此用代号 ［3］表示体心立方点阵。

文献 ［152］中得出:原子每移动"1 格",位移距离相当于 $a/12[11\bar{2}]_f$ 或者 $a/12[10\bar{1}]_b$,藤田称之为"1/2 半位错"。此位移距离正好等于点阵均匀切变 19°28′后在 $[11\bar{2}]_f$ 方向上投影所产生的位移。

原子每位移"2 格",位移距离相当于 $a/6[11\bar{2}]_f$,藤田称之为"半位错",实际上就是通常称呼的"Shockley 位错"。

当每隔一层原子,有一条"半位错"运动后,会使面心立方点阵变成不同的堆垛顺序。例如:

（1）$[2][2^+/3] = [\bar{2}22]$,形成 3 层结构。［2］代表面心立方的位移。分子"2^+"代表第一层堆垛时,原子距离增多"2 格"。因此,位移距离为 ［4］,即在图 1-24（a）中移动 Ac。它相当于反向 Ac,因此标记成 $[\bar{2}]$。分母表示堆垛"3"层后重复。所以第二和第三层位移距离为 ［2 2］,即得出 $[\bar{2}22]$ 的三层结构。

（2）$[2][2^+/4] = [\bar{2}222]$,形成 5 层结构。

（3）$[2][2^+/6] = [\bar{2}22222]$,形成 18 层结构。

通过研究,藤田得出由奥氏体变成马氏体时,有 3 种点阵改变的路线:

（1）K-S-N 路线[149]。

$$[2][1^+][D] = [3]$$

［2］表示面心立方的位移量;当在 $[11\bar{2}]_f$ 方向上均匀切变 19°28′后,每层 ［1^+］表示增加位移量 $a/12[11\bar{2}]_f$;［D］代表均匀切变在其他方向产生的伸长或收缩或为达到体心立方点阵必须的另外的切变;［3］表示体心立方点阵,即通过面心立方每层产生 19°28′的均匀切变（即"1/2 半位错"运动）,这种点阵便变成体心立方点阵。

（2）Venables 路线[155]。提出面心立方（fcc）首先变成密排六方（hcp）,再转变成体心立方（bcc）。采用藤田模型,也可以得到证实。分两步:

1）$[2][2^+/2] = [\bar{2}2]$;

2）$[\bar{2}2][1^+ + D] = [\bar{3}3] = [33] = [3]$。

（3）藤田路线[156]。这是藤田提出的一条新的马氏体形成路线,分两步:

1）$[2][1^±][D] = [31]$,［$1^±$］代表第一层加"1",第二层减"1"。

2) [31][2⁺/2(2)] = [33] = [3],[2⁺/2(2)]代表两层结构，在第二层增加"2"，即 1 + 2 = 3。

藤田模型对解释马氏体相变过程中存在过渡相提供了较好的阐明。但是，存在的主要问题是：

（1）依靠什么机制来保证复杂的半位错的产生，使每层铁原子发生"1/2 半位错"的运动，"1/2 半位错"运动是什么东西？又如：[31][2⁺/2(2)]要求在第二层（即每隔一层）上有一条"半位错"运动，在相变过程中如何保证实现。

（2）如前所述，每层铁原子即使按照藤田模型的规定进行了位移，变成了马氏体的"ABAB"堆垛，但仍然是奥氏体点阵，奥氏体点阵上的铁原子必须进行进一步迁移，才能由奥氏体点阵（见图 1 - 24（a））变成马氏体点阵（见图 1 - 24（b））的铁原子分布。可惜的是：藤田模型只谈原子层堆垛顺序的改变，并不提每层铁原子分布的变化，因而不能算是马氏体相变，更不能成为马氏体晶核形成的模型。因为马氏体晶核中必定带内孪晶，在此模型中无法说明。

1.4.2.3　层错形核论

按照位错理论，由位错圈可以产生层错，因此马氏体的晶核通过层错形成便成为许多人的主张。有人提出极轴机制来解释 ε 马氏体[157~159]和由层错自发形核机制解释 α′马氏体[160~162]的形成。这些理论的共同缺陷是：（1）奥氏体点阵到底是如何转变成马氏体点阵的，谁都没有具体涉及；（2）解释不了为什么马氏体组织中会形成"块区结构"或"内孪晶结构"。在一些观测中，也未看到极轴位错[163,164]。

1.4.2.4　近代形核理论

近代形核理论有：软膜理论[165~167]、局部软膜理论[168,169]、缺陷激活非均匀形核模型[170,171]等。

为了解释马氏体转变时出现很大的体积应变能和界面能，导致形核功极高，难以形成马氏体晶核，因而一些人提出"软膜理论"。他们认为在 M_s 点以下，马氏体晶核形成时，出现弹性模量突然降低。特殊的纵声子集中在约 2/3(111)处，使点阵不稳，弹性常数接近于零，而弹性各向异性参数变大，呈现软膜，导致形核功显著下降，促进马氏体形核。

软膜理论最大的缺陷是说明不了为什么只有马氏体晶核形成前才出现软膜；不形成马氏体晶核，则测定不出弹性参数的改变。因而，马氏体形核变成了不可知的神奇东西，似乎成了非科学的范畴。同时，也解释不了为何马氏体相变时，会形成块区结构和内孪晶结构。另外，一些人在马氏体形核时并未测出弹性参数下降，没有发现软膜[172]。

缺陷激活非均匀形核模型认为高活性缺陷将促进马氏体形核。激活缺陷促进形核通过下列机制进行[170]。这些机制说明:所谓"缺陷激活非均匀形核"是指马氏体相变中存在"非自发形核"。在第 13 章将指出,与金属结晶不同,无扩散相变中没有非自发形核。目前,"缺陷激活非均匀形核模型"的主要形核方式是:

(1) 应力协助形核,由相变形成的弹性应力促使活性小的缺陷被激活,形成核心。

(2) 应变诱发形核,由于母相塑性变形而产生的位错、层错,导致新的具有较高活性的缺陷出现。

(3) 界面自促发,因已经生成的马氏体晶核界面上的位错分解,促使马氏体形成新晶核。

应力、应变和缺陷促进马氏体晶核产生是既成的事实,现在需要查明的是:到底是通过什么具体的原因以及采取什么具体方式导致马氏体晶核的产生。现有的"缺陷激活非均匀形核模型"对这个关键问题未进行探讨,未说明缺陷促进形核的具体机理。当然,更没有涉及马氏体晶核的亚结构是怎样产生的。

所以,目前的马氏体形核理论顶多只能算是由面心立方点阵变成体心立方点阵的相变理论,并不是马氏体相变理论。作为马氏体相变理论,不仅要阐明点阵类型的变化,还要说明马氏体内各单元为何具有各种不同的取向关系,它们的组织结构(块区结构和内孪晶结构)是如何形成的,完全孪晶、部分孪晶和穿晶孪晶线等是怎样产生的,以及马氏体相变产物的多种形态的生成机理等马氏体相变的实际问题。由于对马氏体相变的"形状应变"和"浮凸效应"在解释上的失误,导致许多概念和理论出现问题。例如上面的"软膜理论",完全可以采用另外一种观点进行更实际的合理解释。由于马氏体晶核的相变力矩令惯习面附近的母相点阵产生弹性切变、促使奥氏体点阵变成接近马氏体点阵的结构,显著降低了铁原子的激活迁移能并提高了这些点阵上铁原子的储能,促使产生"点阵活化区"。一旦体积自由能下降满足了形核功的要求,惯习面上已经被激活的铁原子,就会自发进行短程序的迁移。在化学驱动力的推动下,通过铁原子小于一个原子间距的、多向异量的迁移,铁原子将自动重新改组而成为马氏体点阵,从而形成马氏体晶核(见第 13 章)。这个被激活的、可以进行点阵改组的"点阵活化区",可以看成是目前大家所期望出现的"软膜"或者"马氏体晶核胚"。

综上所述,可以对目前的马氏体相变理论做出如下的评价:凡是立足于"切变说"的马氏体相变理论都是脱离了马氏体相变实际的理论,有关马氏体的数学推演、各种位错模型、马氏体形核和核长大理论等变成了与马氏体实际相变无关的空谈。

第 13 章将全面介绍本书作者提出的马氏体"无扩散点阵类型改组理论",具体地阐明马氏体相变的形核和核长大过程、点阵重新组合、亚结构的形成和相变产物各种形态产生的原因和机理等。

2　马氏体研究方法的失误

在马氏体研究中，曾经出现两次试验方法上的重大失误。第一次是 19 世纪 Martens 采用光学显微镜观察淬火钢的显微组织时，发现片状马氏体或针状马氏体[33]。从此，把淬火钢的高硬度组织一律称为片状马氏体（或针状马氏体）。这一观点一直保持和运用到 20 世纪 50 年代末。这一失误主要是光学显微镜的分辨能力低，无法辨别马氏体组织内部的细节，从而将多种类型的马氏体统统视为片状马氏体。

第二次重大失误发生在 1960 年。Kelly 等人[37]首次采用高分辨率的透射电镜观察马氏体组织的亚结构，发现低碳马氏体中亚结构全部是位错，没有孪晶，而高碳马氏体的亚结构中有内孪晶。这一重大发现极大地推动了马氏体的研究，进而观察到多种马氏体类型。可惜的是由于观念上的局限性和观察工作的粗糙，从而使新创立的两种鉴别马氏体的方法：透射电镜法和光学金相法，因所采用的判据不准确而失效。以致误导了 20 世纪 60 年代以后的马氏体研究，产生一系列的失真和引起研究资料相互矛盾，甚至结论完全相反，歪曲了人们对淬火组织的认识。

尤其是在马氏体内观察到内孪晶，被普遍视为对马氏体相变理论中的"切变说"提供了直接证明，从而将马氏体相变理论研究引入歧途。大量的有关马氏体"切变论"的数学推导、位错模型、形核和核长大机制等研究资料完全脱离了马氏体相变的实际。

本章主要论述测试方法上的失误，在第 12 章和第 13 章专门论证马氏体相变理论研究中的一系列问题。

2.1　马氏体的透射电镜鉴别法

自 Kelly 等人[37]在透射电镜下观察马氏体以来，发现低碳钢的亚结构和高碳钢马氏体不同，提出马氏体应分为位错马氏体和孪晶马氏体两种。后来有人称位错马氏体为板条状马氏体[44]、束状马氏体[44,45]、低速型马氏体[34]、自协调型马氏体[37]。区别板条状马氏体和片状马氏体的判据是：在透射电镜下观察不到内孪晶者为板条状马氏体；能够看到内孪晶者为片状马氏体。后来，Speich 等人[97]在碳的质量分数为 0.57% 的钢中也观察到位错亚结构，认为它们都是板条状马氏体。这样一来，采用透射电镜鉴别马氏体类型的上述判据获得国内外广泛的采用。

本书作者曾经较详细地探讨了透射电镜图像的可变性[1~3]，发现转动透射电镜中薄箔试样的角度，会显著改变马氏体的成像。片状马氏体中的内孪晶可以完全消失。相反，在板条状马氏体中可以显出内孪晶。图2-1所示为一个实例。

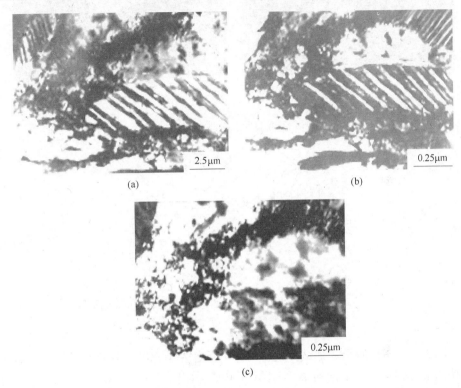

图 2-1   20CrNi4A 钢从 900℃淬火的透射电镜图像
(a) 试样未转动；(b) 试样转动 2.5°；(c) 试样转动 7°

20CrNi4A 钢从 900℃淬火后，在透射电镜下的图像如图 2-1 (a) 所示，图中央和左上角的马氏体具有许多内孪晶；对其中中央马氏体片打衍射斑点，得图2-2 (a)。它的标定图如图 2-2 (c) 所示，白点和黑点组成的三角形相互为镜面对称。充分证实这是内孪晶。图 2-2 (c) 中的大白色斑点是基体产生的，小斑点由孪晶和双衍射产生。可见，孪晶衍射斑点图的特征是：两个大斑点之间有两个小斑点。

在图 2-1 (a) 右上角的一片小马氏体内未看到内孪晶。按照上面所述的判据，中央和左上角的马氏体是片状马氏体，而右上角的小马氏体应该属于板条状马氏体。

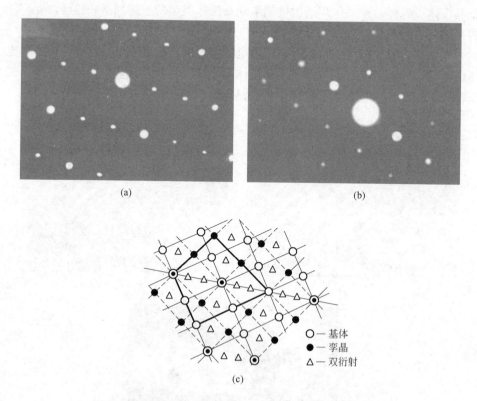

图2-2 图2-1中央马氏体片的电子衍射谱图和标定图
（a），（b）电子衍射谱图；（c）图（a）的标定图

图2-1（b）所示为把试样稍转动2.5°后，左上角的一片小马氏体片内的内孪晶消失，相反，右上角的小片马氏体内却显示出清楚的内孪晶。由此可见，内孪晶是否显示出存在一定的条件。这小片马氏体原本就是片状马氏体，在图2-1（a）之所以不出现内孪晶是因为未达到显像的条件。继续转动试样到7°，如图2-1（c）所示，图中的所有马氏体的内孪晶全部消失。这时的衍射斑点图如图2-2（b）所示，与图2-2（a）完全不同，失去了孪晶衍射斑点图的特征。按照此衍射斑点图，只能得出没有内孪晶，全部是位错亚结构的结论。

根据图2-1（a）和图2-1（b），从900℃淬火的20CrNi4A钢具有大量的内孪晶，应该是片状马氏体；但是转动薄箔试样7°后的图像2-1（c）没有内孪晶，亚结构全部是位错，因此判定，它们应该是所谓"板条状马氏体"。那么，20CrNi4A钢的淬火组织到底是板条状马氏体还是片状马氏体呢？上述马氏体的鉴别法无法判断。

产生上述问题的主要原因是透射电镜图像是电子的衍衬像，同光学显微镜的反射图像完全不同。旋转试样的角度，产生衍衬像的晶面变了，所出现的衍衬像形态也随之改变。所以在透射电镜下未观察到内孪晶，绝对不能得出马氏体中没有内孪晶。因为通过试样的转动，改变了孪晶面的取向，使它符合电子衍射的条件后，便可以显示出孪晶结构。

图2-3所示为孪晶面产生衍衬像的原理。图2-3（a）所示为电子束被孪晶面产生衍射电子束而减弱了透射电子束的强度，比旁边没有发生衍射的透射电子束的强度要弱，而显示出孪晶的衍衬像。图2-3（b）所示为空间的孪晶面与孪晶的衍衬像之间的关系。当孪晶面与入射电子束平行时，便不显出孪晶面的图像，如图2-3（c）所示。因为孪晶面不产生电子衍射，从而没有它的衍衬像。转动透射电镜中的薄箔试样，因孪晶面倾斜并达到产生衍射的条件后，便显示出孪晶的衍衬像，如图2-3（d）所示。

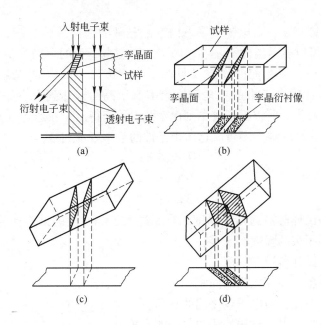

图2-3 孪晶面产生衍衬像的原理

之所以图2-1（a）和图2-1（b）中的孪晶衍衬像的边缘不齐整，是因为经双喷腐蚀后的薄箔试样的薄膜往往凹凸不平，如图2-4所示，孪晶面的表面如果弯曲和不平，所呈现出的衍衬像也将出现变形和边缘不光滑。

不仅试样放置的角度，而且所观察试样的厚度，都会影响内孪晶的显现，如图2-5所示。当试样薄时，每个孪晶面的衍衬像相互分开，从而显示出内孪晶的图像（见图2-5（b）的左边）。若试样厚，各孪晶面的衍衬像重叠在一起，导致内孪晶看不出来（见图2-5（b）的右边）。如果孪晶面的倾斜度比较小（见图2-5（a）），即使是薄试样，也会因为衍衬像重叠而使内孪晶观察不到。

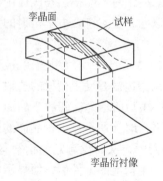
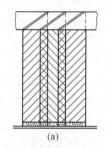
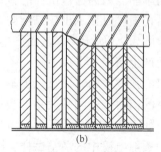

图 2 - 4 孪晶呈现歪曲的图像   图 2 - 5 试样厚度对透射电镜成像的影响

本书作者曾将在透射电镜下影响内孪晶显现的因素总结成图 2 - 6[1]。除了图 2 - 6（a）可以显示出内孪晶外，因孪晶面与电子束的取向（见图 2 - 6（b）和图 2 - 6（c））、孪晶面的间距（见图 2 - 6（e））、试样的厚度（见图 2 - 6（d））、试样表面同电子束的夹角等因素引起孪晶面未达到内孪晶的显像条件，以致不产生衍衬像，所以都观察不到内孪晶。研究得出：在透射电镜下，内孪晶显现的条件有 3 个，缺一不可。这 3 个条件的数学表示式是：

（1） $D/\cos\beta < D_{\mathrm{K}}$

（2） $D\tan\alpha < L$

（3） $2d\sin\alpha = \lambda$

式中 D_{K}——试样薄箔的临界厚度，当穿过大于此厚度的试样薄箔时，投射电子束的强度等于零；

　　　D——试样薄箔的厚度；

　　　L——各孪晶面之间的间距；

　　　α——孪晶面与电子束之间的夹角；

　　　β——电子束同试样的法线之间的夹角；

　　　d ——衍射晶面的间距；

　　　λ——电子束的波长。

当 $\beta = 0$ 时，即电子束垂直于试样，内孪晶显现的条件变成：

（1） $D < D_{\mathrm{K}}$

（2） $D\tan\alpha < L$

（3） $2d\sin\alpha = \lambda$

条件（1）和条件（2）是必要条件，而条件（3）是充分条件。这就是说：

（1）目前所公认的在透射电镜下鉴别马氏体类型的判据，即观察到内孪晶的是片状马氏体，未观察到内孪晶的是板条状马氏体实际上不能准确分辨这两类马氏体。

（2）由 Speich 等人[97]测定的板条和片状马氏体的相对体积分数同碳的质量分数的关系曲线需要重新测定，因为依靠透射电镜测定的相对体积分数存在不准确性。

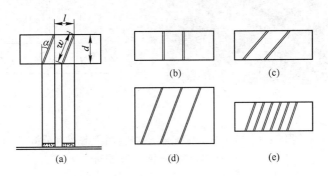

图 2-6 影响内孪晶在透射电镜下显现的因素
（a）内孪晶显像；（b）~（e）不显出内孪晶

高碳马氏体中，凡是显示出的孪晶大都是一组平行的黑直线，如图 5-3、图 6-1（b）和图 6-2 所示，是因为它们的孪晶面的间距小，即使达到孪晶产生衍射的条件，往往因衍衬像重叠而看不出来。唯有试样很薄处，使孪晶面变成狭窄的长条，才能令所产生的衍衬像分开而显现出来。这时，由于孪晶面非常狭窄，其衍衬像变成直线，如图 6-2 所示。

上述的试验和分析不仅否定了在透射电镜下鉴别马氏体类型的现有判据的正确性，而且从下面的内容可以看出，即使碳的质量分数低于 0.09%，在马氏体内也可以观察到内孪晶（见第 3 章）。

正因为低碳、中碳和高碳马氏体的亚结构中都存在内孪晶，因此，采用透射电镜就无法分辨板条状马氏体和片状马氏体。

除此以外，还必须指出：薄箔试样在制作时，双喷腐蚀的操作会改变显微组织的形貌，从而导致透射电镜下的衍衬图像发生变化，以致歪曲了显微组织的真实面貌。例如，在第 13.8 节的马氏体相变新理论"无扩散点阵类型改组论"中，证实了马氏体中的内孪晶是晶核长大初期的一种重要方式，因此，一般钢中马氏体的"内孪晶"都是"完全孪晶"。但在文献报道［44，97，105，340］中，观察到的都是"部分孪晶"。图 2-7 所示为拍摄到的图像，呈现细小的透镜状，与文献［105］中相似。

薄箔试样在双喷腐蚀时，因腐蚀液冲刷的某些方向时间较长时，会形成深沟和凸起等凹凸不平。当薄箔试样被冲刷成图 2-7（b）的"长形面包"状时，其中的内孪晶原本是平行的平面，变成透镜状，导致它们的衍衬像也成了透镜

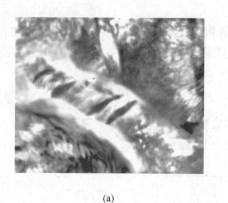
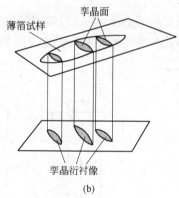

图2-7 20钢从1100℃淬火的透射电镜图像和分析

(a) 透射电镜图像；(b) 分析

状。绝对不能由此图像得出：低碳马氏体的内孪晶面呈现透镜的形貌。

2.2 马氏体的金相鉴别法

Marder 等人[44]利用透射电镜和光学金相显微镜对比，观察淬火组织后，提出马氏体类型的金相鉴别法。其判据是：在光学显微镜下，呈现束状的组织者为板条状马氏体；呈现片状或针状的组织者为片状马氏体。片状马氏体的各片不相互平行[37,50,82]，更不会出现束状形态[38,39,47,48]。在当前各国生产实践和研究中，此判据普遍用来鉴别这两类马氏体。

得出上述判据的根据是：在呈现束状的淬火组织中，未观察到内孪晶，因而按照上述透射电镜鉴别法，认定它是板条状马氏体。而在片状马氏体内，往往观察到内孪晶。如2.1节所述，这种见解不能成立。同时，本书作者在扫描电镜下观察中碳和高碳钢的淬火组织时，形成的是马氏体片，甚至是带中脊线的马氏体片（见图2-7、图5-4 (c) 和图5-4 (d)、图6-4 (c)、图13-18 (c)等），它们照样可以相互平行和成束状形态出现。

40钢和T11钢经1100℃淬火后，金相组织都呈现束状马氏体，如图2-8 (a) 和图2-8 (b) 所示。但用扫描电镜做高倍观察时，则如图2-8 (c) 和图2-8 (d) 所示，中碳和高碳钢中的马氏体细片不仅相互平行，而且还呈现束状组织和等边三角形[5~7,11~13]。同时，在光学显微镜下，照样观察到相互平行和呈现等边三角形的马氏体粗片，参见第7章。

由此可知，根据淬火组织是否呈现束状或者是不是相互平行，不能分辨是板条状马氏体还是片状马氏体。所以，这些判据不能成为光学显微镜鉴别马氏体类型的依据。

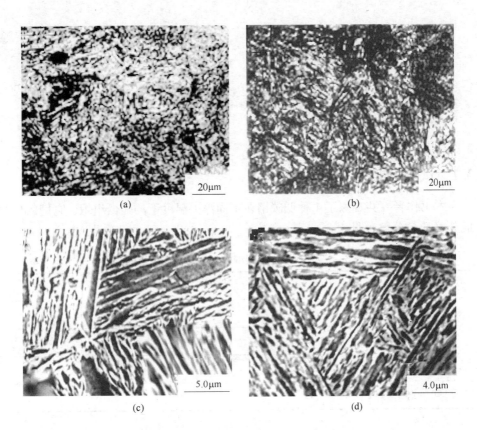

图 2-8 片状马氏体的扫描电镜图像

(a), (c) 40 钢, 1100℃淬火; (b), (d) T11 钢, 1100℃淬火

　　综上所述, 自 1960 年以来, 尽管马氏体类型发现了好几种, 但至今没有一种方法能够准确地区分板条状和片状马氏体这两种最常见的淬火组织。这一事实不得不承认, 一个多世纪的马氏体研究过于重理论而轻实际。从上面可以充分看出, 在马氏体形态学和马氏体类型的鉴别方法上的研究过于粗糙和草率, 太不严谨。

3　低碳钢中的马氏体

3.1　试验用钢和热处理

本书作者一共观测了 4 种低碳钢在不同淬火温度下的显微组织，它们的化学成分（质量分数）见表 3 - 1。

表 3 - 1　所试验的低碳钢的化学成分（质量分数）　　　（%）

钢　种	C	Mn	Si	Cr
10 钢	0.09	0.56	0.23	
20 钢	0.19	0.70	0.25	
20Cr 钢	0.21	0.74	0.33	0.99
30 钢	0.33			

淬火温度在 920 ~ 1300℃ 之间，冷却介质全部是冷水。

3.2　低碳马氏体的形貌

10 钢、20 钢和 20Cr 钢三种淬火钢的显微组织如图 3 - 1 所示。在光学显微镜下，大部分（大约大于 70%）呈现双色束状组织，少量呈现单色束状马氏体（见图 3 - 1（b）右上角和图 3 - 1（c）的右边）。3 个图片都是选择双色束状组织多的视场拍摄的。因相邻块区之间具有孪晶角的取向差，被浸蚀的程度不同，因而在光学显微镜下呈现黑白两种色调的块区相互平行，构成一个马氏体束，再由不同取向的马氏体束组成淬火组织。

图 3 - 1（d）~ 图 3 - 1（f）所示分别为 3 种钢采用高分辨率的扫描电镜观察所得的结果。其组织全部由厚度相近、具有直线界面的薄板状单晶相互平行组成一个马氏体束。这时在束内看不出块区结构。这是因为光学显微镜是根据反射光线成像，而扫描电镜是根据散射电子成像，所以两者的图像出现差异。金相试样在浸蚀时，因相邻块区的取向不同，受浸蚀的深浅各异。在光学显微镜下，深腐蚀的块区呈现黑色，浅腐蚀的块区为白色。

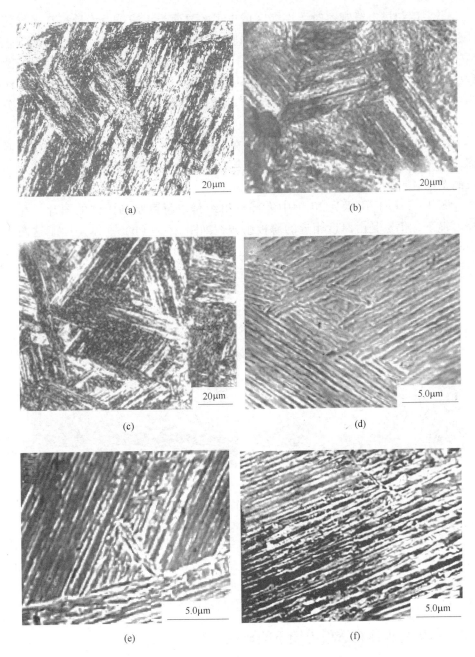

图 3-1　10 钢、20 钢和 20Cr 钢淬火后的光学显微镜和扫描电镜图像

（a）10 钢从 1100℃淬火后的光学显微镜图像；（b）20 钢从 1200℃淬火后的光学显微镜图像；
（c）20Cr 钢从 1100℃淬火后的光学显微镜图像；（d）10 钢从 1100℃淬火后的扫描电镜图像；
（e）20 钢从 1200℃淬火后的扫描电镜图像；（f）20Cr 钢从 1100℃淬火后的扫描电镜图像

当采用扫描电镜观察时，许多区域出现的界面为直线，由大量相互平行的薄板状晶组成，且它们的厚度相近，如图 3 - 1（d） ~ 图 3 - 1（f）所示。之所以说是板状晶，而不是板条状晶，因为在所有呈现"相互平行形貌"的图像中，没有观察到短的矩形截面，而只有长条状横截面。因此，本书作者认为：它们的空间形态不是板条状，而是薄板状。这一点在 3.3 节将得到充分证实。

应该指出，并非所有的低碳马氏体在扫描电镜下都显出相互平行的直线界面。只有试样的磨面同板状晶垂直或者接近垂直时，才会显示出由平行直线所构成的图像。

图 3 - 2（a）所示为 20 钢中大部分组织是单色束状马氏体的图片。在扫描电镜下，仍然是由厚度相近的薄板组成，如图 3 - 2（b）所示。由于这两个束与试样磨面斜交，因而薄板之间的边界不明显，基本上没有清晰的直线分界面。

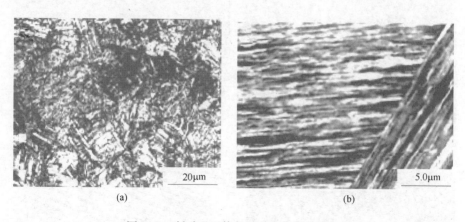

图 3 - 2   低碳马氏体的单色束状组织形貌

图 3 - 1（c）所示为低碳马氏体束相互呈现等边三角形的形貌，在扫描电镜照片图 3 - 10 中也是显出等边三角形。不过在等边三角形内部观察不到呈现薄板的纵截面图像，看不到宽大薄板的平面形态。这说明低碳马氏体惯习面不是 $\{111\}_A$，以后将在第 3.5 节和第 10.1 节专门讨论这个问题。

3.3 低碳马氏体在透射电镜下的成像

图 3 - 3（a）所示为 20 钢从 1200℃淬火后的透射电镜图像。中央一片马氏体的形貌像板条，直线边界，但内部有内孪晶。对它进行电子束衍射，得出的衍射斑点如图 3 - 3（c）所示，为典型的孪晶衍射斑点图。进行标定后，得出图 3 - 3（d）所示的标定图。此图证实，它是内孪晶。当试样转动 4°后，中央马氏

体片中的内孪晶消失，变成全部是位错亚结构。而且出现弯曲的边界，外形像片状马氏体，如图 3-3（b）所示。

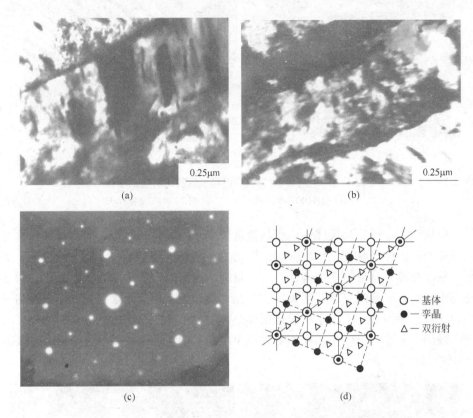

图 3-3 碳钢 20 钢从 1200℃淬火后的透射电镜图像
（a）试样未转动；（b）电子衍射谱；（c）试样转动 4°；
（d）电子衍射谱标定图

对比图 3-3（a）和图 3-3（b）可以看出：因衍衬面的不同，马氏体内的亚结构不仅差别很大，而且连马氏体的外形也产生显著的改变。

3.4 低碳马氏体在透射电镜下的亚结构

10 钢和 20 钢由高温淬火后的透射电镜图像如图 3-4 所示。它是通过转动试样，令它们的内孪晶显现出来之后摄制的。由图 3-4 可以充分看出，它们都存在一定数量的内孪晶，只是孪晶密度比较低。对 10 钢，孪晶面之间的平均间距为 0.355μm，20 钢则减至 0.227μm。尽管碳的质量分数低至 0.09%，也具有内孪晶（见图 3-4（a））。它再次证实：是否观察到内孪晶不能成为鉴别板条状和片状两类马氏体的判据。

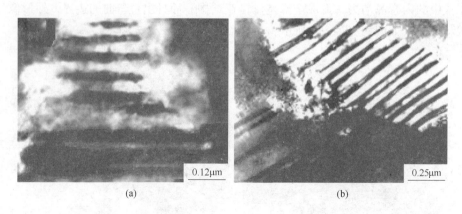

图 3-4 10 钢和 20 钢由高温淬火后的透射电镜图像
(a) 10 钢，1100℃高温淬火；(b) 20 钢，1200℃高温淬火

应该指出：低碳马氏体中内孪晶数量较少，内孪晶的间距较大，观察到具有内孪晶的马氏体单晶的几率也较少，因而在一般情况下极难看到。如图 3-5 所示，整个视场只有位错亚结构，具有大量缠结位错。内孪晶需要特意寻找，而且还要求不断转动所观察的薄箔试样。但是，你总能在一个低碳淬火试样中看到一些内孪晶。原因是内孪晶是马氏体相变过程中为了降低马氏体晶核初期的长大功而出现的，并非马氏体单晶在相变过程中出现了塑性形变。关于这一点，将在第 13 章中讨论。

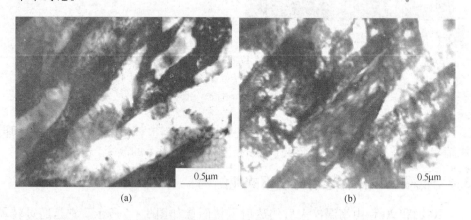

图 3-5 未显示出内孪晶的低碳马氏体
(a) 10 钢，1100℃淬火；(b) 20 钢，1200℃淬火，试样转动 4.5°

图 3-5 所示的低碳钢淬火组织中，除了直线界面外，还有曲线界面，看不出薄板状的形貌。这是由于马氏体块区与电子束斜交而产生衍衬像，如图 3-5（a）所示。因薄箔试样转动后，变成图 3-5（b），衍衬像完全改变，由薄板状

变成带尖角的片状。

　　对 20 钢在 980~1300℃淬火的显微组织进行深入观测后，看到一些鲜为人知的现象。在光学显微镜下观察 980℃和 1300℃淬火组织时，得出图 3-6（a）和图 3-6（b）。在低温淬火时，大部分是双色束状组织。当在很高温度淬火时，显微组织中出现白色的粗长马氏体薄板，而且有一个试样的磨面上呈现等边三角形和构成 60°夹角，如图 3-6（b）所示，这说明它正好与（1 1 1）面平行。但是，采用扫描电镜进行高倍观察时，发现光学显微镜下的白色薄板是由几个薄板晶平行组成，如图 3-6（c）所示。

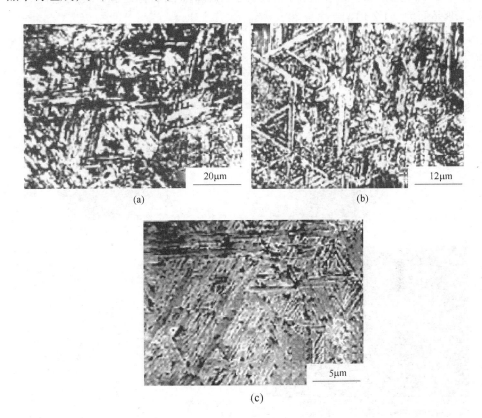

图 3-6　20 钢在 980℃和 1300℃淬火后的光学显微镜和扫描电镜图像
（a）20 钢在 980℃淬火后的光学显微镜图像；（b）20 钢在 1300℃淬火后的光学显微镜图像；
（c）20 钢在 1300℃淬火后的扫描电镜图像

　　在等边三角形和 60°夹角内，没有看到马氏体宽板，只有平行于一个边的白色窄板，这再次证实低碳马氏体的惯习面不是（1 1 1）面。

　　超高温淬火时，之所以产生粗长的白色薄板，其原因是由于淬火加热温度过高，使位错、层错、点阵畸变等晶体缺陷（空位除外）大为减少，点阵规则化，使奥氏体的体积自由能变小，$M_s^{平均}$ 点降低，导致在奥氏体点阵高能区首先形成的马氏体晶核有了充分长大的时间。最后，因冷却至 $M_s^{平均}$ 点，形成基体组织——束状薄板马氏体。细节参见第13章。

采用透射电镜检测从1300℃淬火的20钢时，未转动薄箔试样，获得图3-7（a）所示的图像，全部显示出位错结构，还可以看出由高密度的位错结成位错网。当转动试样6.5°后，呈现出孪晶面的衍射图像，如图3-7（b）所示，依旧可以看到位错网。对孪晶区打衍射斑点，得出图3-7（c），是两个大的白斑点夹两个小白斑点。图3-7（d）所示为此衍射斑点图的标定图，证实它们是孪晶，孪晶面为 $(1\bar{2}1)_M$。

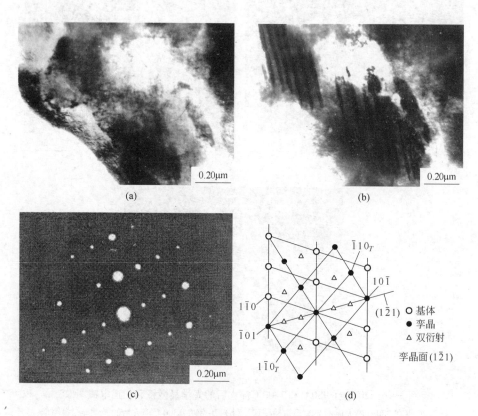

图3-7 20钢从1300℃淬火的透射电镜图像
（a）未转动；（b）转动6.5°；（c）图（b）的选区衍射图；（d）图（c）的标点图

极低碳钢（碳的质量分数小于0.002%、锰的质量分数为1.55%）的淬火组织仍然具有块区结构，如图3-8所示，一般称为"块状马氏体"。实际上，它是由取向不同的几个块区构成淬火组织。

图 3 – 8　超低碳马氏体[70]

3.5　低碳马氏体的空间形态

Krauss 等人[44]在光学显微镜下采取逐层抛去试样观察面 11μm 和 18μm 后，在 750 倍的光学显微镜下分别观察低碳淬火钢的马氏体空间形态时，得出图 3 – 9 (a)所示的三维模型。低碳马氏体呈现板条形，因此称为板条状马氏体。从此，被各国普遍采用。后来，虽然有些人提出一些低碳马氏体的空间模型[181,182]，但都保持板条这一基本特征。

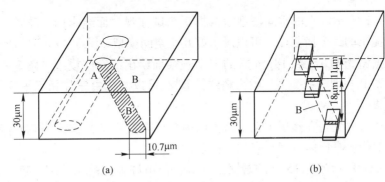

图 3 – 9　板条 (a) 和薄板 (b) 马氏体立体示意图
(a) Krauss 等人[44]；(b) 本书作者

不得不指出，这个被公认的低碳马氏体空间模型歪曲了现实。其主要问题有两个：

第一，Krauss 等人在光学显微镜下分层观察的低碳马氏体的空间形态并非是低碳马氏体单晶的立体形貌。因为光学显微镜的分辨率较低，在显微镜下能够清晰地看见的板条横截面，并不是马氏体单晶，而是由许多单晶组成的马氏体束的空间外貌。例如，本书作者也曾在光学显微镜下观察到呈现"片条状"组织（见图 3 - 6（b）），但在分辨率高的扫描电镜下观察时，发现它是由几个薄板组成，如图 3 - 10 所示。

20 钢从高温淬火后，光学显微组织中出现呈现三角形的白色长"片条"（见图 3 - 6（b））。在扫描电镜下，这些片条内有许多细薄的薄板（约 6 ~ 8 片，见图 3 - 10（b））。这充分证实 Krauss 等人提出的低碳马氏体的空间模型只是几片马氏体单晶的组合外形，并非低碳马氏体单晶的空间模型。

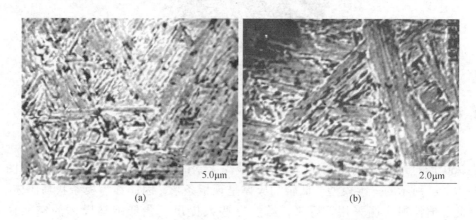

5.0μm　　　　　　　2.0μm

(a)　　　　　　　　　　　(b)

图 3 - 10　碳钢 20 钢从 1300℃淬火后的扫描电镜图像

第二，Krauss 等人的空间模型是根据 3 个试样观察面绘出的，非常不严谨。按照他们提出的 3 个横截面，可以画出好几个空间模型。图 3 - 9（b）所示为本书作者根据抛光 11μm 和 18μm 后的 3 个观察面绘出的空间模型。图 3 - 9（a）中的小板条 B 在图 3 - 9（b）中为虚线"B"，可以画成由三片相互平行的薄板横截面组成。

本书作者率先将在透射电镜下观察的薄箔试样置于扫描电镜下进行观察，终于实现了对低碳马氏体空间形态的直接观测。

图 3 - 11 所示为对 15 钢的观察，它显示出由许多薄板堆垛在一起，而不是板条的堆积。图 3 - 11（c）所示的板状形貌充分证实马氏体的立体形体的确不是板条，而是薄板。

通过多次寻找，终于获得图 3 - 12 所示的非常有价值的图片。在相互垂直的交界面上，看到了低碳马氏体的单晶是薄板而不是板条，如图 3 - 12（a）所示。为了得到一片马氏体单晶的空间形貌，花去许多的时间，终于找到了如图 3 - 12

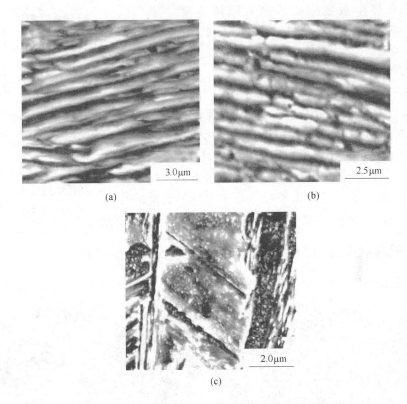

图 3 – 11   15 钢从 1300℃淬盐水的扫描电镜图像

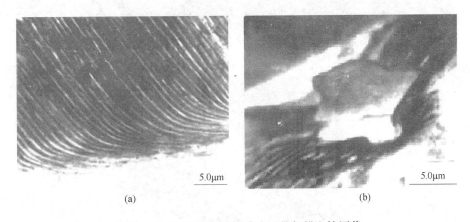

图 3 – 12   20 钢从 1150℃淬火后的扫描电镜图像

（b）所示的图像，一片呈现扇形的马氏体薄板清晰地显现出来。

这张十分难得的图片无可辩驳地证实：低碳马氏体的空间形态不是板条，而是薄板。它的空间形貌模型如图 3 – 13 所示。马氏体单晶呈薄板形，相邻马氏体薄板之间是残余奥氏体薄膜[46,63,79,183]。在同一块区内，各马氏体薄板的取向很接近，属于小角界面[39,43,45,61,65,314]；相邻块区之间为孪晶关系[59,60,63,89,97]。

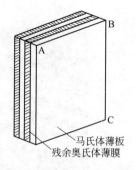

图 3 - 13　低碳束状薄板
马氏体的空间模型

　　基于上述的结果，本书作者建议：低碳马氏体应更名为"束状薄板马氏体"，简称"薄板马氏体"或"板状马氏体"，不能称为"板条状马氏体"，更不能称为"束状马氏体"和"位错马氏体"。下面将证明：在较低温度淬火时，中碳钢和大部分高碳钢中的片状马氏体都大量呈现束状形态。只是由于尺寸小于光学显微镜的分辨率而未显示出来。同时，每片马氏体内部都含有许多位错。

3.6　低碳钢淬火组织在光学显微镜下形貌产生的剖析

　　在低碳钢高温淬火组织中，由于不同视场，显出 3 种不同的形态：（1）只

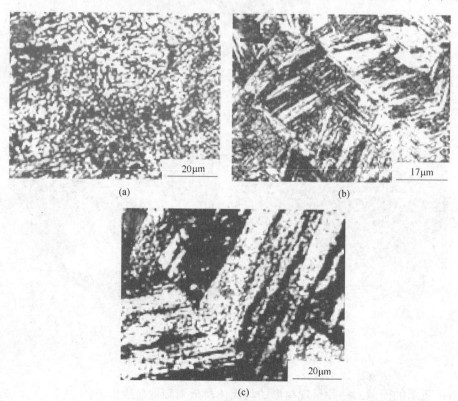

图 3 - 14　20 钢淬火组织的 3 种形态
（a），（b）从 980℃淬火；（c）从 1100℃淬火

有小于1/3的区域属于黑白相间的双色束状组织，如图3-2（a）的下部所示。（2）大部分是双色束状组织，如图3-1（a）～图3-1（c）和图3-14（b）所示。（3）全部呈现单色束状组织，如图3-14（a）所示。可见，在淬火组织中，光学显微镜下呈现出至少具有1/3的双色束状组织，这是低碳钢淬火组织的特征。在每个金相试样中，很容易观察到。

为什么低碳马氏体在光学显微镜下出现小部分，或者局部视场的全部显示出单一色调的束状组织呢？可以用图3-15说明。当试样观察面正好平行于板状晶，穿过一个块区内部时，试样磨面上原子的分布和取向基本相同，受浸蚀程度相似，因而该处呈现同一色调，如图3-14（a）所示。

当试样磨面正好同板状晶（或惯习面abc）垂直时，因垂直

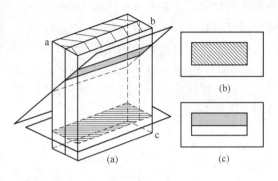

图3-15　低碳淬火钢两种不同的
金相组织产生的原因（示意图）

面上、位于孪晶面两边原子分布也基本相同，再加上横截的板状晶的界面数量和宽度也相同，从而使各块区浸蚀程度也一样，所以也会出现相同的色调，因此都呈现单色束状组织，如图3-14（a）和图3-15（b）所示。

唯有试样磨面与薄板马氏体惯习面abc斜切（即截面x、y、z三个轴上的截距不同，见图3-15（a））时，块区内的原子分布和板状晶的截面宽度将出现差别。因而令各块区浸蚀程度不等，导致出现双色，如图3-1（a）～图3-1（c）和图3-15（c）所示。无论是双色还是单色束状组织，它们都有一个共性，即都具有"块区结构"。这也是低碳淬火组织与中碳、高碳淬火组织的突出差别。中碳和高碳钢的单色束状组织中都没有"块区结构"，相互平行的马氏体细片之间都是孪晶界面，各细片之间没有小角取向差。

低碳钢中马氏体的形成机制将在第12.3节论述。

3.7　低碳马氏体组织示意图

综上所述，低碳钢（合金元素总的质量分数小于5%）的淬火组织是具有块区结构的束状马氏体。在光学显微镜下，往往呈现黑白双色束状组织和单色束状组织。如3.6节的分析，两者的区别在于：单色束状组织的试样磨面横穿一个块区或者与惯习面垂直。不管哪种束状组织，实际上马氏体束中都具备"块区结构"。中碳和高碳钢的淬火组织经常是单色束状组织，它与低碳淬火组织的核

心区别是：马氏体束中没有块区结构。

总结本书作者和国内外的研究，由本书作者将具有"块区结构"马氏体束状组织的示意图绘制成图3-16。随着放大倍数的增大，组织细节逐一显现出来。最下面是光学显微镜图片，呈现黑白交替的束状组织（数量大于30%），显出"块区结构"。上部右边是扫描电镜图片，示出许多相互平行的薄板晶。大部分的厚度相近（大都在0.15~0.20μm之间），其中有一片较厚的薄板晶，其形成的温度稍高，首先出现并长大。左边三张是透射电镜图片，第一张是薄板晶中的内孪晶，其孪晶面之间的间距大，约0.3μm左右；第二张是内孪晶由位错胞（或单晶胞）构成，尺寸在0.01~0.1μm之间；第三张是位错胞中的位错，低碳马氏体的位错密度ρ为$10^{12~15}$ m^{-2}。它们主要以位错壁的形式存在，其次是缠结位错。

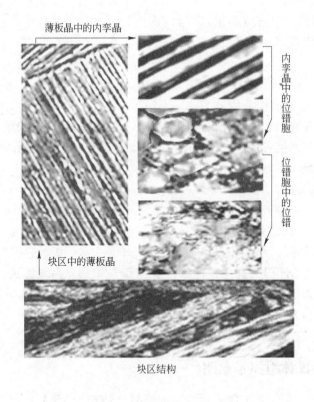

图3-16 双色束状马氏体组织的示意图

4 低碳高合金钢中的马氏体

4.1 20Cr2Ni4A 钢的显微组织

采用市售 20Cr2Ni4A 钢进行试验，其化学成分（质量分数）为：0.20% C，1.68% Cr，3.70% Ni，0.42% Mn，0.19% Si。淬火温度在 860~1250℃之间，淬火介质是室温冷水。图 4-1 所示为 4 种温度淬火后的光学显微组织。860℃淬火的显微组织特征不明显，为一般低温淬火组织（见图 4-1 (a)）。提高

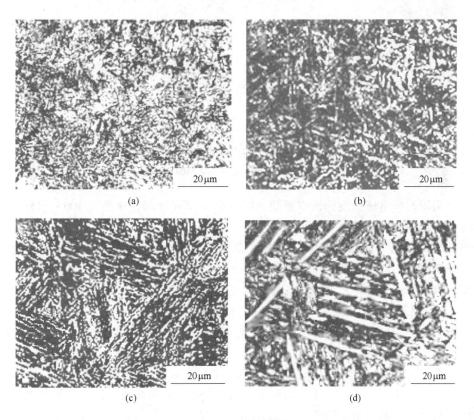

(a)

(b)

(c)

(d)

图 4-1 奥氏体化温度不同的 20Cr2Ni4A 淬火钢光学显微组织

奥氏体化温度：(a) 860℃；(b) 950℃；(c) 1100℃；(d) 1200℃

温度到950℃，因过热而显出细片马氏体（见图4-1（b））。在1100℃淬火后，变成单色的束状组织（见图4-1（c））。虽然它是低碳钢，但其束状组织中，没有呈现出黑白交替的块区结构。而是由厚度超过光学显微镜分辨率而显示出细小的平行白片，由许多细片构成粗大的束状组织。且在局部出现一个等腰三角形，里面有片状影纹，而不是呈现浅色。从图4-2的扫描电镜放大可以看出，它们都是白色薄片状单晶，这种组织与低碳钢的束状淬火组织有明显的区别（与图3-1对比）。1200℃淬火后，显微组织中出现粗大的马氏体片。

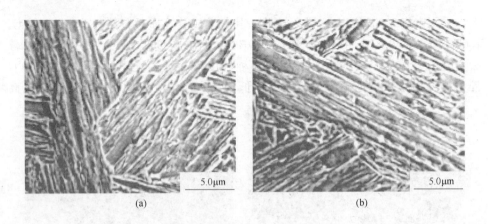

(a)   (b)

图4-2 20Cr2Ni4A钢从不同温度淬火后的扫描电镜图像
(a) 从1000℃淬火；(b) 从1100℃淬火

采用扫描电镜做高分辨率观测20Cr2Ni4A淬火钢时，在放大1000~1500倍时，获得图4-2和图4-3所示的结果。由图4-2（a）和图4-2（b）可以看出，20Cr2Ni4A淬火组织由许多片状单晶平行堆垛而成。在扫描电镜下的形貌也与纯低碳钢不同，呈现明显的粗长片状，边界不是图3-1（d）~图3-1（f）那种直线，而是带一点弧度；各片的宽度差异比纯低碳马氏体也大。

当在1250℃淬火后，光学显微组织中出现较多的粗大白片，如图4-3（a）所示。在扫描电镜下，粗片的尖端呈现尖角，如图4-3（b）所示。这再次证实，它们是薄片状，而不是薄板状。

图4-4所示为透射电镜的观测结果。图4-4（a）所示为内孪晶，薄箔试样转动了7.5°。图4-4（b）所示为它的衍射斑点，呈现典型的孪晶衍射斑点花样。其中内孪晶的平均间距为0.139μm。

在光学显微镜、扫描电镜和透射电镜下，20Cr2Ni4A钢中的低碳马氏体呈现出与低碳低合金钢不同的形貌，它不是束状薄板马氏体，而是束状细片马氏体，

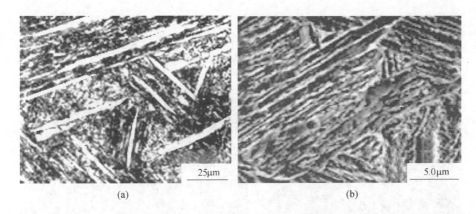

(a)   (b)

图 4 – 3   20Cr2Ni4A 钢从 1300℃ 淬火后的光学显微镜和扫描电镜图像
（a）光学显微镜图像；（b）扫描电镜图像

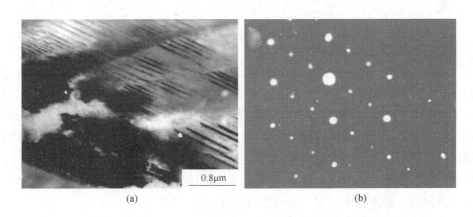

(a)   (b)

图 4 – 4   20Cr2Ni4A 钢从 1100℃ 淬火后的透射电镜图像和选区衍射斑点图
（a）透射电镜图像；（b）选区衍射斑点图

即马氏体单晶是细片状，而不是薄板状。

4.2   20Cr2Ni4A 马氏体的立体形貌

为了进一步证明低碳高合金 20Cr2Ni4A 马氏体的空间形态是片状的图形，寻找到图 4 – 5。图 4 – 5（a）所示为扫描电镜下对一个等腰三角形的低倍观测。上图的图片放大倍数为 500 倍，显微组织中有一个等腰三角形。下面图片是对此图中的长方形白色框放大 1500 倍的图像，在一束马氏体旁边显出许多马氏体细宽片。对此处选择马氏体宽片多的视场，拍摄的图片为图 4 – 5（b）。再次清楚地证实：20Cr2Ni4A 马氏体的空间形貌是薄片状，而不是薄板状。

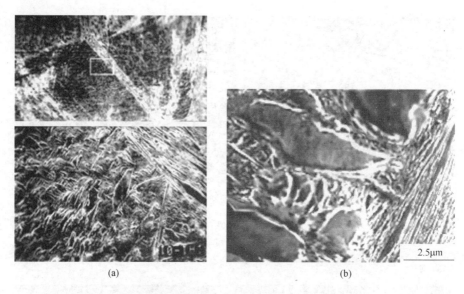

(a)   (b)

图 4 - 5   20Cr2Ni4A 钢从 1100℃淬火后的扫描电镜图像

不少人[44,186]认为低碳马氏体的惯习面是 $\{111\}_A$，照理，当试样磨面是
（111）（呈现等边三角形）时，应该看到许多马氏体宽片。但是，在图 3 - 6
（c）和图 3 - 10（b）的等边三角形中观察到的是平行于一个边的薄板，没有宽
片。现在却在等腰三角形内（见图 4 - 5）看到了白色的马氏体宽片。这就表明：
低碳马氏体的惯习面不是大多数人所主张的 $\{111\}_A$，而是 $\{557\}_A^{[48,83~85]}$。
$\{557\}_A$ 很接近 $\{111\}_A$，两者只差 8°[84]。因此，往往在 3 个边完全相同的等
边三角形内，根本看不到粗大的马氏体宽片。

在图 4 - 5 的等腰三角形中显出马氏体宽片，这说明低碳高合金马氏体的惯
习面也是 $\{557\}_A$，不是 $\{111\}_A$。

低碳钢中合金元素总的质量分数大约超过 5% 之后，为什么会出现组织形貌
的变化，由双色束状马氏体变成单色束状马氏体，块区结构消失，马氏体单元由
薄板状演化成细片状呢？这就涉及薄板晶和块区结构形成的条件。低碳和低合金
钢中的马氏体为立方点阵，在惯习面上，它与奥氏体之间的界面能较小。在两个
主要界面是平面状的惯习面，这种全共格的界面能最低；因而最小单元保持薄板
状，直线界面，并形成块区结构。当合金元素总的质量分数约大于 5% 后，因置
换元素同铁原子直径的差异引起点阵出现局部畸变，势能升高。许多这种点阵畸
变区不仅增大晶核四周端面的界面能和应变能，而且也导致两个主界面产生错
位，提高了它们的界面能，并使平面变成曲面（即直线界面变成曲线界面），导
致惯习面的界面能大于孪晶界面能，并使最小单元由薄板状变成细片状。在第

13 章，本书作者发现，块区结构形成的条件是：惯习面的界面能低于孪晶界面能。现在，因惯习面的界面能大于孪晶界面能，在相变过程中，晶核停止长大后，便直接在奥氏体和马氏体交界面——惯习面上生成具有孪晶界面的伴生晶核，形成由马氏体细片相互平行组成的单色束状组织。这个问题将在第 12 章详细论述。

采用上述观点来看待目前文献中的矛盾资料，就一目了然了。文献［187］中测定出，试验合金 2 是碳的质量分数为 0.3%、铬的质量分数为 3%、锰的质量分数为 2% 和钼的质量分数为 0.5% 的淬火组织，具有相当于孪晶关系的大取向差，从而认为板条状马氏体中板条之间为大角取向差。实际上，由于此合金的合金元素总的质量分数大于 5%，因此，淬火组织已经不是板条状马氏体。与上面的 20Cr2Ni4A 钢一样，淬火组织变成了"束状细片马氏体"，束状马氏体中相邻片正是孪晶关系。因此，他们的试验数据应该属于片状马氏体，而不是板条状马氏体的。

4.3 20Cr2Ni4A 钢的力学性能

以上显微组织的试验结果证实：合金元素总的质量分数超过 5% 时，碳的质量分数为 0.20% 以下的淬火组织不是束状薄板马氏体或板条状马氏体，而是束状细片马氏体，内孪晶的数量比较多。那么它们的塑性是不是很差呢？在两种温度下淬火后的力学性能见表 4 - 1。表中列出 20Cr 钢淬火后在两种回火温度的力学性能，以做比较。它说明具有束状细片马氏体组织的 20Cr2Ni4A 钢的塑性并不低于具有束状薄板马氏体的 20Cr 钢。这就是说，马氏体的塑性主要取决于合金的成分，尤其是碳的质量分数，与马氏体是否是片状和有没有内孪晶没有太大的关系。

表 4 - 1 20Cr2Ni4A 钢的力学性能

热 处 理	抗拉强度 σ_b/MPa	屈服强度 $\sigma_{0.2}$/MPa	伸长率 δ_5/%	断面收缩率 ψ/%	资料来源
860℃×30min+200℃×60min	1313	1237	16	49	本书作者的测定
1100℃×30min+200℃×60min	1355	1263	14	45	本书作者的测定
20Cr，880℃+200℃回火	1490	1245	8.5	36	［226］
20Cr，880℃+400℃回火	1215	1130	10	53	［226］

从表 4 - 1 中的数据看，具有束状细片马氏体形态的低碳高合金 20Cr2Ni4A 钢的伸长率和断面收缩率仍然比较高。在表 4 - 2 列出的 20Cr2Ni4A 淬火钢力学性能的标准指标，也证实了这一点。

表4-2 20Cr2Ni4A 钢力学性能标准的资料汇集

序号	热 处 理	抗拉强度 σ_b/MPa	屈服强度 $\sigma_{0.2}$/MPa	伸长率 δ_5/%	断面收缩率 ψ/%	冲击功 A_{KU}/J	文献
1	20Cr2Ni4A，880℃ 和 780℃ 淬火，200℃ 回火	≥1180	≥1080	≥10	≥45	≥63	[189]
2	12Cr2Ni4A，880℃ 和 780℃ 淬油，200℃ 回火	≥1080	≥835	≥10	≥50	≥47	[189]
3	18Cr2Ni4W，950℃ +200℃	≥1180	≥835	≥10	≥45	≥78	[220]
4	25Cr2Ni4W，850℃ +550℃	≥1080	≥930	≥11	≥45	≥71	[220]

4.4 其他低碳高合金钢的显微组织和力学性能

27SiMnNi2CrMoA 是一种低碳马氏体钢。该钢在淬火或正火条件下，都可得到板条状的低碳马氏体组织[188]。该试验的研究者采用电镜观察证明，板条状马氏体内有高密度位错缠结的亚结构，使用 X 射线及透射电镜暗场法测得残余奥氏体量为3%~8%（见图4-6）。因为这种低碳马氏体钢具有很好的强韧性，缺口敏感度也低，适合制作钎杆。

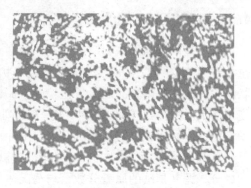

图4-6 27SiMnNi2CrMoA 在910℃ 正火后的低碳马氏体组织（×500）

文献［188］中提出的板条状马氏体，即本书作者称呼的"束状薄板马氏体"。从图4-6的组织特征看，没有明显的块区结构，因而其马氏体形态至少大部分是呈现"束状的细片马氏体"，而不是"板条状马氏体"。27SiMnNi2CrMoA 钢的力学性能见表4-3。从表4-3的力学性能看，它的强度比表4-1高，但伸长率和断面收缩率则低，但仍然在表4-2的力学性能标准值之上。

表4-3 27SiMnNi2CrMoA 钢的力学性能[189]

序号	热 处 理	抗拉强度 σ_b/MPa	屈服强度 $\sigma_{0.2}$/MPa	伸长率 δ_5/%	断面收缩率 ψ/%	冲击功 A_{KU}/J	硬度
1	960℃ ×30min 正火	1700.0	1303	13.0	41.6	32.5	48
2	960℃ ×30min 正火 + 890℃ × 30min 淬油 +200℃ 回火	1611.5	1333	13.08	53.6	38.2	48

为了利用马氏体高位错密度的强
化效果，避免碳带来对塑性指标的显
著危害，近代高强度和超高强度钢的
发展方向是低碳、微碳或无碳。这些
新型的高强度钢的共同特点是：淬火
组织都是"单色的束状组织"，没有块
区结构。例如：低碳高合金钢 Fe-9%
Cr-0.1% C 和 Fe-12% Cr-0.1% C，被试
验者按照传统的观念，错误地视为"板
条状马氏体"。但是，他们[53]所摄制的
显微组织如图 4-7 所示，全部是"单一

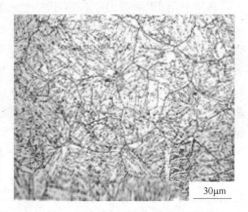

30μm

图 4-7　低碳高铬钢（碳的质量分数为
0.1%、铬的质量分数为9%）的淬火组织

色调"的束状马氏体(可与图 1-2(a)、图 3-1(a)~图 3-1(c)对比)，没有块区结构。可见，实际上它们都是"束状细片马氏体"。

超低碳马氏体不锈钢，其中，碳的质量分数为 0.1%，铬的质量分数为 12.5%，镍的质量分数为 4.48%，它也是单色束状马氏体，没有块区结构[190]。产生的原因与上面所述相同，合金元素的质量分数超过约5%后，惯习面的界面能升高。当大于孪晶的界面能后，便形成具有孪晶界面的束状组织。由于没有不同取向的块区，从而显出单色束状马氏体形貌，如图 4-7 所示。

几种低碳高合金钢的力学性能标准见表 4-4。表 4-4 中数据充分表明：只要碳的质量分数在 0.4% 以下，它们的塑韧性指标都可满足结构钢的性能要求。

表4-4　几种低碳高合金钢的力学性能标准

序号	热 处 理	抗拉强度 σ_b/MPa	屈服强度 $\sigma_{0.2}$/MPa	伸长率 δ_5/%	断面收缩率 ψ/%	冲击功 A_{KU}/J	文献
1	20CrNi3，830℃淬油 + 200℃回火	930	455	11	55	78	[189]
2	30CrNi3，820℃淬油 + 200℃回火	980	781	9	45	63	
3	37CrNi3，820℃淬油 + 200℃回火	1130	980	10	50	47	
4	30CrMnTi，880℃和850℃淬油 + 200℃	1470		9	40	47	[200]
5	25SiMn2MoV，900℃淬油 + 200℃	1380		10	40	47	

4.5　马氏体形态的形成原因与力学性能

现在分析低碳高合金束状细片马氏体的塑韧性不差的原因。

在本书第 12 章指出：共格相变产物的最小单元只可能是两种形态，即板状和片状。因为平行于惯习面的共格界面能很低，而其他界面都是半共格，其界面能都高。因此，马氏体形核和长大的基本原则是增大同惯习面平行的界面，尽量减少其他界面。

在低碳低合金的情况下，因马氏体为立方点阵，铁原子的间距与奥氏体点阵相差小，因而共格界面能比较低，使平行于惯习面的全共格界面都保持平面状态，从而呈现板状的形貌。它们的显微组织由许多夹有奥氏体薄膜（厚度约 20nm[46,63,88,289]）的薄板晶构成块区结构。各薄板晶之间由奥氏体薄膜相隔，在块区内各薄板晶为小角取向差[39,43,61,65]。例如，低碳淬火钢出现束状薄板马氏体的形貌，它们的最小单元是厚度和尺寸都细小的薄板晶（见图 3-1、图 3-10 和图 3-11）。

当碳的质量分数大于 0.4% 后，因马氏体点阵出现不断增大的正方度，并且界面能和应变能连续升高，促使马氏体最小单元变成片状晶，相邻马氏体片之间为孪晶界面，以降低形核和核长大功。可见，界面能是引起界面呈现弧形，产生片状晶的根源。如上面的低碳高合金钢的束状马氏体、中碳和高碳钢的束状细片马氏体、粗大片状马氏体、透镜状马氏体等，它们的基本特征是两个主界面呈现圆弧形，依靠弧形界面来减少界面错配程度，并在微观上保持惯习面的取向。

合金元素总的质量分数约超过 5% 后，之所以不产生块区结构、不形成双色束状薄板马氏体的根本原因是取消了块区结构形成的条件，即"惯习面"的界面能已经高于"孪晶界面能"。从而，按照"孪晶关系束状机制"（参见第 10.6 节），生成单色束状细片马氏体。

这就得出一条重要结论：块区结构和奥氏体薄膜产生的条件是"惯习面"界面能低于孪晶界和小角界的界面能。这时，当马氏体薄板晶终止长大后，不能采取在全共格的"惯习面"上形成具有孪晶界面的伴生晶核，更不能生成具有小角差取向的伴生晶核，进行相变。只有在奥氏体薄膜旁边的"贫碳区"内形成小角差的新晶核，才能出现"块区结构"（参见第 12.3 节）。

由上面可以看出，低碳高合金马氏体在相变后出现上面的形貌变化，并没有涉及材料的力学性能，主要由界面能、形核功和核长大功所引起。之所以界面出现圆弧形，是为了降低界面能和体积应变能。在第 12.4 节的研究中将得出，马氏体片中之所以形成内孪晶，也是马氏体晶核初期长大的需要。通过形成内孪晶来改变晶核长大的方向，继续马氏体相变，根本就没有发生过孪生塑性变形。可见，低碳高合金钢的马氏体具有片状外形和内孪晶与孪生形变的临界分切应力没有关系，并不意味着滑移临界分切应力高于孪生临界分切应力，它们的塑韧性就差。低碳高合金马氏体的内孪晶和位错密度比纯低碳马氏体高，这正是它们强度高的原因之一。其塑韧性出现一些下降不是因为它们是片状马氏体，而是强度高和合金元素的质量分数增大引起的。

5 中碳钢中的马氏体

5.1 问题的提出

目前国内外公认，中碳钢经高温淬火后同低碳淬火钢一样，也是形成板条状马氏体[77,108,191,192]。在20世纪60年代，本书作者对40Cr钢的高温淬火组织进行检查中，意外地观察到图5-1（a）～图5-1（c）的显微组织，从而完全改变了对中碳和高碳钢马氏体组织的认识。

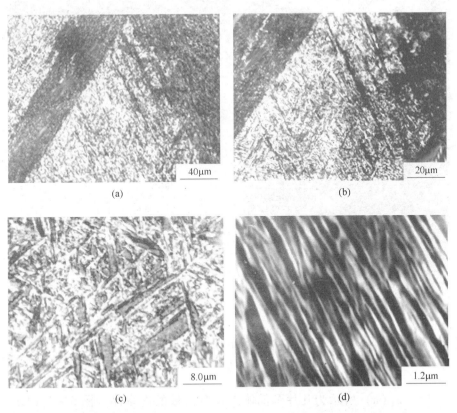

(a)　　　　　　　　　　　(b)

(c)　　　　　　　　　　　(d)

图5-1　40Cr钢在1150℃淬火后的光学显微镜和扫描电镜图像

（a）～（c）光学显微镜图像；（d）扫描电镜图像

低倍放大时，在夹角成约60°的两块深色束状的马氏体区之间呈现浅色的组织区域中，可以看到隐隐约约的片状马氏体形貌（见图5-1（a））。逐渐增大放大倍率，浅色区中的马氏体片更加明显（见图5-1（b））。最后，在图5-1（c）中，清楚地揭示出它由许多细小的马氏体片组成。图5-1（d）所示的扫描电镜照片是后来拍摄的。这就是说，不仅低碳马氏体，而且中碳的片状马氏体也可以相互平行，成束状组织出现。为了查明这个问题，1980年后，本书作者带领学生进行了一系列的探讨。

5.2 中碳钢马氏体在透射电镜下的成像

欲证明中碳钢马氏体是不是目前所公认的板条状马氏体，首先需要用透射电镜观察亚结构，看能否观察到大量的内孪晶。图5-2所示为其中的一个例子。

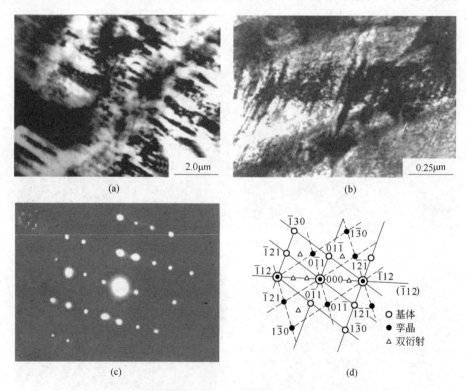

图5-2 40Cr钢从1150℃淬火的透射电镜图像
（a），（b）透射电镜图像；（c）衍射图谱；（d）标定图

图5-2（a）所示为几片马氏体内具有大量的内孪晶，图5-2（b）所示为一片马氏体存在许多内孪晶。图5-2（c）所示为图5-2（a）所示的孪晶区的衍射斑点图谱，其标定图为图5-2（d），证实它们的确是孪晶。

肯定了在图 5-2（a）和图 5-2（b）中的平行黑色直线是内孪晶面的衍射图像。

　　通过在透射电镜中转动所观察的薄箔试样，本书作者等人在中碳钢和合金钢的马氏体内都找到大量的内孪晶区，部分结果如图 5-3 所示。

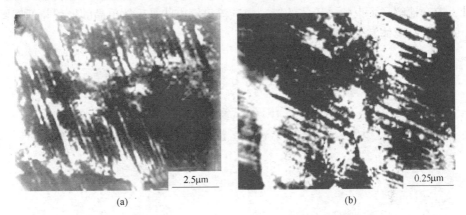

图 5-3　40 钢和 45 钢从 1100℃淬火后马氏体的内孪晶

(a) 40 钢转动 4.7°；(b) 45 钢转动 5.5°

　　特别要注意的是：图 5-2（a）和图 5-3 的各内孪晶线具有同一的取向，都相互平行。也就是说，一个马氏体束中，互相平行的马氏体单晶的孪晶面也相互平行。本书作者称之为"穿晶孪晶线"。在第 13.5 节中，将对它们产生的机制做出阐明。

5.3　试验中碳钢的化学成分和热处理

　　本书作者一共全面地观测了 4 种市售中碳钢，它们的化学成分（质量分数）见表 5-1。奥氏体化温度在 820~1300℃之间，全部淬水。

表 5-1　所试验的中碳钢的化学成分（质量分数）　　　　　（%）

钢　　种	C	Mn	Si	Cr	Ni
40	0.38	0.65	0.21		
40Cr	0.43	0.66	0.35	0.95	
45	0.46	0.64	0.26		
45CrNi	0.47	0.67	0.37	0.98	1.25

5.4　中碳钢马氏体在光学和扫描电镜下的图像

　　图 5-4（a）和图 5-4（b）所示分别为 45 钢和 40Cr 钢经高温淬火后的光

学显微镜组织，全部由单色束状组织构成。这些束状组织是不是大家普遍认为的束状薄板马氏体（即板条状马氏体）呢？需要观察组成它的马氏体单晶形貌来决定。光学显微镜的分辨率满足不了要求，而高分辨率的透射电镜因视场太小，也无法观察马氏体束的全貌。本书作者首次采用扫描电镜进行观测束状淬火组织时，惊奇地解开了束状马氏体的谜。中碳淬火钢束状马氏体单晶的形貌与低碳钢中的束状马氏体完全不同。

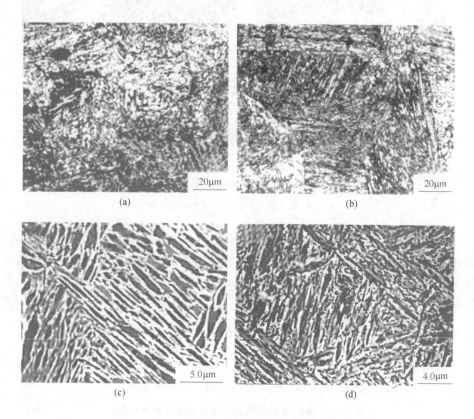

图 5 - 4　40 钢和 40Cr 钢经 1100℃ 淬火的光学显微镜和扫描电镜图像

（a）40 钢的光学显微镜图像；（b）40Cr 钢的光学显微镜图像；

（c）40 钢的扫描电镜图像；（d）40Cr 钢的扫描电镜图像

图 5 - 4 （c）和图 5 - 4 （d）两张图片中马氏体单晶的界面不是直线，而是粗细不等的曲线，末端呈尖角状；而且各单晶的厚度和长度相互间的差别很大。更有甚者，有些较宽的马氏体窄片内还带有中脊线（见图 5 - 4 （d）和图 5 - 5 （d））。这些组织特征充分表明：中碳钢的束状马氏体完全不同于低碳淬火钢，它是另外一类束状马氏体。它由相互平行的许多大小马氏体细片组成，而低碳束状马氏体是由厚度基本相近的薄板晶相互平行构成。

应该指出，在扫描电镜下寻觅到如图 5-4（c）和图 5-4（d）所示的那样的由平行的马氏体片组成的视场虽然比在透射电镜下寻找内孪晶要容易得多，但仍然难以观察到。因为只有试样的磨面垂直或接近垂直于马氏体的惯习面时，才能看到它们的真实面貌；甚至还可以找到马氏体宽片，如图 5-5（d）~ 图 5-5（f）所示。

2000 年以后发表的文献中，认为中碳和高碳淬火钢中的束状马氏体仍旧是板条状马氏体的部分资料统见表 5-2。可见，至今仍然有不少人保持这一错误看法。表 5-2 中 2003 年的资料是对期刊进行手工搜查的结果，而其他各年是通过查阅电子资料检索得来。由此可以充分看出：电子资料检索所收集的论文非常不全面。

表 5-2 2000 年以后发表的碳的质量分数大于 0.3% 的淬火钢是板条状马氏体的资料

序号	发表年代	记 述 摘 录	资料
1	2011	17-4 PH 钢（碳的质量分数为 0.31%、镍的质量分数为 4.84%、铬的质量分数为 15.6%、钴的质量分数为 3.12%、铌的质量分数为 0.21%）是单色淬火组织，称为板条状马氏体（参见该文的原图 Fig.1）	[193]
2	2011	Fe-16Cr-10Ni 合金为板条状马氏体	[194]
3	2009	碳的质量分数为 0.1%~0.8% 的钢，淬火组织为板条状马氏体	[195]
4	2009	板条状马氏体就是束状马氏体	[196]
5	2004	碳的质量分数为 1.4% 的淬火钢是板条状马氏体	[45]
6	2004	碳的质量分数为 0.4% 的淬火钢是板条状马氏体	[198]
7	2004	中碳淬火钢是板条状马氏体	[199]
8	2003	试验了碳的质量分数为 0.0026%~0.78%、镍的质量分数为 11%~31% 的铁镍合金，得出碳的质量分数小于 0.63% 时为板条状马氏体	[200]
9	2003	P18 高速钢在 1320℃ 淬火后为束状马氏体	[201]
10	2003	碳的质量分数为 0.42% 的 45XH2MΦA 钢淬火后为束状马氏体，板条内带孪晶	[202]
11	2003	碳的质量分数为 0.7% 的钢在 1200℃ 淬火后全部为单色束状马氏体（参见该文的原图 Fig.9（b））	[203]
12	2003	碳的质量分数为 0.40%、铬的质量分数为 0.7%、锰的质量分数为 1.5% 的淬火钢全部为单色束状马氏体（参见该文的原图 Fig.4）	[174]
13	2003	碳的质量分数为 0.30%、锰的质量分数为 1.56%、铬的质量分数为 1.38%、钼的质量分数为 0.40%、钒的质量分数为 0.10% 的钢在 1280℃ 淬火后为单色束状马氏体（参见该文的原图 Fig.1）	[205]
14	2003	碳的质量分数为 0.3%、硅的质量分数为 1.51%、锰的质量分数为 1.5% 的钢在 1200℃ 淬火后为单色束状组织	[206]

序号	发表年代	记 述 摘 录	资料
15	2003	碳的质量分数为 0.72% ~ 0.45% 的淬火钢为单色束状组织（参见该文的原图 Fig.2(a)）。碳的质量分数为 0.38%、硅的质量分数为 1.05%、锰的质量分数为 1.14% 的钢在 780℃淬火后为单色束状马氏体（参见该文的原图 Fig.26）	[207]
16	2003	碳的质量分数为 0.38%、锰的质量分数为 1.5%、硅的质量分数为 0.68%、钒的质量分数为 0.11% 的钢从 1250℃水冷后是带内孪晶的板条状马氏体（参见该文的原图 Fig.7）	[208]
17	2002	0.4C-1Cr-0.2Mo（参见该文的原图 Fig.2）为单色束状马氏体	[209]
18	2002	碳的质量分数为 0.98% ~ 1.02% 的钢淬火组织都是板条状马氏体	[210]
19	2002	碳的质量分数为 0.4%、锰的质量分数为 0.8%、铬的质量分数为 1.03%、钼的质量分数为 0.16% 的钢在 1153K 淬火后是单色束状马氏体，为板条状马氏体（参见该文的原图 Fig.3（b））	[178]
20	2002	40CrSi 淬火钢为板条状马氏体，带孪晶（参见该文的原图 Fig.5）。T10 淬火钢为板条状马氏体，带孪晶（参见该文的原图 Fig.6）	[179]
21	2001	碳的质量分数为 0.4%、0.6% 和 0.8% 的钢淬火后都是板条状马氏体（参见该文的原图 Fig.1）	[180]
22	2001	高碳钢淬火组织是板条状马氏体	[214]
23	2000	铬的质量分数为 17%、碳的质量分数为 0.55% 的钢，淬火组织为板条状马氏体	[215]

表 5 -2 中，所有"单色束状马氏体"都被研究者称为"板条马氏体"。

值得特别注意的是：本书作者在试验 30 钢时，它的淬火组织属于束状薄板马氏体和束状细片马氏体混合的组织，总出现一定数量的双色束状组织，只不过块区的宽度比较狭窄。而上面第 11 项和第 12 项，因加入 3%（质量分数）以上的合金元素，促使它们的淬火组织变成全部单色束状马氏体，块区结构消失，这说明淬火组织已经全部是束状细片马氏体。这一结果也是对本书作者观点的实证：马氏体相变过程中，晶核的外形主要取决于形核功和界面能，与马氏体和奥氏体的塑性形变无关。

5.5 中碳、高碳钢束状马氏体的本质

在中碳淬火钢中，有时也可以观察到黑白双色调区，图 5 -5 所示为 40 钢、45 钢和 40Cr 钢中所获得的结果。

图 5 -5 中的观察面基本上平行于一个马氏体束的惯习面。深色组织呈现束状，而且黑束之间的夹角接近 60°或者正好组成等边三角形（见图 5 -5 （a）和图 5 -5 （b））。在深色束之间的浅色组织不带束状的痕迹，里面有不规则的影纹。当用分辨率高的扫描电镜对此区做放大观察时，本书作者首次看到，它们是

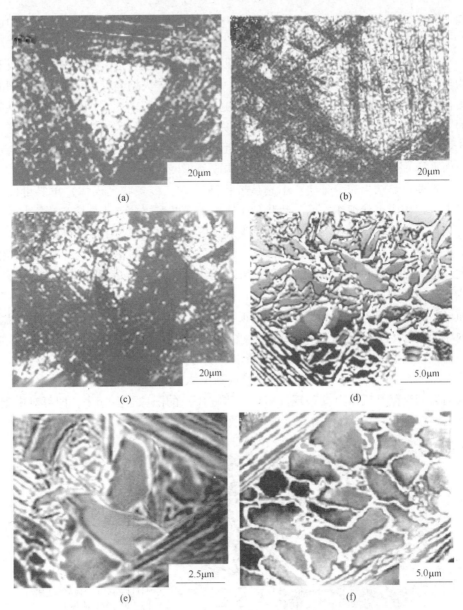

图 5 – 5 中碳钢束状薄板马氏体在光学显微镜和扫描电镜下的形态

(a) 40 钢从 1150℃淬火后的光学显微镜形态；(b) 45 钢从 1100℃淬火后的光学显微镜形态；
(c) 40Cr 钢从 1100℃淬火后的光学显微镜形态；(d) 40 钢从 1150℃淬火后的扫描电镜形态；
(e) 45 钢从 1100℃淬火后的扫描电镜形态；(f) 40Cr 钢从 1100℃淬火后的扫描电镜形态

宽片的马氏体，如图 5 – 5 (d) ~ 图 5 – 5 (f) 所示，其周围则是窄片马氏体的横截面，因此呈现薄片状。有些马氏体窄片还带中脊线（见图 5 – 5 (d) 的左下角，图 5 – 5（e）和图 5 – 5（f）的右下角）。这是本书作者在马氏体研究中的重大新发现之一。

过去，宽片马氏体非常难以得到，只有苏联的古里亚也夫找到一张图片，奉为至宝，现在则比较容易就能发现。在中碳和高碳淬火钢的等边三角形的组织的浅色区，采用扫描电镜就能观察到非常宽的马氏体片，它是片状马氏体的纵截面。图 5 – 6 所示为本书作者找到的一个完整的马氏体宽片。

马氏体宽片的出现，说明此观察面接近于此马氏体束的惯习面。如果完全与惯习面平行，此区将全部由大小不同的宽片构成，如图 5 – 5(d) 和图 5 – 5(f) 所示。

这些试验结果充分证实：不光是板状马氏体（板条状马氏体）单晶可以相互平行，构成束状组织，而且片状马氏体为了降低形核功和使晶核容易长大，只要条件容许，它们也会沿惯习面平行生成，形成束状组织。中碳和高碳钢的高温奥氏体化，使化学成分均匀、晶体显著缺陷减少、晶粒粗化等，为片状马氏体沿同一惯习面形核和长大创造了条件，束状组织的长度和宽度得到充分的扩展，形成比较粗大的束状组织。令它们宽和长度二维的尺寸超过光学显微镜的分辨率，而显示出束状组织的外形。这就是中碳、高碳钢在高温淬火状态下呈现束状组织的原因（实际上，在低温淬火组织中早就出现），其形成机理在第 10 章和第 13 章中详细讨论。因它们没有块区结构，所以一般情况下是单一色调的束状马氏体。

将图 5 – 5（b）和图 5 – 5（d）横截马氏体束（呈现平行的马氏体窄片）和沿惯习面纵截马氏体束（呈现许多马氏体宽片）的图像合并起来，即可对中碳、高碳钢中束状马氏体提出空间模型，如图 5 – 7 所示。

图 5 – 6　45CrNi 钢中的宽片马氏体

图 5 – 7　中碳、高碳钢中束状马氏体的立体模型

每个马氏体束都由许多大大小小和厚薄不等的马氏体细片平行组成，在细片的四周分布着残余奥氏体。紧邻的马氏体细片之间为孪晶关系[41,57,216~218]，在其界面上没有残余奥氏体[35,36,90,219]。

因为中碳、高碳淬火钢中的束状马氏体与低碳淬火钢完全不同，它的本质是片状马氏体，不是目前公认的板条状马氏体，因此本书作者等把它命名为纤维状马氏体[1,9]。为了同低碳淬火钢中的束状薄板马氏体（简称板状马氏体）相对应，也可称之为束状细片马氏体（简称片状马氏体）。

在一般情况下，对这种没有块区结构的束状马氏体随机截取试样时，试样磨面都是呈现单色的束状组织。只有当试样磨面同某个马氏体束的惯习面平行或接近平行时，才会出现如图5-5（a）～图5-5（c）所示的极特殊视场。所以，在一般情况下，如果光学显微镜组织全部呈现单色束状组织形貌的话，就可以断定它是片状马氏体，而不是板状马氏体（即板条状马氏体）。

本书作者在研究中发现：束状马氏体只有在一定温度（$M_s^{平均}$）以下才可能形成，详细论述参看第13章。

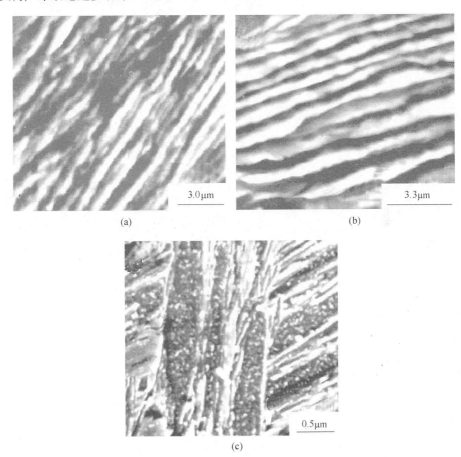

图5-8 45钢在1200℃淬火后的扫描电镜图像

（a），（b）空间图像；（c）金相试样扫描图像

5.6 中碳钢马氏体的空间形貌

当将透射电镜下观察的薄箔试样置于扫描电镜下观察时，获得图 5-8 所示的图像，由许多边缘尖锐的薄片堆叠在一起。图 5-8（c）所示为横断束状细片马氏体时的照片，它显示出中碳和高碳钢中的束状马氏体的确是相互平行的马氏体细片。

6   高碳钢中的马氏体

高碳钢在高温淬火后，也出现单色的束状马氏体。目前各国把这种束状马氏体都当成是板条状马氏体[34,75,220,221]。例如，碳的质量分数为1.23%的高铬淬火钢为板条状马氏体[72]；碳的质量分数为1.4%的钢中有板条状马氏体[73]，其他参见表5-2。甚至有人试图通过高温淬火来增大高碳钢的韧性[222~224]。

6.1   试验用钢的化学成分和热处理

本书作者观测了6种市售高碳钢，它们的化学成分（质量分数）见表6-1。淬火温度为750~1300℃之间，全部油冷。

表6-1   高碳试验钢的化学成分（质量分数）   （%）

钢　　种	C	Mn	Si	Cr	Ni	W	Ti
T9	0.86	0.26	0.18				
T10	1.04						
T11	1.12	0.25	0.10				
GCr15	1.02	0.33	0.28	1.57			
9CrSi	0.91	0.43	1.35	1.16			
CrWMn	1.03	1.04		1.13		1.48	

6.2   高碳钢马氏体在透射电镜下的成像

T11钢经1100℃淬火后，在光学显微镜和透射电镜下的图像分别如图6-1（a）和图6-1（b）所示。在光学显微镜下，全部是单色的束状组织。在透射电镜下，转动薄箔试样12°后，显示出面积较大的孪晶区（见图6-1（b））。对此区进行电子衍射，得到图6-1（c），为典型的孪晶斑点，即两个大亮点之间有两个小亮点。图6-1（d）所示为它的标定图。这充分证明，它们是内孪晶。其孪晶面为（12$\bar{1}$）$_A$。

特别值得注意的是图6-2所示的两张图片，它们首次揭示出在碳钢的片状

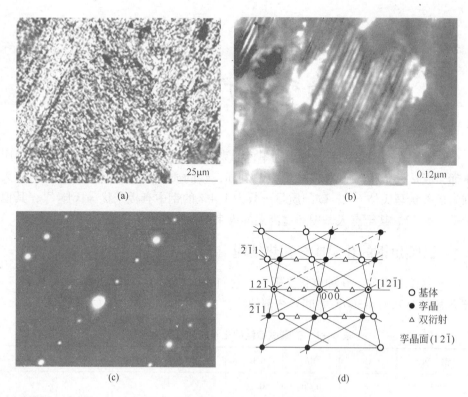

图 6-1 T11 钢经 1050℃淬火后的图像

（a）光学显微镜；（b）试样转动 11°透射电镜图像；

（c）衍射斑点；（d）标定图

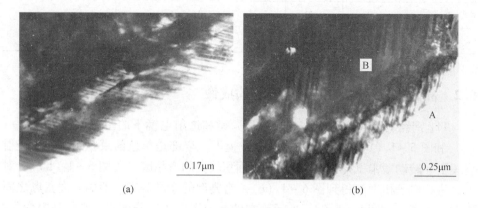

图 6-2 碳钢中完全孪晶马氏体片（a）和带中脊线

的完全孪晶马氏体片（b）

（a）T9 钢，1000℃淬火，未转动；（b）T11 钢，1100℃淬火，转动 3.5°

马氏体中的内孪晶都是横穿整个片的完全孪晶，属于完全孪晶马氏体；而且，都具有相同取向的"穿晶孪晶线"。图6-2（b）中符号"A"和"B"标出两片马氏体，马氏体片"A"还带中脊线。在第12.4节将详细论证，完全孪晶是马氏体晶核长大的一种重要方式。随碳的质量分数的增高，马氏体中内孪晶的密度增大，变化曲线如图12-10所示。

6.3 高碳钢马氏体在光学显微镜和扫描电镜下的图像

图6-3所示为65钢经1100℃淬火后的显微组织。在光学显微镜下，一般呈现单色束状马氏体，如图6-3（a）所示；但采用扫描电镜进行高分辨率观察时，束状组织由许多相互平行的大小马氏体细片构成，如图6-3（b）所示。但是，继续在试样上寻找时，也发现极少的视场呈现出黑白双色组织，如图6-3（c）所示，里面的深色束有的成60°，浅色区存在影纹。将它置于扫描电镜下放大观察，得出图6-3（d）。深色区显出平行的薄片，浅色区是马氏体宽片，同

(a)　　(b)

(c)　　(d)

图6-3　65钢从1100℃淬火的光学显微镜和扫描电镜图像

（a），（c）光学显微镜图像；（b），（d）扫描电镜图像

样证实：65 钢的高温淬火束状组织是束状细片马氏体。

T9 和 T11 两种高碳钢从高温淬火后，采用光学显微镜和扫描电镜观察的结果如图 6 – 4 所示。它们都是由许多大小不同的马氏体细片相互平行组成。有的马氏体内还带有清晰的中脊线，如图 6 – 4 （c）和图 6 – 4 （d）所示。

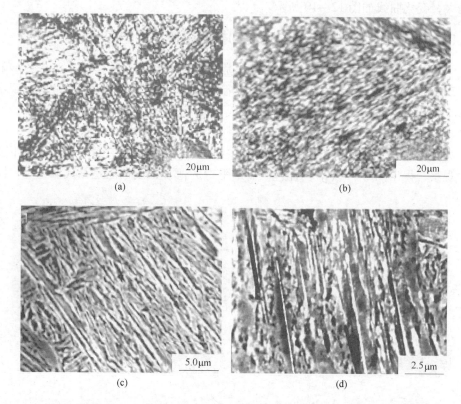

图 6 – 4 T9 钢和 T11 钢淬火的光学显微镜和扫描电镜图像
（a）T9 钢从 1100℃淬火的光学显微镜图像；（b）T11 钢从 1050℃淬火的光学显微镜图像；
（c）T9 钢从 1100℃淬火的扫描电镜图像；（d）T11 钢从 1050℃淬火的扫描电镜图像

从表 5 – 2 可以看出，在 2000 年以后发表的文献中，仍旧将高碳淬火钢中的束状马氏体视为板条状马氏体。2000 年以前，这种称呼则遍及所有高碳淬火钢的资料。例如，文献 ［228］ 中将 0.7C – 0.6Si 钢和 50CrV4 钢中的单色束状马氏体（参见该文献中的原图 10 （a）和 （b））称为"板条状马氏体"；文献 ［229］ 中将 100Cr6 钢（参见该文献中的原图 3）、文献 ［230］ 中将 0.7C-0.60Mn 钢（参见该文献中的原图 1）、文献 ［231］ 中将 0.70C-1.1Mn-1.0Cr 钢（参见该文献中的原图 13 和原图 14）中的单色束状马氏体都称为"板条状马氏体"。

在图 6-5 所示的高碳淬火钢的透射电镜图像中，文献［74，288］中的作者认为其中存在板条状马氏体（图中用"LM"标出）。

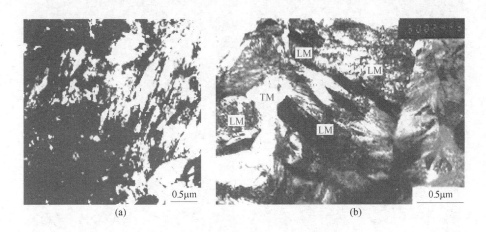

(a)   (b)

图 6-5 碳的质量分数为 1.23%[74] 和 1.4%[288] 的
高碳淬火钢中有板条状马氏体

总之，中碳和高碳淬火钢中的束状马氏体都属于片状马氏体的范畴，不是目前仍然认为的板条状马氏体，它们都是由马氏体细片平行组成的束状组织。

6.4 高碳束状马氏体的本质

要证明高碳淬火钢中的束状组织也是片状马氏体，必须在光学显微镜下寻找到宽片马氏体。为了实现这一点，只有在淬火组织中寻觅双色的区域，尤其是成等边三角形的浅色区（见图 6-6（a）和图 6-6（c）），并在该处做好记号，再把金相试样放置到扫描电镜下观察，就可以找到马氏体宽片。这是一项细致和艰难的工作，本书作者拍摄到如图 6-6（b）、图 6-6（d）和图 6-6（e）所示的视场，其中，图 6-6（d）和图 6-6（e）是在图 6-6（c）中的不同位置拍摄的。这些图片中，在平行的马氏体窄片之间，出现许多马氏体宽片。所以，高碳束状马氏体的空间模型与中碳钢（见图 5-7）相同。两者的差别只是：马氏体片的外形、马氏体四周残余奥氏体的数量等有所区别，但本质上都属于片状马氏体一类。

当把高碳钢的透射电镜薄箔试样采用扫描电镜观察，获得图 6-7 所示的结果。清楚地显示出它们有许多马氏体薄片堆积在一起（见图 6-7（a）和图 6-7（b）），构成束状的形貌。图 6-7（c）所示为纵切束状马氏体后的形貌，显示出一个马氏体宽片，证实它们的空间形态是许多细片平行地堆垛在一起。

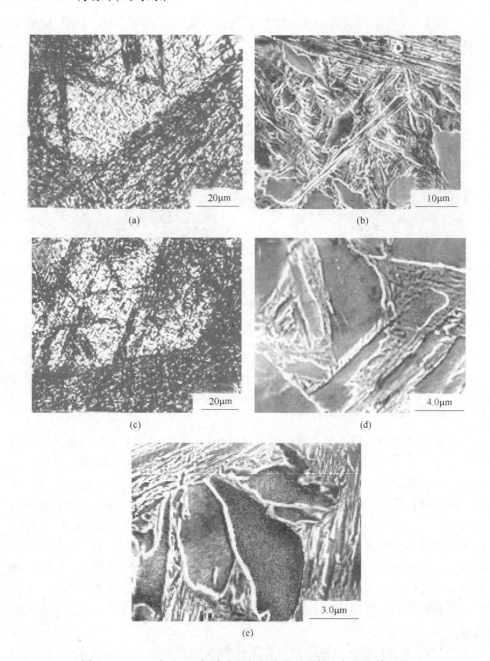

图 6 - 6　65Mn 钢和 T9 钢淬火组织的光学显微镜和扫描电镜图像

(a) 65Mn 钢从 1300 淬火的光学显微镜图像；

(b) 65Mn 钢从 1300 淬火的扫描电镜图像；

(c) T9 钢从 1100℃淬火的光学显微镜图像；

(d)，(e) T9 钢从 1100℃淬火的扫描电镜图像

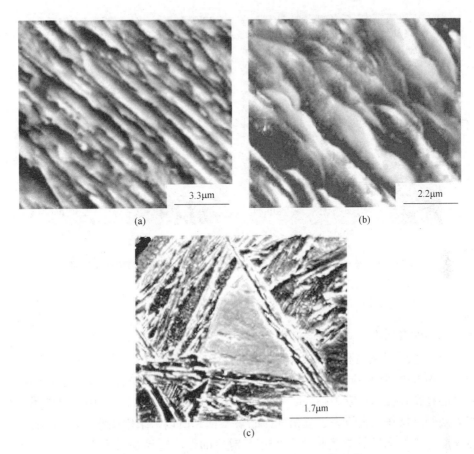

图6-7　T9钢从1200℃淬火后的扫描电镜图像

6.5　当前有关研究资料失真的原因

6.5.1　Speich 等人的研究结果

图6-8所示为Speich等人[97]采用光学显微镜和透射电镜对碳的质量分数为0.57%的钢观察的结果，他们认为光学显微镜组织由粗片（图中用P表示）和板条状马氏体（呈现束状的区域）所构成（见图6-8（a））。当在透射电镜下观察时，局部出现带孪晶的片状马氏体，在图6-8（b）中用T表示；其余区域未观察到孪晶结构。因而认定：图6-8（b）中带孪晶的马氏体片T就是图6-8（a）中马氏体粗片的亚结构。未观察到孪晶的区域就是图6-8（a）中呈现束状的、所谓板条状马氏体的位错亚结构。因而他们提出在光学显微镜下鉴别马氏体的判据，即呈现束状的马氏体是板条状马氏体，呈现片状的马氏体为片状马氏

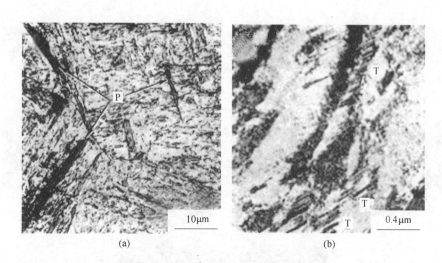

图 6-8　碳的质量分数为 0.57% 的钢的光学显微镜和透射电镜图像

(a) 光学显微镜图像；(b) 透射电镜图像

P—片状马氏体；T—内孪晶

体。本书作者认为，这些试验和结论存在下列主要问题：

(1) 光学显微镜和扫描电镜照片可以存在直接对应关系，因为可以做到在同一个地方做两种不同的观察和摄影。但是，透射电镜和光学显微镜照片绝对没有可能存在直接的对应关系。因为透射电镜薄箔试样的制备过程中，机械减薄和双喷腐蚀等操作完全毁去了金相试样的观察面，所以，采用图 6-8 所示的光学显微照片中 P 同透射电镜照片中 T 相互对应的做法纯粹是人为指定，实际上完全不可能存在。

(2) 光学显微镜和透射电镜组织只有在相同尺寸范围内才能建立起粗略的间接对应关系。图 6-8 中用 "P" 标出的三片马氏体，大的一片的尺寸为厚2.7μm，长大于 38.8μm；小的为厚 1.2μm，长 19.4μm。但是，图 6-8 (b) 中带内孪晶的马氏体片的尺寸大约厚 0.2μm，长 1.9μm。最小的一片马氏体的厚度比孪晶区大 6 倍多，长度大 10 倍多。在尺寸上存在如此显著的差异，所以不能将后者作为前者的亚结构。由此可以看出：Speich 等人将图 6-8 (b) 中带孪晶的马氏体区认定就是图 6-8 (a) 中的粗片马氏体的亚结构是不正确的。

从尺寸看，Speich 等人的试验结果正好可作为本书作者所持观点的直接证明。透射电镜图像（见图 6-8 (b)）中带孪晶的马氏体片的厚度约 0.2μm，而光学显微镜照片（见图 6-8 (a)）中束状马氏体的厚度不超过 0.54μm，两者比较接近，因此，图 6-8 (b) 中带孪晶的马氏体只能与图 6-8 (a) 中的束状马氏体相对应。即它们应该是图 6-8 (a) 中束状马氏体的亚结构，而不是图中马氏体片 P 的亚结构。这再次证明：中碳淬火钢中的束状马氏体具有大量的内孪晶，所以它们不是板条状马氏体。

总之，Marder 和 Speich 等人的试验结果和结论出现问题的根本原因是试验方法和认识上的失误，他们把中碳和高碳钢中的束状细片马氏体误认为板条状马氏体。

6.5.2 Изотов 的研究结果

为了解释中碳和高碳钢在高温淬火时为什么先形成马氏体粗片，后生成板条状马氏体这个客观上并不存在的规律，不少人绞尽脑汁，提出看法。例如，前苏联 Изотов 等人[232]提出："碳"使板条状马氏体形成温度（M_s^L）下降的速度大于片状马氏体生成的 M_s 点（M_s^P）；对高碳钢，碳的质量分数大于 C_1（见图6-9）时，M_s^P 变成高于 M_s^L，因此过冷奥氏体先转变成片状马氏体，然后再转变成板条状马氏体。这种解释经不起推敲。按照一般的理解，粗片马氏体的形成就意味着该钢在 M_s 点时，滑移的临界分切应力 CRSS 已经高于孪生的 CRSS，所以相变过程中的不均匀切变按照孪生方式进行，生成孪晶型片状马氏体。那么，怎么会在更低温度下又形成位错板条状马氏体呢？不是滑移的 CRSS 已经高于孪生的 CRSS 吗？而且随温度的下降，滑移的 CRSS 会进一步显著变大[233]。这样的解释是矛盾的。

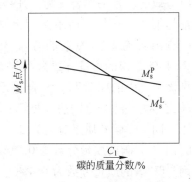

图6-9 Изотов 等人对板条状马氏体和片状马氏体形成的解释[79]

为了解释这一矛盾，国内竟有人[211]提出，随温度下降，滑移的 CRSS 呈曲线变化。开始是不断地显著增大，超过孪生的 CRSS，以后又突然变小。当降至一定温度时，便变成滑移的 CRSS 小于孪生的 CRSS，因此出现粗片马氏体生成在先，而板条状马氏体形成在后。可惜的是，该文的作者未提出滑移的 CRSS 重新突然下降是何物理过程所引起的。

按照本书作者的研究结果，对高碳钢经高温淬火后，首先形成粗片马氏体，然后生成束状马氏体的现象可做出简单而又合理的解释。当高温奥氏体化时，奥氏体晶粒变粗大、夹杂物和碳化物的充分溶解、化学成分的均匀化、晶体缺陷大量减少（空位除外）、奥氏体点阵畸变基本消除、晶体点阵完整等使奥氏体的平均化学自由能下降，促使束状马氏体的形成温度 $M_s^{平均}$（见第13章）降低，增大了同 M_s 点之间的间隔，令在 M_s 点首先产生的马氏体晶核有比较多的长大时间，而变成粗大马氏体片。当继续冷却，温度降到 $M_s^{平均}$ 以下时，便生成束状细片马氏体组织。详细论证参见第10.3节。

不管是开始出现的粗大马氏体片，还是后来在低温下产生的束状细片马氏体，都属于片状马氏体，根本就不形成薄板马氏体（即板条状马氏体）。可见，目前对高温淬火组织的艰难解释完全是由于把高碳淬火钢中的束状马氏体错误地当成是板条状马氏体所引起的。

6.5.3 束状马氏体的惯习面和取向关系

有些人得出，相邻板条之间的界面是小角界面[39,61,65,66]，而另一些人则认为是大角界面或具有孪晶关系的界面[57,71,83,119,128,236]。不少人[45]妄图从理论上解释这些相互矛盾的结果，但都经不起推敲。真正的原因是所采用的试验钢和所测定的马氏体类型不同，与理论无关。

出现上述矛盾的根本原因是未认识到束状马氏体有两大类，而决非当前所公认的只有一种——板条状马氏体，错误地把束状细片马氏体当成是板条状马氏体所造成的。本书作者认为，凡是测出相邻取向为孪晶关系或者大角界面的马氏体都是细片马氏体，而不是薄板马氏体（即板条状马氏体）。例如，文献［237］中测出具有孪晶关系的合金 3（碳的质量分数为 0.29%、铬的质量分数为 16.43%、镍的质量分数为 4.84%），其淬火组织全部是单色的束状马氏体（参见该文献中的原图7），且合金元素总的质量分数大于 5%。按照本书作者提出的马氏体类型综合鉴别法（见第 9 章），它们应该是片状马氏体，而不是板状马氏体。同样，碳的质量分数为 0.3%、铬的质量分数为 43%、锰的质量分数为 3% 的钢[64]，碳的质量分数为 0.3%、铬的质量分数为 3%、锰的质量分数为 2% 的钢[47]和碳的质量分数为 0.4%、镍的质量分数为 4% 的钢[238]等高温淬火得到的组织都是单色束状马氏体，且合金元素总的质量分数都大于 5% 或者碳的质量分数大于 0.3%，所以这些钢中马氏体的本质应该是片状马氏体。他们[64,238]却把对这些钢所测出的相邻片成孪晶关系当成是板条状马氏体中的取向关系都是不正确的。

这样一来，有关板条状马氏体中相邻取向关系的不一致资料得到了澄清。在低碳板状马氏体中，相邻薄板的界面绝大部分是小角界面。虽然板状马氏体中块区之间的界面是孪晶面，但因数量很少，在测定时，极难碰到。凡是对碳的质量分数不低于 0.3% 和合金元素总的质量分数不低于 5% 的钢的单色束状组织进行取向关系测定时获得的试验结果，都不应该当成是板状马氏体的取向关系，而应该是片状马氏体的测定数据。

其他文献上的失误将在第 9.3 节进一步讨论。

7 粗片状马氏体的形貌

目前国内外仍然普遍认为,片状马氏体不能相互平行[44,50,51],更不会呈现束状[38,39,47,48]。在相变时,粗片马氏体都是单独形核和长大的,相互间没有联系。因而,片状马氏体是不规则的混乱分布。本书作者怀疑这种共识,因为马氏体都是在一定的惯习面上形成,而每个特定的晶面在点阵中的分布是绝对有规则的。所以从20世纪60年代开始,本书作者就进行片状马氏体有规则分布图片的收集。本章所公布的图片是从作者收集的近30年的图片中挑选出来的。前面几章主要讲述细小马氏体片可以相互平行,组成束状和等边三角形等形态。本章将完全改变至今对片状马氏体的传统看法,并由此给马氏体相变理论提供新的试验资料和线索。

7.1 所试验钢的化学成分和热处理

采用市售 20、45、20Cr2Ni4A、45CrNi 等钢,机加工成尺寸 ϕ10mm × 5mm,所有试样都具有直径 3mm 的中心孔。为了获得特殊的马氏体类型,采用 20Cr2Ni4A、20CrNi2MnV、18CrMnTi、30CrMnSi 和 CrWMn 钢的试样(尺寸是 ϕ10mm × 5mm,它们的化学成分(质量分数)见表 7 – 1)在 1200℃进行固体渗碳 20h,缓冷。再置于炉底铺有渗碳剂的密封容器中,于 1200℃保温 20h,均匀化退火。最后,全部试样都在控制气氛炉中,于 1000 ~ 1350℃淬油。

渗碳后,进行碳的质量分数的分析,并标示在钢号的前面。如 140Cr2Ni4 表示其碳的质量分数为 1.40%。

表 7 – 1 试验钢的化学成分(质量分数)　　　　　(%)

钢　　种	C	Mn	Si	Cr	Ni	W	Ti	Mo	V
45	0.46	0.64	0.26						
GCr15	1.02	0.33	0.28	1.57					
9CrSi	0.91	0.43	1.35	1.16					
CrWMn	1.03	1.04		1.13		1.48			
20Cr2Ni4A	0.20	0.42	0.19	1.68	3.70				
20Cr2MnMoV	0.22	0.98	0.27	1.87				0.64	0.23
18CrMnTi	0.23	1.03	0.32	1.20			0.095		

7.2　平行粗片马氏体

图 7-1 所示为粗大马氏体片相互平行的形貌，这些图片再次补充证明了"呈现平行"的形貌不是粗片马氏体的特殊形态，而是普遍特征。马氏体的实际形态被多种原因掩盖了，其中主要是因为试样观察面不恰当所造成。例如，马氏体片在空间本来都是宽片状，但在随机的试样磨面上，却一直呈现针状或透镜状，却观察不到马氏体宽片。

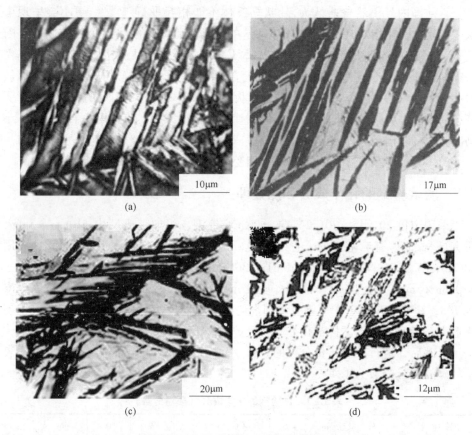

图 7-1　马氏体相互平行的形貌

（a）90Cr2Ni4 钢，1200℃淬火；（b）110CrMnTi 钢，1200℃淬火 +200℃回火；

（c）160CrMnTi 钢，1200℃淬火 +200℃回火；（d）110CrMnTi 钢，1200℃淬火

在第 10.1 节得出：碳的质量分数为 1.0% ~1.4% 时，为 $\{225\}_\gamma$ 束状细片马氏体或者 $\{225\}_\gamma$ 粗片马氏体；碳的质量分数为 1.5% ~2.0% 时，为 $\{259\}_\gamma$ 粗片马氏体。因此，对 90Cr2Ni4 钢和 110CrMnTi 钢，惯习面为 $\{225\}_A$；对 160CrMnTi 钢，惯习面则为 $\{259\}_A$。无论哪种惯习面，马氏体都是沿惯习面形

核和相互平行地成长，形成平行的粗片马氏体。而且，一些相邻的马氏体片还可以长大、合并成一片马氏体。如图7－1（a）和图7－1（b）所示。

形成平行马氏体片的条件是：奥氏体晶粒粗大、化学成分均匀、晶体点阵完整和晶体缺陷少。值得特别注意的是：所生长出的细片马氏体（即分支，见图7－1（c））同粗大马氏体片之间的夹角大约在130°～140°之间，正好等于一般蝶状马氏体两个叶片之间的夹角，即135°。

7.3 束状粗片马氏体

图7－2（a）所示为非常难以看到的光学显微镜图像，许多细小的马氏体片相互平行，组成一个束，构成束状组织。在图中，至少有三组由平行马氏体细片构成的马氏体束，它揭示出片状马氏体的形成特性。不仅光学显微镜下分辨不出

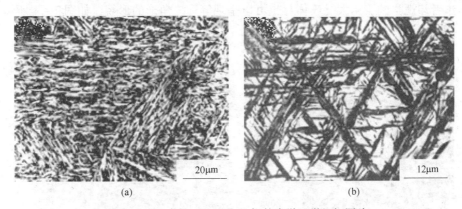

(a)	(b)
20μm	12μm

图7－2 T9钢和110CrMnTi钢的光学显微组织图片
（a）T9钢，1200℃淬火；（b）110CrWMn钢，1100℃淬火＋200℃回火

来的马氏体单晶呈现束状，如在第3章、第5章和第6章中大量看到的，而且在光学显微镜下显示出的马氏体细片也相互平行，呈现束状。

图7－2(b)中由许多细小马氏体片组成的马氏体束呈现等边三角形。图7－3所示为图7－2(b)中黑色束在扫描电镜下的放大图像。可以清楚地看出：带中脊线的马氏体片相互平行。

以上的试验结果充分表明：把马氏体相变视为单个形核、混乱形成的传统观念完全歪曲了马氏体相变的本质。任何相

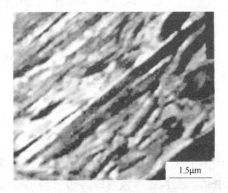

1.5μm

图7－3 图7－2（b）中黑色束的
扫描电镜图片

变，尤其是无扩散的共格相变，为了降低形核功，减少核长大的困难，都采取形成具有孪晶关系或者小角界面关系的伴生晶核并平行长大，组成束状的形貌（参见第10.6节和第13章）。这是一种自然倾向，是普遍存在的现象，而不是特殊的范例。在普通热处理时，之所以看不到平行或束状的形貌，是因为奥氏体化温度低，母相的成分不均匀，晶体缺陷太多，第二相的阻碍等因素造成的。由于所形成的束状组织的尺寸太细微，小于光学显微镜的分辨率而观察不出来，并非它们没有生成。

7.4 等边三角形粗片马氏体

许多人[39,44,48,62~64,142,218]观察到，高合金钢中的束状马氏体（无例外地认为它们是"板条状马氏体"）可以构成等边三角形，类似图7-2（b）；但是，本书作者却观察到，粗大马氏体片也可以呈现等边三角形的形貌，如图7-4所示。

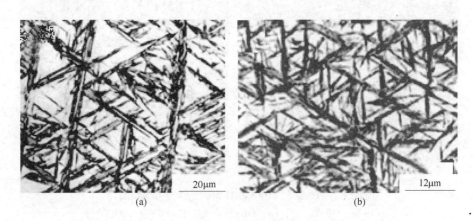

图7-4 110CrWMn钢和110CrMnTi钢淬火和回火后的光学金相组织

(a) 110CrWMn钢，1200℃淬火；(b) 110CrMnTi钢，1200℃回火

用图7-5可以解释为什么 {225} 马氏体能够呈现等边三角形。

凡是惯习面具有两个相同晶面指数的马氏体，如 {225}$_\gamma$、{557}$_\gamma$就可以构成等边三角形的形貌；因为3个惯习面：(522)$_\gamma$（在图7-5中为△BCa）、(252)$_\gamma$（在图中为△ACb）、(225)$_\gamma$（在图中为△ABc）同平面△ABC（即(111)面）的交线分别是 BC、AC、AB，构成等边三角形。当试样的磨面与大三角形 ABC 平行时，磨面就横切这3个惯习面上形成的马氏体片，从而显出马氏体窄片，再由窄片构成了等边三角形。这就是 {225} 马氏体不仅能够组成束状，而且还可以构成等边三角形的原因。

可惜，在图7-4的试样磨面（即 ABC 或 (111) 面）上没有如图5-5(c)~图5-5(f)、图6-6(b)、图6-6(d)所示的那种马氏体片宽片。这是因为它们的惯习面不是 $\{1\,1\,1\}_\gamma$，而是 $\{2\,2\,5\}_\gamma$。在等边三角形内，如图7-4 所示，顶多只能看到和等边三角形一个边平行的马氏体窄片。

相邻（$2\,2\,5$）面的空间夹角有 30°、45°、60°、90° 和 135° 等 5 种，在图7-2（b）、图7-4 和图7-6 中，显示出夹角为 60°、90° 和 135° 的马氏体窄片。

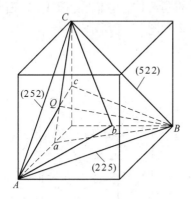

图7-5　惯习面 $\{2\,2\,5\}_A$ 的
等边三角形组织形成示意图

图7-6　140CrWMn 钢从 1100℃
淬火后的光学金相组织

采用图7-5 可以解释 $\{2\,2\,5\}$ 马氏体的一个重要特性：在碳的质量分数超过 1.0% 的淬火钢中一片粗大的马氏体上，往往长出许多小分支（或者叶片），而且次生的分支同附近的蝶状马氏体的一个叶片平行，如图7-1（c）和图7-6 所示。当马氏体粗片因应变能过高而停止长大时，在马氏体片的一侧可以沿另外一个惯习面继续生长，从而长出许多小叶片（分支），它们与母体的夹角为 135°。

由于小叶片和主体之间没有内界面，说明小叶片和主体的晶体取向完全相同。这就是说，在更换了惯习面之后，仍然可以保持小叶片的马氏体与已有马氏体之间具有相同的晶体取向。具体办法请看第 11.4.5 节。

例如，在图7-5 的惯习面（$5\,2\,2$）$_\gamma$（即 BCa 面）上生长的粗片马氏体，因继续长大，导致体积应变能剧增而停止了转变。但是，从惯习面交线 BQ 改成沿惯习面（$2\,5\,5$）$_\gamma$（即 ABc 面）长大，可以降低体积应变能的新增量，所以在粗片马氏体一侧便长出许多分支，它与惯习面（$5\,2\,2$）$_\gamma$ 呈夹角 135°。在这里显示出了一条重要的核长大规律：对碳的质量分数大于 1.0% 的淬火钢，在两个惯习面交界线上形核，同时向两个不同的惯习面长大，比在一个惯习面长大引起的体积应变能要小，这有利于马氏体相变的进行。

7.5 等边六边形粗片马氏体

图7-7（a）所示为一张非常难以看到的金相图片，它是片状马氏体组成等

边六边形的组织形态。除了较粗的马氏体片平行于等边三角形的一个边或者形成夹角为60°"之"字形外，余下的马氏体粗片组成等边三角形，接近中央处的6个等边三角形构成一个等边六边形。图中深色区为束状细片马氏体。

等边六边形的几何分析如图7-7（b）所示。它由6个晶胞中的呈现等边三角形的（111）面构成。对惯习面为｛225｝的马氏体，它们在（111）面上呈现出由马氏体窄片组成等边三角形，如图7-2和图7-4所示。

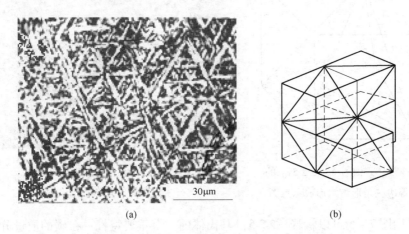

图7-7 ｛225｝马氏体的等边六边形的形貌

(a) 90CrMnSi 钢，1100℃淬火；(b) 等边六边体的立体分析

7.6 W形粗片马氏体

｛259｝马氏体的形貌一般呈现"W"字形，如图7-8（a）和图7-8（b）所示。｛259｝惯习面的夹角有45°、90°和135°。图7-8（a）和图7-8（b）

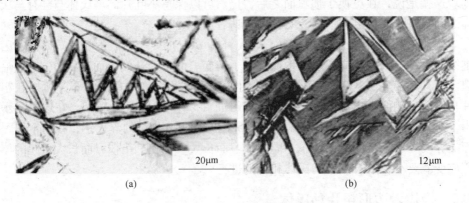

图7-8 ｛259｝马氏体的表观形态

(a) 130Cr2Ni4 钢，1100℃淬火；(b) 120CrMnMoV 钢，1200℃淬火

所示的马氏体片相互的夹角属于45°。通常具有中脊线，亚结构主要是内孪晶。如图7-9所示，在扫描电镜下，有时也可以清晰地看到内孪晶。

图7-9 （2 5 9）马氏体片的孪晶（110CrWMn钢，1000℃淬火）

7.7 枝干状马氏体

碳的质量分数大于1.5%之后，粗片马氏体出现多种形貌，主要是因为界面能在形核长大功中占据的比例剧增，由它控制着晶核生成和长大的形态。首先形成透镜状马氏体；碳和合金元素的质量分数增高时，便出现多种形态的枝干状马氏体，如图7-10所示。一般呈现树枝形态，各枝干之间的夹角在48°~90°不等，它与试样的磨面取向和惯习面有关。资料［117］中也观察到呈现枝干状的马氏体（见图1-11），枝干之间的夹角约55°。

由图7-10测出：图7-10（a）中枝和干之间的夹角是48°；图7-10（b）中枝和干之间的夹角是52°；图7-10（c）中枝和干之间的夹角是70°；图7-10（d）中枝和干之间的夹角是90°。

它们的几何分析如图7-11所示。在空间，（2 $\overline{5}$ 9）和（9 5 2）接近相互垂直，如图7-11（a）所示；图7-11（b）所示为图7-11（a）的顶视图，显示出两者的交角约为84°。

文献［121］中指出，目前对粗大薄片马氏体惯习面的测定有两种：$\{259\}_A$ 和 $\{3\,10\,15\}_A$，这两个晶面的空间位置如图7-12（a）所示，两者的夹角约6°。在图7-12（b）示出它们在空间的夹角。对 $\{259\}_A$，在图中是（952）$_A$ 和（2 $\overline{5}$ 9）$_A$ 两个晶面相交，夹角约84°。对 $\{3\,10\,15\}_A$，在图中是（15 10 3）$_A$ 和（3 $\overline{10}$ 15）$_A$ 两个晶面相交，夹角约45.5°。似乎 $\{3\,10\,15\}_A$ 更符合图7-10中的图7-10（a）、图7-10（b）和图7-10（c）马氏体片的交角；

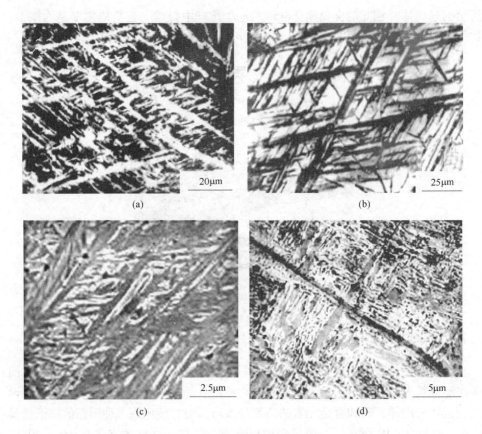

图 7 - 10　枝干状马氏体的形貌

(a) 160CrMnTi 钢，1200℃淬火（48°）[11]；(b) 160CrMnTi 钢，1100℃淬火（52°）；

(c) 130CrWMn 钢，1000℃淬火（70°）；(d) 150CrMnSi 钢，1100℃淬火

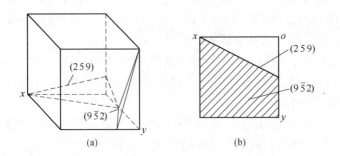

图 7 - 11　呈现特殊形貌的 ｛259｝ 马氏体的几何分析

但与图 7 - 10（d）不符，它们的枝干之间的交角明显是 90°。所以本书作者认为：枝干状马氏体各枝干之间的夹角本来是 90°，因试样磨面切割它们的角度不

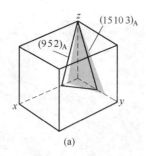
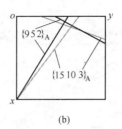

图 7-12 {952}$_A$ 和 {15 10 3}$_A$ 的几何分析

同，而出现图中多种夹角。这样一来，本书作者按照金相组织标定，枝干状马氏体的惯习面应该是 {269}$_A$。这时，它们的空间夹角才是 90°。

当界面能非常高时，惯习面为 {269}$_A$，马氏体片则呈现枝干状，它们的横截面呈现长方形或正方形，可以使晶核的 4 个晶面（主干和枝干）都保持惯习面的取向，从而显著减少半共格界面的面积，以致获得非常低的界面能。其实，{225}$_A$ 惯习面的空间交角中也有 90°，但是这些马氏体基本上不生成枝干状形貌。这就有力地证实本书作者提出的观点，界面能在形核功中所占的比例控制着马氏体晶核生长的外形。当碳的质量分数少于 1.4% 时，由于界面能在形核功中所占的比例较小，通过减薄晶核的厚度，可以降低半共格界面能，因此不生成透镜状和枝干状的形貌。

以上的图像充分显示出：马氏体不是传统观念所认为的那样，呈现杂乱无章的分布，而是按照一定的几何图形转变而成。在随机截取观察面时，未能将它们的本性显露出来，从而造成错觉。

（269）马氏体的碳的质量分数太高，碳的质量分数都在 1.5% 以上，点阵的正方度很大，形核功显著大于核长大功。尤其是界面能在形核功中所占的比例很高，因此，形核很困难。在 M_s 附近，在奥氏体点阵中的高能区形成首批马氏体晶核后，随着冷却温度的下降，往往不形成新晶核，而是呈现分支生长。在一片马氏体旁边长出平行的分支，如图 7-6 所示，甚至生长成枝干状（见图 7-10）。只有 M_s 点较高时，才在相变力矩的控制下呈现"W"字形长成，如图 7-8 和图 7-13（a）所示。

从第 13 章的马氏体相变新理论可以看出：马氏体只能在存在相变力矩的惯习面上生成和长大，因此，枝干状马氏体往往呈现薄片状，犹如枯干红叶上的叶脉。

在两片马氏体的交界处，往往出现横向裂纹，如图 7-13(a)所示。这是由于碳的质量分数过高，马氏体的脆性大，在马氏体声速长大的冲击力下，出现裂纹。在(225)马氏体片中，有时也出现横断马氏体片的裂纹，如图 7-13(b)所示。

一般认为，（259）马氏体都具有中脊线，而（225）马氏体则没有中脊

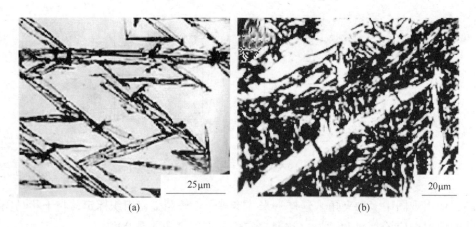

图 7 - 13　马氏体片上的横向裂纹
(a) 150CrMnSi 钢, 1100℃淬火; (b) T9 钢, 1300℃淬火

线[64,140]，这一结论在本书作者的观察中未得到证实。在 40 钢（见图 5 - 4 (c)）、45 钢（见图 5 - 5 (e)）、40Cr（见图 5 - 5 (f)）、T9 钢（见图 6 - 4 (c)）、T11 钢（见图 6 - 4 (d)）中，部分马氏体片内都带中脊线。

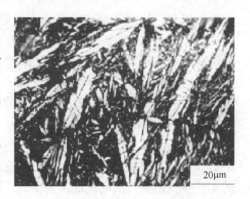

图 7 - 14　（225）马氏体片中的中脊线和形变孪晶（CrWMn 钢, 1050℃淬火）

　　图 7 - 14 中（225）马氏体不仅具有中脊线，而且在光学显微镜下，一些马氏体片上显出不太均匀的孪晶线。在图 7 - 14 的右侧，一片粗大马氏体上具有方向不同的孪晶线。根据孪晶种类鉴别的原则（见第 12 章），它们属于形变孪晶。

　　可见，中脊线不是（259）马氏体的特征。关于中脊线产生的原因参见第 11 章。

7.8　片状马氏体显出规则分布的条件

　　上述粗片马氏体空间分布的分析是建立在理想的条件下，即奥氏体的化学成分均匀、晶体点阵完整、没有第二相质点的存在等。在实际热处理时，因各种原因，片状马氏体的有规则空间组合被抑制或者破坏，再加上随机磨制试件，导致传统观念产生误解，认为马氏体是无规则混乱分布的。这些影响马氏体形貌的因素，本书作者称之为"形态控制因素"，主要有：

（1）化学成分。它影响 M_s 点、奥氏体和马氏体的比体积和强度、奥氏体的层错能、界面能、相变力矩能、激活迁移能等，进而改变马氏体的形貌。

（2）化学成分的均匀性。其作用除了与"化学成分"的作用相同外，在微观的区域内，它能够改变惯习面的类型、马氏体单晶的最大尺寸和形状、马氏体片的组合形式等。

（3）马氏体的正方度和比体积。它通过影响形核和核长大功，改变马氏体的类型和组合形态，包括两个相邻马氏体单晶之间的取向差。

（4）晶体缺陷。其作用与第（1）项相同；同时，它能够改变马氏体单晶的最大尺寸和形状，以及马氏体的组合形态。

（5）第二相和奥氏体的孪晶面。它能够改变马氏体单晶的最大尺寸和形状，以及马氏体的组合形态。

当实际热处理时，因奥氏体化温度较低，上述"形态控制因素"的作用增强，因而在试样的随机磨制面上，马氏体片的分布呈现无序状态。但是，应该看到：马氏体片的空间结构一直都是有规则的，仅仅是低温淬火时，马氏体有规则组合的空间变小，有规则组合的程度变弱，所以在普通的试样观察面上显现不出马氏体的有规则的空间结构。当然，光学显微镜的分辨率较低也是主要原因之一。

8 影响马氏体形态和性能的因素

8.1 碳对马氏体形态的影响

首先由 Marder 等人研究[39]，后来 Speich 等人[97]做了进一步的探讨，测定出碳钢中马氏体的类型同碳的质量分数的关系曲线，如图 8-1 中的虚线所示。他们得出：当碳的质量分数不超过 0.6% 时，淬火钢的组织全部都是板条状马氏体；碳的质量分数在 0.6%～1.0% 之间时，为板条状马氏体和片状马氏体并存；碳的质量分数大于 1.0% 时，全部是片状马氏体。

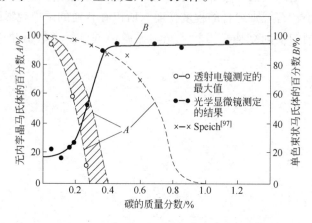

图 8-1   碳的质量分数对碳钢中马氏体类型的影响

Speich 等人的测定基础是：因在碳的质量分数为 0.57% 的束状淬火组织中未看到内孪晶，按照透射电镜鉴别马氏体的判据[37,119]，它应该属于板条状马氏体。从而，他们采用光学显微镜观察了不同碳的质量分数钢高温淬火组织，凡是呈现束状组织者一律当成是板条状马氏体。看到马氏体片时，才认为是片状马氏体。图 8-1 所示的板条状马氏体和片状马氏体的相对体积分数（虚曲线）就是这样制作出来的。

正如第 2.1 节所分析的，采用透射电镜观察亚结构的方法不能准确地区分板条状马氏体和片状马氏体。在第 6.5.1 节中已经对 Speich 等人的研究结果进行了分析，证实他们的研究很不精确和可靠。因而，他们所得出的碳素淬火钢中马氏体类型同碳的质量分数的关系曲线，未能反映客观实际。

本书作者按照自己的新观点，即片状马氏体也可以成束状方式形核和长大，束状马氏体应该分为两大类：束状薄板马氏体和束状细片马氏体，以及根据这两种束状马氏体的典型特征，提出马氏体的综合鉴别法（见第9章）。此新的鉴别法是采用光学显微镜和扫描电镜为主，透射电镜为辅，对工业碳钢（碳的质量分数在0.09%~1.12%之间）共10种钢的高温淬火组织的类型进行了全面细致地测定，得出图8-1所示的新曲线（实线）。

综合本书作者的测定结果是：碳的质量分数小于0.25%时，为全部薄板状马氏体；碳的质量分数为0.25%~0.4%时，为薄板状马氏体和片状马氏体共存；碳的质量分数大于0.4%时，全部为片状马氏体。

本书作者在研究合金元素对马氏体类型的影响（第4章）时发现，随合金元素的质量分数的增大，尤其是总的质量分数超过5%时，会促使马氏体单晶由薄板状向细片状转化。即导致形成"全部细片马氏体"的碳的质量分数进一步降低，由大于0.4%变成小于0.2%。

图8-2所示为其中一个例子。当20Cr2Ni4A钢从900℃淬火时，按其碳的质量分数为0.20%，光学显微组织应该是双色束状淬火组织。但是，实际上它是如图8-2（a）和图4-1（a）~图4-1（c）所示的单一色调的束状组织。在淬火组织中，都未找到呈现黑白块区交替出现的束状马氏体。当在扫描电镜下做高倍观察时，也未找到由许多厚度基本相同的马氏体薄板平行组成、分界面为直线的视场，像在低碳钢和低合金钢中所观察到的那样（见图3-1（d）~图3-1（f）），但是却观察到不少由大小马氏体细片平行组成不同束的视场（见图8-2（b）），其特征同中、高碳淬火钢相似（对比图5-4和图6-4）。在透射电镜下，还显示出比低碳马氏体多的内孪晶（见图8-2（c））。

上述试验表明：过高的合金元素的质量分数会促使马氏体单晶由薄板状变成细片状。原因是合金元素使奥氏体和马氏体点阵产生局部畸变区，提高了平行于惯习面的全共格界面的界面能，使之超过孪晶面的界面能，导致马氏体采取在已有马氏体细片旁边形成具有孪晶界面的伴生晶核，按照"孪晶关系束状机制"进行相变，而生成束状细片马氏体组织。

目前，金属材料的热处理界都在致力于获得束状薄板（或板条）马氏体，而极力避免片状马氏体的出现。其实，这是一种没有实际意义的偏见。单晶的形状对马氏体的力学性能的作用不大，因为具有片状马氏体组织的20Cr2Ni4A钢的韧性仍然显著高于中碳淬火钢，参见第4章。

大家都认为，板状马氏体同片状马氏体在形成机制上的主要区别是：板状马氏体通过位错运动来进行第二次切变，而片状马氏体是依靠孪生。如上所述，在低碳马氏体的亚结构中，照样观察到内孪晶，尤其是碳的质量分数较高（碳的质

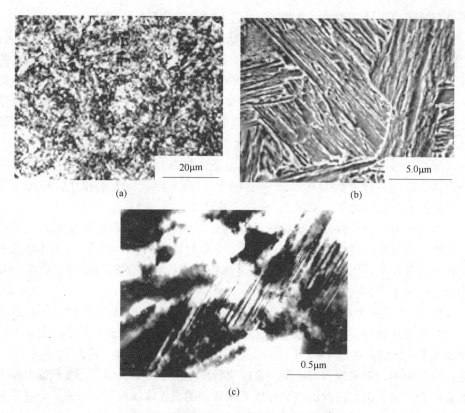

图 8 - 2   20Cr2Ni4A 钢从 900℃淬火的图像

（a）光学显微镜；（b）扫描电镜；（c）透射电镜

量分数为 0.27%）的板状晶中，同样出现许多的孪晶亚结构，如图 8 - 3 所示。此外，亚结构中孪晶数量多，只能代表在马氏体晶核长大过程中，通过在晶核比较频繁地改变生长方向，以实现晶核的纵向生长；它们与马氏体在室温下的力学性能及其力学行为无关。更准确地说，内孪晶仅仅表示在马氏体相变时薄板晶内部生成"内孪晶"亚结构，它们之间的取向差正好是 70°32′（即孪晶角），所生成的"孪晶界"与普通晶粒之间的大角晶界的性质完全相同，都不是依靠孪生切变来使新晶核长大，相互之间的区别只是界面角的数字不同而已。细节在第 12 章和第

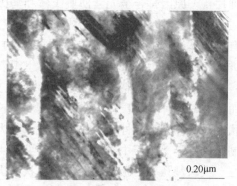

图 8 - 3   30 钢（碳的质量分数为 0.27%）从 1100℃淬火后的内孪晶

13 章中论述。

总之，合金元素对马氏体形貌和力学性能的作用主要通过下列两个方面实现：

（1）改变惯习面的界面能，当令它大于孪晶面的界面能时，马氏体组织将由束状薄板马氏体变成束状细片马氏体。马氏体单晶由薄板状变成细片状，块区结构消失，成为单一色调的束状细片马氏体组织。

（2）直接影响基体——马氏体的力学性能。

8.2 奥氏体化工艺对马氏体形态的影响

自从 Zackay[224] 提出高温淬火可以增多板条状马氏体的数量，进而认为高温淬火能够改善钢材的韧性以来，各国都花大力气进行淬火工艺对马氏体形态和性能的研究。而且无一例外地得出：通过高温奥氏体化，可以增多板条状马氏体的数量，提高淬火钢的塑韧性[94]，将高温淬火作为挖掘材料内在潜力的手段之一。

在有关淬火组织随淬火温度改变的规律研究中，普遍得出：低温淬火组织为片状马氏体 + 板条状马氏体[97,216,241] 或者全部为片状马氏体[90]。升高淬火温度，中碳钢能获得全部板条状马氏体[52,179,204,242]。对 5CrMnMo 钢，其组织变化规律是：针状马氏体→针状马氏体 + 板条状马氏体→板条状马氏体 + 块状残余奥氏体→残余奥氏体 + 呈现条状的板条状马氏体[204]。

为了纠正热处理工艺研究和实践中的这种偏见和误解，本书作者开展了一系列的研究，现分述于下。

8.2.1 奥氏体化温度对结构钢淬火组织的影响

图 8 - 4 所示为 20Cr 钢从 4 种温度淬火后的光学显微组织。从 900℃淬火后，大部分组织为单色束状组织，双色束状组织较少。随奥氏体化温度升高，黑白双色束状组织显著增多，各块区的尺寸也变大，一部分束呈现 60°夹角或等边三角形（见图 8 - 4（b）和图 8 - 4（d））。

当 20 钢的淬火加热温度特高（1300℃）时，在薄板束区内会出现粗白长片（见图 3 - 6（b）），而且有时构成等边三角形（见图 3 - 1（c））。但在高倍放大时，白片内都是由 5 ~ 8 片马氏体薄板组成，如图 3 - 10（b）所示。

45 钢在不同温度淬火后的光学显微组织如图 8 - 5 所示。从 900℃淬火后，显微组织中有许多细小的白针（见图 8 - 5（a））；从 1100℃淬火后，全部变成单色束状马氏体（见图 8 - 5（b））；1200℃淬火组织仍是单色束状，但从束中可以隐隐约约看出马氏体细片（见图 8 - 5（c））；大约 1250℃，在显微组织中出现许多马氏体粗片（见图 8 - 5（d））。而且，这些片基本上呈平行分布，粗片内带中脊线。

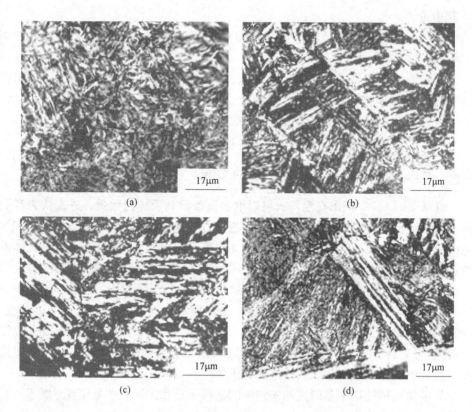

图 8 - 4   20Cr 钢从不同温度淬火后的光学显微组织
淬火温度：（a）900℃；（b）1000℃；（c）1100℃；（d）1200℃

　　高碳钢淬火组织随奥氏体化温度改变的规律（见图 8 - 6）与上述中碳钢相同，只最后多一项：粗片马氏体 + 大量残余奥氏体，如图 8 - 6（d）所示。从 1300℃淬火后，除了形成大量粗大马氏体片外，在粗片之间出现深色的残余奥氏体。

　　上面已经证实：中碳和高碳钢中的束状马氏体是由许多大小马氏体细片沿同一惯习面生成的束状组织，在本质上仍是片状马氏体，而绝不是目前所公认的"板条状马氏体"。所以，提高淬火加热温度时，中碳、高碳钢组织改变的规律是：隐针马氏体 + 细片马氏体→细片马氏体 + 细小的束状细片马氏体→束状细片马氏体→粗片马氏体 + 束状细片马氏体→粗大马氏体 + 大量残余奥氏体。其中，都不出现板状（板条）马氏体。对中碳淬火钢，不出现粗大马氏体 + 大量残余奥氏体。

　　当淬火温度低时，观察不到明显的束状组织特征，或者低碳钢不呈现双色束状的形貌，除了是没有淬上火外，主要是化学成分极度不均匀和晶体缺陷太多，

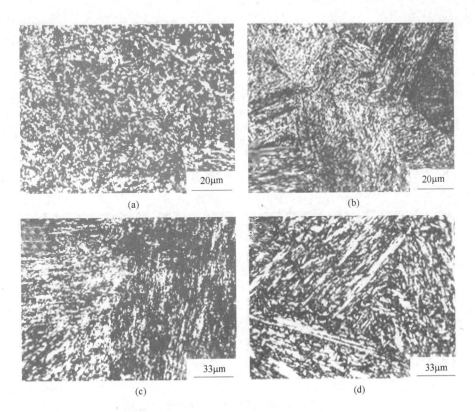

图 8 - 5 45 钢从不同温度淬火后的光学显微组织

淬火温度：（a）900℃；（b）1100℃；（c）1200℃；（d）1300℃

导致所形成的束状马氏体区域太细，小于光学显微镜的分辨率，因而看不出来。提高淬火温度，使形成的束状组织的面积变大，马氏体片的长度或宽度超过了光学显微镜的分辨率而显示出来。第 1 章已经指出，淬火温度基本上不影响束状马氏体的片厚，因此之所以观察到束状组织，是因为它的片长和片宽因奥氏体化温度升高而显著增大，以致在光学显微镜下呈现出来。

综上所述，奥氏体化温度只能改变片状马氏体的组合形貌和粗细，而不改变马氏体相变产物的类型。

8.2.2 热处理工艺对结构钢力学性能的作用

20Cr 和 40Cr 钢经不同条件热处理后的奥氏体晶粒度、硬度、室温和 202℃下的冲击值见表 8 - 1。从表 8 - 1 中数据可以看出：提高淬火温度和延长在高温下的保温时间都显著降低淬火 + 低温回火状态下的冲击功。而且，20Cr 钢比 40Cr 钢下降得更加显著。在 860℃淬火时，20Cr 钢的冲击功比 40Cr 钢高很多。

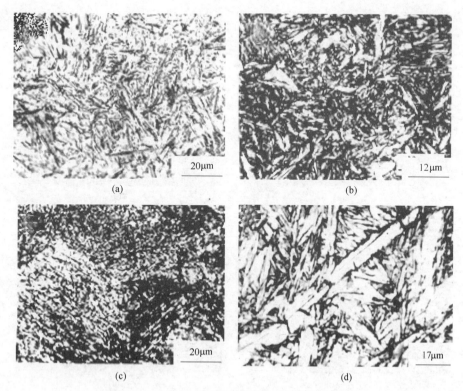

图 8 - 6   T9 钢从不同温度淬火后的光学显微组织

淬火温度：(a) 900℃；(b) 1000℃；(c) 1100℃；(d) 1300℃

表 8 - 1   两种钢在不同热处理状态下的晶粒度、HRC 硬度和冲击功 A_K

钢种	冲击温度/℃	860℃×19min			1050℃×10min			1150℃×15min			1150℃×30min			1150℃×60min		
		晶粒度/级	HRC硬度	冲击功A_K/kJ·m^{-2}	晶粒度/级	HRC硬度	冲击功A_K/kJ·m^{-2}	晶粒度/级	HRC硬度	冲击功A_K/kJ·m^{-2}	晶粒度/级	HRC硬度	冲击功A_K/kJ·m^{-2}	晶粒度/级	HRC硬度	冲击功A_K/kJ·m^{-2}
20Cr 钢	25	8	34	572	5	—	392	3	—	—	—	33.6	33.6	2	31	33
	202		—	834			686			588						341
40Cr 钢	25	8	53	294	6.5		112	4.5		—	3.5		4.39	3	52	37
	202			452			294			153						99

（1）20Cr 钢在 1150℃淬火时，尽管硬度并未出现升高，但冲击功急剧下降，在室温和 202℃下的冲击功 A_K 都低于 98kJ/m²。

（2）40Cr 钢在 1150℃淬火时，由于残余奥氏体的数量增多，因此硬度有所下降，但在室温和 202℃下的冲击功都很低，全部在 196kJ/m² 以下。

（3）细小的中碳马氏体（40Cr 钢在 860℃淬火 + 低温回火）的冲击功高于粗大的低碳马氏体（20Cr 钢在 1150℃ ×30min 淬火 + 低温回火）的冲击功。

由此可见，无论是中碳钢还是低碳钢，高温淬火都会严重危害材料的一次冲击功，所以，对低合金和碳素结构钢，采取提高加热温度进行淬火的工艺都是不可取的。

8.2.3 奥氏体晶粒大小对淬火钢韧性的影响

之所以高温淬火急剧降低淬火钢冲击功，主要是奥氏体晶粒度变粗，以及由此引起淬火组织粗化的结果。图 8 - 7 所示为根据表 8 - 1 而绘制出的奥氏体晶粒度大小对淬火 + 低温回火钢冲击韧性的作用。随奥氏体晶粒尺寸的增大，两种钢的冲击功都明显地下降。但两者变低的规律有所不同。对低碳钢，随奥氏体晶粒度增至 2 级时，低碳马氏体的室温冲击功已接近于零。若晶粒度增至超过 0.5 级时，即使在 202℃冲击，其数值也是零。可见，当晶粒尺寸超过一定值后，因奥氏体晶粒度粗化以及它带来的组织变粗大将极大损害淬火 + 低温回火钢的冲击韧性。

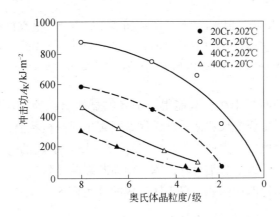

图 8 - 7 奥氏体晶粒大小对两种淬火 + 低温回火钢的室温和 202℃冲击功的作用

同时，由图中还可以看出，中碳钢低温淬火时，虽然获得隐针马氏体，但由于奥氏体晶粒和马氏体组织都细小，其韧性都高于高温淬火组织。

8.2.4 断口观察

对冲击断口的扫描电镜观察也同样说明上述论点是正确的。图 8 - 8 所示为 20Cr 钢和 40Cr 钢在 1150℃淬火和 200℃回火 1h 后室温冲击试样的断口形貌。20Cr 钢在 1150℃高温淬火后，虽然全部是板状马氏体（即板条状马氏体），但由于奥氏体晶粒和板状马氏体的粗化，使室温断裂全部由准解理和解理所组成。

而且断裂单元的尺寸显著增大，撕裂棱变细且平直，呈现直线状，致使韧性急剧恶化（见图 8 - 8 (a)）。

40Cr 钢在 1150℃淬火后，属于片状马氏体，其室温冲击断口如图 8 - 8 (b) 所示。虽然也是由准解理和解理所组成，但形貌与图 8 - 8 (a) 所示的存在明显的区别。其断裂单元比板状马氏体大，撕裂棱呈直线形的很少，基本上是树根状；且粗而短，多曲折。

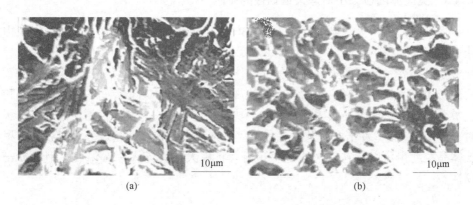

(a)   (b)

图 8 - 8 20Cr 钢和 40Cr 钢经 1150℃淬火 + 200℃回火后室温冲击断口的扫描电镜图像

(a) 20Cr 钢，1150℃淬火，30min，$a_k = 68.6 kJ/m^2$，晶粒度 = 3 级；

(b) 40Cr 钢，1150℃淬火，60min，$a_k = 36.3 kJ/m^2$，晶粒度 = 3 级

对比两种钢的断口形貌，只能得出两者的显微组织完全不同的结论。20Cr 钢在高温淬火后，主要是束状薄板马氏体，断裂单元是板状晶，直线状撕裂棱是板状晶之间的残余奥氏体薄膜[46,63,183]（见图 3 - 13）引起的。40Cr 钢高温淬火后全部是束状细片，即束状细片马氏体，因而断裂单元是马氏体细片。树根状的撕裂棱是各马氏体片四周的残余奥氏体造成的（见图 5 - 7）。

8.2.5 淬火温度对断裂韧性影响的解释

多年来发现一个有趣的现象；结构钢经高温奥氏体化加热后的断裂韧性比常规加热温度淬火所得的数值高 50% ~ 100%[189,190]。最初曾考虑是由下列两个原因引起的：(1) 高温淬火时使碳化物完全溶解。因粗大的未溶碳化物即便是球形，它在微坑型的断裂中，将成为断裂的中心，造成 K_{1C} 值降低。(2) 高温加热时奥氏体晶粒粗化促使断裂韧性变小。后来的试验排除了这两个因素对断裂韧性的作用。目前广泛流行的解释是：认为高温加热淬火能抑制片状马氏体生成，增多板条状马氏体的数量，使 K_{1C} 值增大[61,128]，因为马氏体中的孪晶会降低断裂韧性[97]。如上所述，本书作者已经否定了高温淬火可增多板条状马氏体数量

的说法，那么，又是什么原因导致高温淬火改善断裂韧性呢？本书作者认为：应该归结于片状马氏体和残余奥氏体组成的"纤维状束的结构"。

如图8-9（a）所示，由低温加热淬火而形成的混乱取向的细片马氏体对裂纹的传播途径基本上没有阻碍作用。因为马氏体本身为高脆性组织，当马氏体单元单个分散出现时，其抗裂能力很低。通过提高淬火加热温度，消除了马氏体定向形核和长大的各种障碍，产生许多由细片马氏体相互平行的、各片的四周之间由残余奥氏体相连接，构成如图8-9（b）所示的马氏体粗大纤维束。这种纤维束使混乱取向的细片马氏体的各向同性变成各向异性。裂纹容易从垂直于纤维束惯习面 ABC 方向直穿而过，因为在孪晶界面上没有残余奥氏体[35,36,90,219]（见图5-7）。其他方向，特别是平行于惯习面的方向或者斜交，则会使裂纹传播的阻力增大，因为会遇到许多残余奥氏体。所以导致裂纹传播出现"各向异性"。

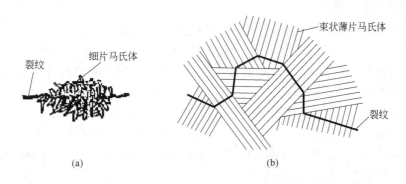

图8-9 马氏体组织对裂纹扩展影响的示意图

（a）混乱取向的细片马氏体；（b）具有各向异性的束状细片马氏体改变裂纹扩展的途径

高温淬火组织就是由许多不同取向的、具有各向异性的马氏体束相互编织而成。微观上的各向异性强烈地改变裂纹传播的途径，令它们变曲折，如图8-9（b）所示。从而显著增大淬火组织的抗裂性，使断裂韧性获得不断的提高。

但是，当束状细片马氏体尺寸过大，组成纤维状马氏体束中的残余奥氏体数量增多并使它们的分布扩大时，将会引起纤维状马氏体束的各向异性减弱，进而削弱对裂纹传播途径的改变，便会导致断裂韧性降低。所以，出现淬火加热温度过高时，材料的 K_{1C} 值又下降。

8.3 决定马氏体类型的基本要素

通过对各种淬火钢马氏体形态的研究，本书作者认为：决定马氏体类型的最主要因素是马氏体的形核和核长大功，尤其是界面能。只有马氏体的全共格"惯习面"的界面能低于孪晶界面能时，才可能出现由多片板状晶组成块区的束状薄板马氏体。随着碳和合金元素的质量分数的升高，马氏体的正方度变大和点阵的局部畸变增多，导致体积应变能、激活迁移能，特别是界面能增大，因平行于惯习面的全共格界面能超过孪晶界面能，马氏体按照"孪晶关系束状机制"相变，从而形成束状细片马氏体组织。"相邻块区"的孪晶关系变成了"相邻马氏体细片"之间的孪晶关系。"一个块区内由许多片取向基本相同的马氏体板状晶"变成"只有一片马氏体的片状晶"，即引起"马氏体类型"的转变，由束状薄板马氏体变成束状细片马氏体。

奥氏体化工艺并不直接改变马氏体类型，关键要看它们的碳和合金元素的质量分数和分布是否增大惯习面的界面能。如上所述，低碳钢之所以能形成束状薄板马氏体的主要原因是，在马氏体相变过程中，依靠"相内分解"使马氏体变成无碳，进一步减弱马氏体同奥氏体点阵间距之间的差异，促使惯习面的界面能低于孪晶界和小角界的界面能，因此保证了"块区结构"的出现。在第12章将深入讨论这个问题。

化学成分对马氏体类型的作用主要通过影响马氏体的正方度、点阵的局部畸变、碳原子和铁原子的扩散系数、弹性模量和 M_s 点等来实现。凡增大正方度和点阵局部畸变、降低 M_s 点、降低碳和铁原子扩散系数、提高弹性模量的因素，都会促进片状马氏体的形成。

影响淬火组织形貌的因素则更多。除了上述能改变马氏体类型的因素会改变马氏体形貌外，其他因素，如奥氏体化工艺、第二相质点的分布、晶体缺陷、化学成分的均匀性、内应力等因子也能使淬火组织的形貌发生变化。在第7.8节的"形态控制因素"中，已经进行了总结。

图8-10列举出部分例子来进一步说明"形态控制因素"的作用。

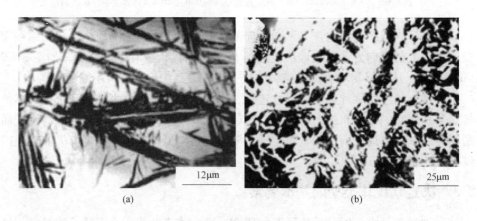

(a)　　　　　　　　　　　　(b)

图8-10　多种因素改变马氏体的形貌

(a) 120Cr4Mn2，1100℃+200℃；(b) 100Cr2MnMoV，铸态淬油

图8-10 (a) 中粗大马氏体的边界很不齐整，出现缺口，这是由于晶体缺

陷影响着它们的生长。因为化学成分分布的极度不均匀性和大量的晶体缺陷，会致使马氏体出现异形，如图 8 – 10（b）所示。

另外一些实例见其他章中的图片。例如因奥氏体中孪晶面和非金属夹杂物的存在，使蝶状马氏体不能长大（见图 11 – 11（a））；由于首先形成的锤状马氏体，使新形成的马氏体片改变长大的方向，且中脊线变弯曲（见图 13 – 7（a））；因为应力分布和晶体缺陷，导致中脊线两边的马氏体分成两片而各自长大（见图 13 – 10（a））；图 13 – 7（b）的马氏体片在箭头所指处终止长大，是因为晶体缺陷造成等。

这些实例都清楚地表明：无论是粗片还是细片马氏体，因多种原因，可以改变其典型的外貌，而变成不是典型的片状，甚至变成异形。

8.4　决定马氏体力学性能的因素

如上所述，马氏体单晶的外形对马氏体的力学性能并没有决定性的作用。马氏体单晶成片状，组成单色束状马氏体的 20Cr2Ni4A 钢，其综合力学性能可以优于具有相同碳的质量分数的碳素淬火钢，尽管后者的马氏体单晶成薄板状，内孪晶的数量比前者少，且组成具有块区结构的双色束状马氏体（第 4 章）。也就是说，束状细片马氏体的力学性能可以高于束状薄板马氏体（即板条状马氏体）。对淬火钢力学性能起重要作用的因素如下。

8.4.1　碳和合金元素的质量分数

碳对马氏体韧性的危害最大。它主要是通过正方度、比体积、位错临界分切应力、原子结合力、弹性模量等来影响力学性能。固溶的碳显著提高马氏体的正方度、比体积、位错临界分切应力，削弱铁原子间的结合力，从而降低材料的塑韧性。而镍（≤5%）、铬（≤2%）、锰（≤1%）等则提高钢材的塑韧性。所以，提高淬火和回火钢强韧性的途径不是去追求束状马氏体。如上面指出的，单色束状马氏体虽然能够改善断裂韧性，但却因原奥氏体晶粒的粗化、马氏体单晶尺寸变大、亚结构变粗等会严重地损害冲击韧性，这是机械零件不可取的。与工业结构材料不同，机械零件的尺寸大都比较小。由于 K_{1C} 值较低，而引起失效的情况很少。即使是束状薄板马氏体（板条状马氏体），也没必要为追求提高 K_{1C} 值而损害冲击功。挖掘马氏体材料性能潜力的重要途径是降低碳的质量分数以及同提高合金元素的质量分数相搭配（这也是超低碳高合金钢越来越流行的原因），同时尽可能地降低奥氏体化温度，使束状组织（指马氏体单晶的面积，不是厚度）变细、各束的尺寸变小。这些措施也有利于改善断裂韧性。

当合金元素的质量分数基本相同时，降低碳的质量分数和提高回火温度是改善塑韧性的有效途径。这一点可以从表 8 – 2 中明显看出。

表 8 – 2　**60Si2MnA（A）钢和 35Si2CrMnVB（B）钢力学性能对比**[199]

热处理工艺		屈服强度 $\sigma_{0.2}$/MPa	抗拉强度 σ_b/MPa	伸长率 δ/%	断面收缩率 ψ/%	冲击功 A_K/kJ · m^{-2}	屈强比 $\sigma_{0.2}/\sigma_b$	HRC 硬度
A 钢，870℃ 淬油，于不 同温度回火	420℃	1526	1657	7.4	18.5	22.3	0.9206	51
	460℃	1423	1553	8.1	20.5	28.8	0.9161	48
	520℃	1185	1329	10.1	23	35.2	0.8919	45
B 钢，930℃ 淬水，于不 同温度回火	250℃	1637	1871	7.5	49.6	34.7	0.8753	53.5
	300℃	1609	1774	8.75	45	43.0	0.9075	52
	340℃	1571	1772	8.75	42.6	41.6	0.8867	52.5
	380℃	1616	1827.5	9.23	41.8	36.8	0.8845	52
	420℃	1377	1539	11.5	52.9	33.6	0.8948	48.5

8.4.2　残余奥氏体的数量和分布

在不明显降低强度情况下，适当增多残余奥氏体的数量，并使它们尽可能地均匀分布在各马氏体单晶的界面上，有利于减少微裂纹的形成和降低位错运动的临界分切应力，以改善钢材的塑韧性。这是超高强度钢的另外一个发展方向——没有碳化物的中碳和高碳贝氏体钢[252~255]出现的原因。

8.4.3　束状区的大小和马氏体单晶的尺寸

细化淬火组织，即令马氏体的束状区变小、数量增多和使组成马氏体束中单晶的尺寸变细等，有利于提高塑韧性。除了通过适当合金化外，主要是降低奥氏体化温度和缩短保温时间，即采取低温奥氏体化、快速加热和多次淬火等。

8.4.4　原奥氏体晶粒大小

这是决定相变产物马氏体组织粗细和钢材韧性（特别是冲击韧性）的重要因素。细化奥氏体晶粒的基本方法主要是降低奥氏体化温度、缩短保温时间、提高加热速度、采取形变热处理以及应变总量非常大的强塑性变形（参见第 8.5.1 节）等。

8.4.5　马氏体类型

当上述因素采取完毕后，最后可以考虑的办法是：通过获得束状薄板马氏体或者束状薄板马氏体 + 束状细片马氏体共存的组织来增大淬火钢的强韧性。

应该指出：获得何种马氏体类型，主要依靠改变钢的化学成分，尤其是降低碳的质量分数。目前，采取提高淬火加热温度的方法不可取，它不但不会增多中碳、高碳钢中束状薄板马氏体的数量，而且只会急剧恶化钢材的塑韧性。低温奥氏体化和快速加热，使碳分布不均匀，保留低碳区，这是中碳、高碳淬火钢获得束状薄板马氏体的重要措施。当化学成分固定时，唯一能做的是：通过热处理或形变热处理或强塑性变形来细化奥氏体晶粒和马氏体组织，而绝不是走提高奥氏体化温度，令显微组织粗化的道路。

8.5 利用形变热处理实现显微组织超细化的途径

8.5.1 形变热处理的发展方向

近十几年来，超高强度钢向两个方向发展：（1）低碳高合金马氏体钢；（2）中碳和高碳贝氏体钢。

通过上面的分析，提供了一条依靠热处理来实现显微组织超细化的途径。传统的形变加工和热处理，所能到达到晶粒大小的极限是 $5\mu m$[256,257]，强塑性形变可以打破了这个极限，使晶粒达到纳米级[259~262]。

1952 年，Bridgman 等人就提出金属材料的强塑性变形（severe plastic deformation）（他们采用"高压扭转"）加工[258]获得亚微米和纳米级的、具有大角晶界的等轴超细晶粒，以提高材料强度和塑韧性，制造超高强度材料。

通过强塑性变形产生超细晶粒成了国内外的研究热点。先后出现多种强塑性形变的方法，如等通道转角挤压（ECAP）[259]、旋转模—等径角挤压（RD-ECAP）[260]、弯曲的等径挤压[261]、反复侧挤压[262]、循环挤压和压缩（CEC）[263]、累计叠轧法（ARB）[264]、异周速轧制[265]、高压扭转（HPT）[266]、多向压缩（MAC）[267]、多轴交替锻造（MAF）[268]、摩擦搅棒加工（FSP）[269]、球磨加工[270]等，所获得的晶粒一般在 $0.5\mu m$ 左右。高压扭转加工可以细到 $8nm$[271]，位错密度达 $24 \times 10^{14} cm^{-2}$[272]。

如此细小的晶粒，一般认为热处理无法达到，似乎热处理的发展已经到了没落的境界。本书作者认为，并非如此。实际上，通过传统的热处理技术，照样可以获得超细晶粒。例如，低碳钢淬火得到的束状薄板马氏体，它们的组织单元——薄板单晶的厚度一般为 $0.15 \sim 0.20\mu m$。高碳钢淬火生成的马氏体细片，其厚度可以细至约 $0.16\mu m$，而它们的内孪晶的厚度最小也可以达到 $9nm$（见图 12-10）。而且，中碳和高碳钢的各马氏体细片之间以及其内部的相变孪晶之间的界面都是大角界面（均为孪晶界）。这就是说，通过淬火，利用马氏体相变，照样可以令材料的组织超细化，得到尺寸为 $0.16 \sim 0.009\mu m$ 的超细薄板晶，而且，获得的位错密度也达 $1.5 \times 10^{15} m^{-2}$[273]。

无碳化物的贝氏体钢（碳的质量分数为 0.42%、锰的质量分数为 1.46%、硅的质量分数为 1.58%、铌的质量分数为 0.028%）中，马氏体片状晶的厚度为

30nm，残余奥氏体的厚度为 0.1μm，位错密度为 $7.48 \times 10^{14}\,m^{-2[374]}$。

问题是为什么这些超显微的细化组织在常规热处理材料的力学性能上显现不出来呢？本书作者认为症结在于马氏体单晶的宽度和长度尺寸比较大，它们没有达到亚微米以下，即马氏体单晶的平均尺寸较粗大。由图 3 – 1、图 5 – 4、图6 – 4、图 9 – 1 和图 12 – 5 等可以看出，马氏体单晶的"长宽"二维尺寸与奥氏体晶粒同级，所以如何使奥氏体的晶粒达到 1μm 以下，是发挥马氏体单晶超细化尺寸效果的关键。可见，在 M_s 点以上的温度，对过冷奥氏体施行强塑性形变是今后铁合金超细化和显著提高力学性能的重要途径，也是新型形变热处理的发展方向。

必须指出：马氏体中的高位错密度不是马氏体产生了塑性变形的证明。马氏体内的位错来自两个方面：

（1）由界面错配位错[54,69]而来。因马氏体晶核与奥氏体的原子间距存在差异，使两者的界面上产生大量界面错配位错。随碳的质量分数升高，错配位错密度增大，导致马氏体内出现大量由界面而来的位错。

（2）来自奥氏体中内部位错的遗传。

由于在淬火和马氏体相变过程中，奥氏体产生强烈的塑性变形而具有高密度的缠结位错。它们的位错转移到马氏体内，由这些位错所造成的强度提高远大于使奥氏体的强化。因此，可以采取在 M_s 点附近的温度，首先对奥氏体进行强塑性变形，令它的位错密度达到 $24 \times 10^{14}\,m^{-2[273]}$ 或者更高。铁的极限位错密度为 $1.02 \times 10^{16} \sim 1.65 \times 10^{16}\,m^{-2}$。然后，再进行马氏体相变，必将使淬火材料的强度达到一个创纪录的水平。

因高碳严重损害材料的塑韧性，所以低碳高合金钢在近代得到很快发展[236,274]。上面的分析为今后进一步提高材料的强度提供了两条发展途径：

（1）在 M_s 点以上的温度对奥氏体首先进行"等值应变量"（equivalent strain）ε 大于 10 的强塑性形变，使奥氏体晶粒超细化，并产生大于 $1 \times 10^{15}\,cm^{-2}$ 的位错密度，然后发生马氏体相变。对铝、镍等高"层错能"材料，强塑性形变温度应在 200℃ 以下，最好在室温，以免在深度塑性形变时，因出现大量的动态回复，降低晶粒超细化的效果。铁是"层错能"低的材料，可以把强塑性形变温度升高到 300℃ 附近。

（2）利用合金元素，而不是碳，通过获得厚度达到 10nm 以下的纳米级内孪晶来超细化组织，以增加强韧性。

以上的钢材超强韧化，本书作者称之为显微组织的"高位错密度内孪晶化"。

在强塑性变形时，形变量的计算采用"等值应变量 ε"表示。它的计算公式是：

$$\varepsilon = \ln\frac{h_0}{h}$$

式中 h_0——试件的原始高度;

h——试件变形后的高度。

目前,常用的强塑性变形技术有等通道转角挤压、高压扭转、累计叠轧法、多向压缩强塑性变形等4种。一般都可使晶粒达到约0.5μm,大角晶界百分数在80%左右;高压扭转和球磨技术(ball milling)可以使晶粒细化到20nm,甚至8nm。而传统热处理加形变热处理技术获得的最小晶粒是5μm,一般热处理的奥氏体晶粒尺寸约为60μm。因此,今后热处理技术的发展方向应该是与强塑性形变相结合,采取合金化—强塑性变形—热处理三者的复合加工技术。单纯的热处理技术已经过时,新型形变热处理技术是发展方向。这里的"形变热处理"不是过去的概念,而是走"强塑性变形"和"热处理"相结合的道路。

8.5.2　铁合金的强塑性形变

铁属于低层错能材料,因而加工硬化速度较高,在加工过程中动态回复速度比较低。在等通道转角挤压和高压扭转加工后的部分试验结果见表8-3,等通道转角挤压可使铁及其合金的晶粒达到亚微米级,但高压扭转的数据很不一致,还有待进一步试验。这些结果都是在退火状态下获得的。

表8-3　强塑性形变后铁及其合金的晶粒大小

材　　料	晶粒尺寸/nm		参考文献
	等通道转角挤压	高压扭转	
Fe	200		[312]
Fe	约600	70	[313]
18Cr-8Ni (0.08C)	100~250	50	[314]
20Mn2P		350~600	[308]
高碳钢(碳的质量分数约为0.7%)		10	[309]
Fe-Ni-Mn 钢	500		[317]
18Ni (300)	70		[315]

低碳钢(碳的质量分数为0.15%)在350℃、等通道转角挤压时,第一道次(等值应变量 $\varepsilon = 1.0$)后,显微组织主要由具有低角晶界的伸长晶粒组成,晶粒厚度约0.5μm,亚晶界内的位错密度较低。第二道次后,晶界取向差增大,晶粒长度变短,平均尺寸大约为0.3μm。第四道次后,高角晶界比例随道次增多而增加,晶粒尺寸变细,最后变成约0.2μm的高角晶界等轴超细晶粒[306]。

文献［229］中研究了在 350℃、等通道转角挤压加工后的亚微米晶粒低碳钢，其显微组织随强塑性形变后的退火温度而改变。在 420～510℃进行低温退火，晶粒很少长大，只显出位错组织和轮廓分明的晶界，产生回复过程。进一步提高退火温度（≥540℃），发生部分再结晶晶粒。加入钒和钛，并不显著引起等通道转角挤压钢中铁素体细化。

普通碳钢（碳的质量分数约为 0.7%）经高压扭转加工后，形成纳米晶粒和产生渗碳体溶解[278,279]。在室温切变量为 100 后，显微组织是位错胞结构，而且部分渗碳体片出现回溶；在切变量为 200 时，出现不均匀的晶粒形态，伸长晶粒的长度为 100nm，厚度为 15nm。伸长的晶粒由致密的位错壁相隔；在切变量为 300 时，获得尺寸为 10nm 的纳米组织，而且渗碳体全部溶解[279]。需要指出：这一试验数据恐怕不实，需要再试验验证。

超低碳钢（碳的质量分数为 0.003%）[280]在 500℃进行累计叠轧法加工，压下量为 50%（等值应变量 $\varepsilon = 0.8$）时，显示出典型的位错胞结构；当等值应变量 $\varepsilon = 2.4$ 时，除了位错胞结构外，出现具有高角晶界的伸长晶粒；当等值应变量 $\varepsilon = 3.2$ 时，主要是伸长的超细铁素体和高角晶界的比例不断增多；当等值应变量 $\varepsilon = 5.6$ 时，高角晶界达 80%，包围超细晶粒，且横断面上的组织比较均匀[281]。

低合金钢（碳的质量分数为 0.11%、锰的质量分数为 1.45%、铌的质量分数为 0.068%、钒的质量分数为 0.08%）在降低温度（小于 770℃）施加总应变量 ε 大于 2.2 的热轧，获得动态再结晶晶粒，尺寸为 $1～4\mu m$[282]。

Fe_3Al 和 $FeAl$ 合金可以通过亚晶界吸收滑移位错而不断增大晶界角差，变成高角晶界[182]。晶粒为 $1～6\mu m$，在 1000℃下可得到超塑性伸长率最大值 δ_m 为 290%。$Fe-28Al-2Ti$ 合金的 $\delta_m = 620\%$[301]。

需要指出：等通道转角挤压强塑性形变时，铁和铁合金的压缩应力非常大，容易炸模，因此都没有淬火成马氏体。目前的研究都停留在退火组织的试验，尚未进行强塑性形变和马氏体相变相结合的研究，即没有进行奥氏体在强塑性形变之后发生马氏体相变。今后研究的重点是：在 M_s 点附近对奥氏体进行强塑性形变。采取多向压缩强塑性形变加工，等值应变量 ε 在 10 左右；通过增多反复多向压缩的次数，来提高大角晶界的百分比和位错密度，然后淬火成马氏体。

在文献［174，283～285］中叙述了强塑性形变引起渗碳体回溶到铁素体内的情况。

9 马氏体类型的新鉴别法及其应用

9.1 束状马氏体的类型和特性

本书作者对马氏体领域研究的贡献之一是发现束状马氏体有两类性质完全不同的形貌。

9.1.1 束状薄板马氏体

束状薄板马氏体在低碳钢和低合金钢中形成。其显微组织的特征是：

（1）在光学显微镜下，大约 1/3 以上的面积呈现双色束状组织，具有块区结构，如图 9-1（a）所示；

（2）在扫描电镜下，由许多相互平行、厚度相近、界面成直线的薄板组成，如图 3-1（d）～图 3-1（f）所示；

（3）通常显示出密度高的位错，同时也具有一定数量的内孪晶，随碳的质量分数升高，内孪晶密度迅速增大，如图 3-4 所示；

（4）显微组织的最小单元是薄板状单晶。

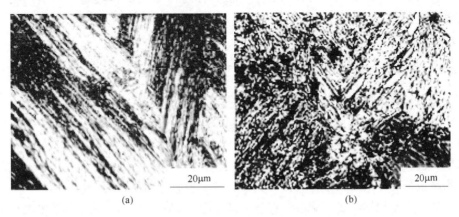

图 9-1　束状薄板马氏体（a）和
束状细片马氏体（b）
（a）20 钢，1100℃ 淬火；（b）T10 钢，1150℃ 淬火

9.1.2　束状细片马氏体

束状细片马氏体在中碳和高碳钢、低碳高合金钢和高合金中形成。其基本特征是：

（1）在光学显微镜下，是单色束状组织，没有块区结构，如图9－1（b）所示，上面具有少量马氏体片；

（2）在扫描电镜下，由许多相互平行、大小和厚度不同、显示出针状外形、界面成曲线的细片组成，如图5－4（c）和图5－4（d）、图6－4（c）和图6－4（d）所示；

（3）马氏体片中存在大量内孪晶和位错，如图5－3和图6－2所示；

（4）显微组织的最小单元是细片状单晶。

束状马氏体的力学性能主要取决于化学成分，尤其是碳的质量分数。具有束状细片马氏体的低碳高合金钢（合金元素总的质量分数大于5.0%），没有高碳马氏体的高脆性，其塑性指标仍然能够满足结构件的性能要求。

9.2　马氏体类型的鉴别法

开展马氏体的研究和在生产实践中对零件进行热处理，首先需要解决的一个问题是：如何准确地鉴别钢中两种主要的马氏体，即板条状马氏体和片状马氏体。如上所述，目前各国通用的两种鉴别方法，即透射电镜法和光学金相法及其判据失效，已经不能完成这项重要的任务，并且已经给学科研究和生产实践造成许多严重的错判和危害，导致有关马氏体的资料不一致，甚至完全相反。根据本书作者的研究，现提出一种新的鉴别方法，称之为“马氏体类型综合鉴别法”，它以光学显微镜为主，扫描电镜为辅。透射电镜在分辨这两类马氏体上没有作用。

9.2.1　这两类常见马氏体在光学显微镜下的判据

淬火组织中黑白交替的双色束状马氏体的数量超过30%时，为束状薄板马氏体（即板条状马氏体），如图3－1（a）～图3－1（c）所示；双色束状马氏体少于10%时为束状细片马氏体（即片状马氏体），如图5－4和图6－4所示；如果双色束状马氏体数量在10%～30%之间时，可能是束状薄板马氏体，或者束状薄板马氏体与束状细片马氏体共存。进一步的鉴别法有两个：

其一是在扫描电镜下观察。在整个试样磨面上未观察到由大小不等的马氏体窄片平行组成的束状区或者马氏体宽片时，此组织是束状薄板马氏体。如果观察到一部分马氏体窄片或宽片，则为板状马氏体和片状马氏体共存。

其二是提高淬火加热温度。取局部试样，在1200℃以上淬水。假如双色束状马氏体显著增多，超过 30% 时，则为薄板马氏体；倘若双色束状马氏体仍然在 10% ~ 30% 之间时，为薄板马氏体 + 薄片马氏体共存。此法对判断最有效。

9.2.2　两类马氏体在扫描电镜下的判据

束状薄板马氏体是由许多厚度相似的深色长条相互平行构成束状组织，长条之间的边界为浅色直线或者可以连接成直线，在组织中不出现马氏体宽片，如图 3 – 1（d）~ 图 3 – 1（f）所示；束状细片马氏体是由许多大小、厚度不同的深色窄片相互平行组成束状组织，窄片之间的边界成浅色曲线，不能连成直线，且组织中有时出现马氏体宽片，如图 5 – 5（c）~ 图 5 – 5（f）、图 6 – 6（b）、图 6 – 6（c）所示。

日常鉴别显微组织时，不必采用扫描电镜，只用光学显微镜即可。若显微组织全部或绝大部分（大于 10%）为单色束状组织，不管碳的质量分数是多少，便可判定全部是束状细片马氏体；如果大部分是双色调交替的束状组织（大于 30%），即可判定全部是束状薄板马氏体；当双色束状组织在 10% ~ 30% 之间时，有可能是束状薄板马氏体或者两种束状组织共存，需要按照上面所说的方法做进一步的分辨。最有效的方法是进行高温淬火鉴别。

低碳钢当奥氏体化温度过低时，因块区结构很细小，出现双色束状组织数量较少，但不会少于 10%；若双色束状组织少于 10%，而且碳的质量分数又低于 0.25% 时，则为两种马氏体共存或者没有淬上火，或未完全淬上火。最好是采用高温淬火鉴别，高温淬火不会改变试验钢中马氏体的类型，只不过把马氏体组织粗化，令其特征显示出来。

9.3　马氏体类型鉴别法的应用

一个多世纪以来，各国对马氏体研究的资料极为丰富，只可惜因马氏体类型鉴别法上存在严重的失误，从而导致这些资料相互矛盾，结论不一致。究其原因，主要是错判了许多马氏体。把数量极多的单色束状马氏体，本来应该属于片状马氏体的，都错误的当成是板状马氏体（板条状马氏体），进而导致板条状马氏体形态学、晶体学、性能学、相变理论等的探索陷入混乱之中，几乎有关板条状马氏体的所有研究资料都存在不一致和相互矛盾。下面列举部分主要的以做说明，并力求用本书作者提出的上述鉴别马氏体类型的新方法进行识别和更正。

（1）铁碳合金（碳的质量分数为 0.6%）的光学显微组织照片中马氏体呈现粗大的片状。但是因构成等边三角形，梅本实等人[104]把它视为板条状马氏体。对（111）马氏体，无论是片状马氏体束（见图 5 – 5（a）、图 5 – 5（b）和图 7 – 2（b））还是马氏体粗片（见图 7 – 4），都可以组成等边三角形。这是因为它们的惯习面（111）在空间就是等边三角形组合，见第 7 章。所以，梅本实等看到的是片状马氏体。

（2） 0.24-11Cr 钢[286]、0.54C-11Cr 钢[286]、22Ni-4Al 钢和 25Ni-2Al 钢[287]、0.29C-16.43Cr-4.84Ni 钢[131]、22Ni-2.9Mn-0.03C 钢[288]、37XH3 钢（含 0.37% C、1% Cr、3% Ni）[261]、4340 钢[289]、0.7C-0.6Si 钢和 50Cr4V 钢[290]、100Cr6 钢[291]、0.7C-0.6Mn 钢[345]、0.7C-1.1Mn-1.0Cr 钢[293]等的淬火组织在光学显微镜下都呈单色束状组织，因而一律被当成是板条状马氏体，这是极大的错判。实际上，它们都是相同色调的束状细片马氏体，应该统统都是片状马氏体。

（3） 牧正志等人[45,94]将碳的质量分数为 0.13% ~0.82% 的钢中的高温淬火组织都看成是板条状马氏体。根据光学显微镜下的形貌特征，他们把板条状马氏体分成 4 种[94]。对铁碳合金，他们认为只出现 3 种板条状马氏体。其碳的质量分数的范围分别为： 0.1% ~0.3%、0.4% ~0.5% 和 0.55% ~0.8%。本书作者认为，后两种板条状马氏体在组织特征上并不存在有意义的差别，是人为搞出来的。实际上，后两种板条状马氏体都同属于一种类型，都是单色束状细片马氏体。如上所述，这种单色束状马氏体不是真正的板条状马氏体，而应该属于片状马氏体。

（4） 至今一般认为提高淬火加热温度可以增多板条状马氏体的数量[224]。但是，试验钢 4340 钢从 1200℃淬火的光学显微组织不是双色马氏体束，而全部是单色马氏体束[235]。按照上述综合鉴别法，应该属于片状马氏体。

（5） Davies 等人[64]提出：按照光学显微镜下的马氏体形态可以确定马氏体的惯习面。在光学显微镜下呈现平行束和等边三角形的马氏体，惯习面为 $\{111\}_\gamma$，应该是位错型板条状马氏体。以单片形式出现、没有中脊线的马氏体是片状马氏体，其惯习面是 $\{225\}_\gamma$。以单片形式出现、有中脊线的马氏体是透镜状马氏体，其惯习面认为是 $\{259\}_\gamma$。同时，根据此判据确定马氏体形态同碳的质量分数、M_s 点之间的关系。并将他们测定出的强度看成是以上 3 种马氏体的强度，进而提出：马氏体的形态取决于马氏体相变时奥氏体和马氏体的相对强度。在 M_s 点以上，奥氏体强度在 232MPa 以下，而马氏体的强度较低时，他们做出生成惯习面为 $\{111\}_\gamma$ 的板条状马氏体的结论。

应该指出，他们的试验根据是错误的；因为他们所试验的 Fe-25Ni-4Al 和 Fe-25Ni-2Al 等合金在淬火后，都是相同色调的束状马氏体（参见该文献中的原图 3 (b) 和原图 4 (a)）。这就是说，这些淬火组织都不是板条状马氏体，而是束状细片马氏体。他们把本来属于 $\{225\}_\gamma$ 或 $\{111\}_\gamma$ 的束状细片马氏体错误地看成是 $\{111\}_\gamma$ 板条状马氏体。同时，具有中脊线的马氏体不一定都呈现透镜状，大量片状马氏体（见图 5 - 4 (c)、图 6 - 4 (c)、图 6 - 4 (d)、图 8 - 5 (d)、图 11 - 3 (a)）都具有中脊线。此外，把在光学显微镜下具有等边三角形的马氏体一律看成惯习面是 $\{111\}_\gamma$ 也不正确，因为惯习面为 $\{225\}_\gamma$ 的马氏体束

（见图 7 - 2 （b））和粗片马氏体（见图 7 - 4）都可以呈现等边三角形。可见，Davies 等人的大量工作和结论都失去科学价值。

（6）Carr 等人[237]提出马氏体的形态由马氏体的层错能（SFE）和强度决定的学说。认为层错能在 $17 \times 10^4 kJ/cm^2$ 以下时，产生 $\{1\,1\,1\}_\gamma$ 的板条状马氏体；层错能为 $42 \times 10^4 kJ/cm^2$ 时，生成 $\{2\,5\,9\}_\gamma$ 马氏体；层错能大于 $50 \times 10^4 kJ/cm^2$ 时，形成 $\{2\,2\,5\}_\gamma$ 和 $\{2\,5\,9\}_\gamma$ 的片状马氏体。可是，他们试验的合金（碳的质量分数为 0.29%、铬的质量分数为 16.3%、镍的质量分数为 4.84%）的淬火组织都是单色马氏体（参见该文献中的原图 7），可见在他们的试验中，根本就不存在 $\{1\,1\,1\}_\gamma$ 的板条状马氏体，全部都是 $\{1\,1\,1\}_\gamma$ 和 $\{2\,2\,5\}_\gamma$ 片状马氏体。这样一来，马氏体相变的层错能说就不能成立。因为层错能小于 $17 \times 10^4 kJ/cm^2$、等于 $42 \times 10^4 kJ/cm^2$，以及大于 $50 \times 10^4 kJ/cm^2$ 时，都生成 $\{2\,2\,5\}_\gamma$ 或者 $\{2\,5\,9\}_\gamma$ 片状马氏体。

（7）目前有关板条状马氏体的亚结构是否有孪晶的观察结果也很不一致。有得出马氏体板条内没有孪晶的[44,99,218,237]，也有得出存在少量孪晶的[45,90,289]，还有观察到大量孪晶的[46,75,220,301]。产生这种相互矛盾的结论是由于下列两个原因：

1）在透射电镜下观察时，未对薄箔试样进行反复地转动，没有给孪晶的显像创造条件或者把孪晶的衍衬像分开。

2）未正确地分析所观察到的马氏体到底是不是板条状马氏体。

例如：文献［237］中的 0.29C-16，43Cr-4.84Ni 合金（参见该文献中的原图 7）、文献［301］中的 4340 钢（参见该文献中的原图 4）、文献［237］中的 0.27C-8.90Cr-10.83Ni 合金（参见该文献中的原图 6）、文献［53］中的 0.24C-9Ni-7Co 合金（参见该文献中的原图 3）、文献［220］中的 0.27C - 3.8Cr - 5Ni 合金（参见该文献中的原图 3（c））等中的马氏体都是单色束状马氏体，且合金元素总的质量分数都大于 5%，所以可以肯定全部属于片状马氏体。也就是说，现有许多关于板条状马氏体中亚结构的观测结果，实际上都是从片状马氏体组织上得出的。

（8）按照光学显微镜下呈现束状组织都是板条状马氏体的判据，至今所测出的 Fe-C[32,39,96]、Fe-Ni[304]、Fe-Ni-C[94,98]、Fe-Cr-C[98]、Fe-Ni-Cr-C[304]、Fe-Ni-Mn-C[304]等合金相图中，马氏体类型和合金成分之间的关系图都存在失误，错把束状细片马氏体当成是板条状马氏体，所以全部需要重新测定。

10　马氏体晶体学

至今有不少关于马氏体晶体学的研究[90,235]，本章主要从马氏体晶体学对马氏体惯习面、马氏体类型、取向关系等作用的角度进行探讨。

10.1　惯习面和马氏体类型

目前，对马氏体惯习面的测定经常不一致，各持己见，相持不下。一般认为，低碳马氏体的惯习面是 $\{111\}_\gamma$[44,84]，也有得出是接近 $\{111\}_\gamma$[305]，或者距 $\{111\}_\gamma$ 面 $4.5°$[306]，或者是 $\{223\}_\gamma$[307]、$\{213\}_\gamma$[308]、$\{557\}_\gamma$[48,83~85,187,309,310] 和 $\{345\}$[82] 的。

文献 [44] 中得出：碳的质量分数小于 0.6% 时，是惯习面为 $\{111\}_\gamma$ 的板条状马氏体；碳的质量分数为 1.0% ~1.4% 时，形成 $\{225\}_\gamma$ 惯习面的蝶状马氏体；碳的质量分数为 1.8% 时，形成 $\{259\}_\gamma$ 惯习面的透镜状马氏体。但文献 [71，310] 中指出：当碳的质量分数为 0.5% ~1.4% 时，马氏体的惯习面为 $\{225\}_\gamma$；当碳的质量分数为 1.5% ~2.0% 时，惯习面为 $\{259\}_\gamma$。同时，文献 [312，313] 中特别强调，具有 $\{225\}_\gamma$ 惯习面的马氏体是蝶状马氏体，一般没有中脊线；惯习面为 $\{259\}_\gamma$ 的马氏体为透镜状马氏体，带中脊线，常呈现 "N" 字形。并且以此作为这两种马氏体的区别[312]。

对同种钢，在较高温度形成 $\{225\}_\gamma$，较低温度形成 $\{259\}_\gamma$[42]。但是，有人得出：Fe-5Ni-0.5C、Fe-24Ni-2Mn 和 Fe-20Ni-6Ti 合金中，马氏体的惯习面是 $\{213\}_\gamma$。碳的质量分数为 0.5% 的马氏体的惯习面 $\{213\}_\gamma$，距 $\{111\}_\gamma$ 只偏离 $10°$ ~$20°$[308]。应该指出，碳的质量分数为 0.4% ~0.8% 的钢的惯习面很少报道。实际上，并不是没有测定，而是所测定出的结果同对马氏体类型的传统概念有矛盾。例如得出它们的惯习面是 $\{111\}_\gamma$ 或者 $\{557\}_\gamma$。这种结果令测定者以为有误而不敢发表。

根据本书作者的研究，当碳的质量分数为 0.4% ~0.9% 时，显微组织已经是片状马氏体，但它们的惯习面仍然是 $\{111\}_\gamma$。这一观点可以由图 5 - 4 (a)、图 5 - 4 (b)、图 5 - 5、图 6 - 3 (b)、图 6 - 6 (a)、图 6 - 6 (c)，以及图 6 - 7 (c)等得到证实。

图 10 - 1 (a) 所示的惯习面 ABC 是一个等边三角形。因它的 3 个边都是同另一个 $\{111\}$ 面相交线。例如，BC 直线是惯习面 $(1\bar{1}1)$（图中 DBC 面）和

$\{1\,1\,1\}$惯习面（图中 ABC 面）的交线。所以，ABC 面（即（$1\,1\,1$））是同 3 个$\{1\,1\,1\}_\gamma$惯习面的交线。这些交线上的马氏体窄片是在相交惯习面上所形成马氏体片的横截面，如图 5 –5(a)、图 5 –5(b)、图 6 –6(a)、图 6 –6(c)等所示。

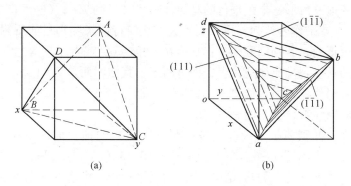

(a)　　　　　　　　　　　　(b)

图 10 –1　$\{1\,1\,1\}_\gamma$惯习面的特性

（a）等边三角形；（b）等边四面体

图 10 –1（b）中 $abdca$ 是一个由 4 个等边三角形构成的等边四面体，在图中用引线画出了 3 个等边三角形，示出等边四面体 $abdca$。其中，4 个等边三角形分别为：（$\bar{1}\,1\,\bar{1}$）（即 $\triangle abd$）、（$1\,\bar{1}\,\bar{1}$）、（$\bar{1}\,\bar{1}\,1$）和（$1\,1\,1$）。在这 4 个面上都生成马氏体宽片。当试样磨面平行于 abd 三角形时，除了在此三角形内部显示出马氏体宽片外，由于 3 个边 ab、bd 和 da 分别是惯习面（$\bar{1}\,1\,\bar{1}$）同另外 3 个惯习面、（$1\,\bar{1}\,\bar{1}$）、（$\bar{1}\,\bar{1}\,1$）和（$1\,1\,1$）的交线，因而所看到的只是前三个惯习面上马氏体宽片的横截面，这时所呈现的都是马氏体窄片。这就是图 5 –5、图 6 –6 显示出马氏体宽片和窄片共存的原因。

总之，当试样的观察面与 ABC 面（见图 10 –1（a））或 abd 面（见图 10 –1（b））平行时，不仅可以看到位于三角形 3 个边上的马氏体窄片组成的等边三角形，而且，在三角形内部还可以观察到马氏体宽片。凭借这一点就可以断定：它们的惯习面都是属于$\{1\,1\,1\}_\gamma$。因为这时的观察面正好是马氏体的惯习面，所以在上面才能够看到因纵截马氏体片而得到的马氏体宽片。只要磨制和选择适当，可以获得一片比较完整的马氏体宽片，如图 10 –2 所示。

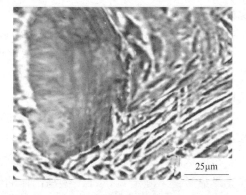

25μm

图 10 –2　纵截马氏体片获得的马氏体宽片

（T9 钢，1100℃淬火）

　　现在将这种线和面都能形核的等边三角形称为"全形核等边三角形"。这是由 $\{111\}$ 面的几何特性决定的，唯有惯习面是 $\{111\}_\gamma$ 的马氏体相变才具有这一特性。只要晶面指数有一个不相同时，等边三角形内就不会出现马氏体宽片，只有与等边三角形一个边平行的马氏体窄片（见图7-2（b）、图7-4和图7-7）。因此，本书作者认为：可以利用这个几何特性来鉴别目前所测定的马氏体惯习面是否正确。其判别准则是：凡是在夹角为60°或者呈现等边三角形的马氏体窄片之间观察到马氏体宽片者，即可断定，其惯习面是 $\{111\}_\gamma$；没有马氏体宽片，只有窄片者，惯习面则是 $\{225\}_\gamma$ 或者 $\{557\}_\gamma$；如果三角形内又存在大量残余奥氏体者，惯习面是 $\{225\}_\gamma$。

　　这样一来，低碳薄板马氏体（板条状马氏体）的惯习面便不是 $\{111\}_\gamma$，而是 $\{557\}_\gamma$。因为图3-6、图3-10和图10-3（c）中，低碳马氏体的等边三角形内部都看不到宽大的马氏体薄板，而是平行于一个边的马氏体窄薄板。但是，碳的质量分数在1.0%以下的片状马氏体却具有 $\{111\}_\gamma$ 惯习面，因为在等边三角形内可以观察到马氏体宽片，参见图5-5、图6-3、图6-6、图6-7（c）和图10-2。

　　惯习面 $\{225\}_\gamma$ 也不具有上述特性。因有两个晶面指数相同，虽然它们的马氏体窄片可以组成等边三角形，如图7-2（b）、图7-4和图7-7所示的淬火组织。但是，在等边三角形内部看不到马氏体宽片，顶多是与一个边平行的马氏体窄片，如图10-3（a）和图10-3（b）所示。

　　图10-4所示为对 $\{225\}_\gamma$ 的几何分析。等边三角形 xyz 的晶面指数是 (111)，它的3个边是与 $(22\bar{5})$、$(\bar{5}22)$ 和 $(2\bar{5}2)$ 三个惯习面分别交接的交界。在这3个惯习面上都可以生长成马氏体片，但却被试样磨面横截成马氏体窄片。对 $\{225\}_\gamma$ 马氏体，因 (111) 不是惯习面，在这个平面上不可能形成马氏体片。所以，当试样磨面与 (111) 面平行时，无法获得马氏体宽片，只能观察到具有惯习面 $(22\bar{5})$、$(\bar{5}22)$ 和 $(2\bar{5}2)$ 的马氏体窄片。图7-2、图7-4、图10-3（a）和图10-3（b）就是证明。

　　在等边三角形内，观察不到马氏体宽片的情况分两种：

　　（1）如图10-3（a）和图10-3（b）所示，在等边三角形内部可以看到马氏体窄片。

　　（2）在图7-4（a）内，由马氏体细片组成的等边三角形中不仅没有宽片，连马氏体窄片也很少。

　　目前认为，只有 $\{111\}_\gamma$ 惯习面才能够产生等边三角形[36,63]，并以此作为在光学显微镜下确定 $\{111\}$ 型马氏体的依据[296]。显然，这是错误的。

　　$\{111\}$ 型片状马氏体同 $\{225\}$ 型片状马氏体的最大区别在于：由马氏体窄片组成的等边三角形或者夹角为60°的两组马氏体窄片之中，能否观察到马氏

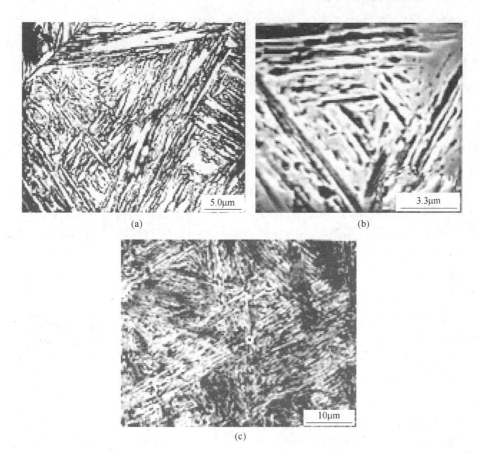

图 10-3　{225}$_\gamma$ 以及 {557}$_\gamma$ 马氏体的等边三角形

(a) T10 钢 1050℃淬火，{225}$_\gamma$；(b) T11 钢 100℃淬火，{225}$_\gamma$；

(c) 20 钢 100℃淬火，{557}$_\gamma$

体宽片？凡是只看到平行的马氏体窄片，没有马氏体宽片（见图 7-2 (b)、图 7-4 (b)、图 7-7、图 10-4）或者全部是残余奥氏体者（见图 7-4 (a)），属于 {225} 型片状马氏体。根据这一判据，可以确定：图 7-2 (b)、图 7-4、图 7-7 等都是 {225} 型片状马氏体。

{259}$_\gamma$ 惯习面由于在 x、y、z 三轴上的截距不同，因此它不可能构成等边三角形。只是有些 {259} 面可以相互接近垂直。例如（952）面和（2$\bar{5}$9）面之间的夹角为 84°，参见图 7-11。前面

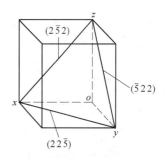

图 10-4　惯习面为 {225}$_\gamma$

马氏体的图形分析

已经指出，这是形成枝干状马氏体（见图 7-10）的原因。

一般认为，{225} 型马氏体的中脊线不明显，交角为钝角；{259} 型马氏体具有明显的中脊线，呈现连锁的"W"形，横穿整个晶粒，交角为锐角，具有透镜形[56,64]等。这些特征既不符合实际，也与几何分析相违背。

在金相组织中，{111} 型片状马氏体（见图 5-5（d）、图 5-5（f）、图 6-4（c）和图 8-5（d））和 {225} 型片状马氏体内部（见图 6-2（b）和图 6-4（d））都可以观察到有些马氏体窄片具有中脊线。相反，在许多 {259} 型片状马氏体中，却没有中脊线，如图 7-6、图 7-8（b）和图 7-10 所示。

按照 {259} 面的几何特性，各面的交角只有 3 种：45°、90°和 135°，没有 60°的。因而其惯习面的三维空间分布中，"W"字形连锁结构的最大交角只能是 45°，如图 7-8（a）和图 13-18（e）和图 13-18（f）所示。交角 60°的"W"形的马氏体片，只有在 {111} 和 {225} 型马氏体中才出现，如图 10-5 所示。

在第 7.7 节，作者采用金相法标定：碳的质量分数大于 1.6%时，惯习面不是 {259}$_A$ 和 {3 10 15}$_A$，而是 {269}$_A$。

产生上述不一致测定结果的主要原因有 4 个：

（1）鉴别马氏体的方法出现失误。第 9 章已经讨论了这个问题，并提出马氏体综合鉴别法，以及束状马氏体有 3 种，绝对不能将束状细片马氏体一律当成是板条状马氏体。

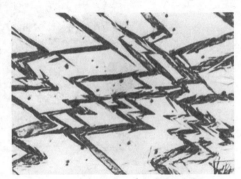

图 10-5　110CrMnTi 钢从 1200℃淬火

（2）目前国内外将束状马氏体统统视为板条状马氏体[36,44,61,94,312,314~316]。本书作者已经证实[1~17]，束状马氏体应该分成两大类：束状薄板马氏体（现在被错误地命名为"板条状马氏体"）和束状细片马氏体（属于片状马氏体）。在束状细片马氏体中，又有两种：{111} 型束状细片马氏体和 {225} 型束状细片马氏体。由于对束状马氏体没有这些准确的区别，从而造成它们的试验结论混乱。

（3）习惯地认为：只有板条状的低碳马氏体才具有 {111}$_\gamma$ 惯习面，而片状的中碳和高碳马氏体应该具有 {225}$_\gamma$ 或 {259}$_\gamma$ 惯习面。以上的试验结果表明：只有碳的质量分数为 0.4%~1.0%的片状马氏体才具有 {111}$_\gamma$ 惯习面。本书作者在文献 [10，11，13] 中提出：采用金相法，确定了低碳马氏体的惯习面是 {557}$_\gamma$，而不是 {111}$_\gamma$、{213}$_\gamma$ 和 {345}$_\gamma$，因为呈现等边三角形的低碳马氏体束内，观察不到浅色影纹和马氏体宽板或者宽片，如图 3 - 1 (f)、图 3 - 6、图 3 - 10、图 8 - 2 (b) 和图 10 - 3 (c) 所示。

(4) 至今大家公认：之所以呈束状出现的马氏体都是板条状马氏体，是因为片状马氏体不能相互平行[44,50,59]和呈现束状[38,39,47,48]。但是，上述的试验结果（特别是第 7.2 节 ~ 第 7.4 节）充分证实：不仅 $\{111\}_\gamma$ 型片状马氏体，而且 $\{225\}_\gamma$ 型片状马氏体都可以出现马氏体片相互平行、呈现束状和组成等边三角形。

上面曾经提出：通过其他方法测出的马氏体惯习面的资料，应该采用光学金相法做进一步的标定。考虑到以上 4 点，结合本书和其他作者的试验，对铁碳合金中的各类马氏体的形态和惯习面，本书作者采用光学金相法标定获得的结果是：碳的质量分数不超过 0.25% 时，为 $\{557\}_\gamma$ 型束状薄板马氏体；碳的质量分数为 0.4% ~ 0.8% 时，为 $\{111\}_\gamma$ 束状细片马氏体或 $\{111\}_\gamma$ 型粗片马氏体；碳的质量分数为 1.0% ~ 1.4% 时，为 $\{225\}_\gamma$ 束状细片马氏体或者 $\{225\}_\gamma$ 型粗片马氏体；碳的质量分数为 1.6% ~ 2.0% 时，为 $\{269\}_\gamma$ 粗片马氏体。其余碳的质量分数的合金则是两种类型的马氏体混合组织。

片状马氏体的惯习面常见的有 3 种：$\{111\}_\gamma$、$\{225\}_\gamma$ 和 $\{269\}_\gamma$。

在 40 钢、45 钢和 40Cr 钢（见图 5 - 5 (c) ~ 图 5 - 5 (f)）、T9 钢（见图 6 - 6 (d)、T11 钢（见图 6 - 2 (b)、图 6 - 4 (d)）和 11CrWM 钢（见图 13 - 18 (c)）的马氏体窄片内，都观察到中脊线，因此，中脊线不能作为 $\{225\}_\gamma$ 型和 $\{259\}_\gamma$ 型片状马氏体的区别判据。

10.2 马氏体束中单晶的取向关系

目前，关于一个块区内相邻板条之间取向关系的试验资料存在大量的差异。一些研究者认为相邻板条间是小角界面[39,52,61]，而另一些人则认为是高角界面[317,318]或孪晶面[44,46,57,59,60,75,97]。为了解释这些矛盾，曾经提出多种解释[313,319]。

Kelly 等人[187]认为，这是因为普通电子衍射斑点图在确定电子束的方向上，是出了名的不精确，即"斑点图测定区的轴可以偏离电子束方向 3° ~ 5°，对所观察到斑点图没有明显的影响"。但是，这些不一致在晶体取向的高精度分析时，如在透射电镜下依靠 7 nm 的点击尺寸而获得的 Kikuch 衍射图（KDP）和在扫描电镜下的背散射衍射图（EBSP）等，这些技术所得到的资料依然出现上述矛盾。文献 [187] 中采用 KDP 获得：在一个束中，大部分板条具有相同取向，但也观察到与孪晶关系相对应的大角取向关系。Morito 等人[309]采用 KDP 和 EB-SP 测定指出，在低碳合金中，每个块区由两种明确的 K-S 变体组（亚块区，相互间是约 10° 的小角微取向）所组成；在高碳合金（碳的质量分数为 0.61%）

中，一个束内存在六种块区，取向差是 0 ~ 70.5°。Gourgues 等人[320] 使用 EBSP 发现，在低碳低合金钢中，淬火组织在 EBSP 图的平面上存在少量的、高取向孪晶关系的马氏体晶粒。依据 KDP 和 EBSP，低碳马氏体中高角晶面的角差为 15° ~ 50°[186]。

本书作者认为：出现马氏体取向差之间的上述矛盾的资料是由于所试验钢的差异，所检验的马氏体类型不同以及不适当的试验方式造成的。

上面已经论证了，相邻取向被测定为孪晶关系的马氏体是片状马氏体，而不是板条状马氏体。例如，Carr 等人[237] 得出，在合金 3（碳的质量分数为 0.29%、铬的质量分数为 16.43%、铌的质量分数为 4.84%）中，相邻板条具有孪晶关系；但是，这种合金的淬火组织全部是单色的束状马氏体（参见该文献中的原图 7）以及合金元素总的质量分数远大于 5%。根据上述马氏体类型的综合鉴别法，它们本来就是片状马氏体，而不是板条状马氏体，因此，所显示出孪晶关系的选区电子衍射图（参见该文献中的原图 8（b））实际上是束状细片马氏体簇中相邻马氏体片的取向关系。同样，0.3C-3Cr-2Mn-0.5Mo 钢[46] 和 0.4C-4Ni 钢[321] 在高温淬火的显微组织都是单色束状马氏体，而且它的合金元素总的质量分数大于 5% 和碳的质量分数为 0.4%，所以，这些马氏体的本质应该全部是片状马氏体。这样一来，淬火组织中相邻马氏体单元取向关系的上述矛盾可以得到澄清。也就是说，测量的结果是对的，问题出在传统观念上的错误，错把束状细片马氏体（本属于片状马氏体）当成板条状马氏体。

之所以测定出相当于孪晶关系的大取向差，是因为 Rowland 所试验的合金 2 的成分为碳的质量分数为 0.3%、铬的质量分数为 3%、锰的质量分数为 2% 和钼的质量分数为 0.5%[187]，由于碳的质量分数较高和合金元素总的质量分数大于 5%，因此，淬火组织是束状细片马氏体，而不是板条状马氏体。在低碳钢中显出少量孪晶关系的马氏体单元[39,309]，是由于每个板状晶（或板条）内就存在少量内孪晶以及相邻块区的晶体取向是孪晶关系。

本书作者曾经详尽地探讨了马氏体单元的显微取向，从马氏体晶体学和相变理论证实：铁基合金束状马氏体中各马氏体单晶的取向差只有两种：低角（约小于 10°）取向差和孪晶角取向差。低角取向差主要出现在低碳钢中，即一个块区内的相邻薄板晶之间是低角取向差，而相邻块区为孪晶取向差。孪晶取向差主要出现在中碳和高碳钢中，马氏体束内相邻马氏体细片之间都是孪晶界面。这两种取向差可以显著降低界面能和体积应变能，以及引起形核和核长大功大量变小，从而形成束状马氏体。此外，马氏体晶核长大过程中，都按照"内孪晶型长大机制"（参见第 12.4 节）形成内孪晶，以便继续相变，且随碳的质量分数升高，内孪晶密度增大。

由于相邻马氏体单元之间的高角界面将极大地增加形核和核长大功，所以在束状马氏体中，除了孪晶角（70°32′）外，其他高角界面没有出现的可能性。

为什么在高碳合金（碳的质量分数为 0.61%）[309]中一个马氏体束内存在不同取向（0~70.5°）的 6 种变体和在中碳、高碳钢中存在高角界面，但不是孪晶面[317,318]呢？这主要是试验的问题。在中碳和高碳马氏体束内，原来只有一种内界面，即孪晶界面。在一个马氏体束中，被不同的研究者测出 8 种以上的取向关系仅仅表示：他们的这些测量结果只不过是位于"内界面"两边的两个衍射面的角差，而不是相邻马氏体单元的取向差。

必须指出：具有孪晶关系的相邻马氏体单晶的内部，产生衍射的两个晶面不一定都具备孪晶关系，如图 10+6 所示。只有当马氏体片的孪晶界面 BY 垂直或者接近垂直于试样观测面，如图 10-6（a）所示时，相邻马氏体片的衍射斑点才显示出孪晶关系。因为这时，产生电子衍射的是孪晶界面 BY 两边的两组具有相同晶面指数的晶面 ab 和 bc，它们之间的夹角才显示出孪晶角。

当孪晶界面 BY 与观测面斜交时，如图 10-6（b）所示，位于马氏体中孪晶界面 BY 两边的两组具有孪晶角的晶面 ab 和 bc 不可能同时成为衍射面。

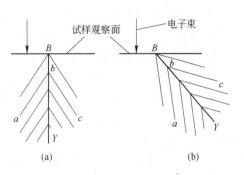

图 10-6 孪晶界面示意图
（a）马氏体孪晶界面 BY 接近垂直或垂直于试样观察面；（b）马氏体孪晶界面 BY 与试样观察面斜交

如果其中一组（如孪晶界面右边的晶面 bc）能够满足衍射条件的话，那么另外一组（孪晶界面左边的晶面 ab）必然达不到衍射条件，因而不会出现衍射斑点。在这种条件下，位于孪晶界面左边能够发生衍射的晶面，其晶面指数和右边发生衍射的晶面 bc 不同，致使由两组衍射斑点图得出的夹角是两组晶面指数不同的晶面之间的夹角，因而呈现出从 0°~90°的各种不同的取向角。也就是说，图 10-6(b)所示的两种衍射面不是位于孪晶界 BY 面两边的晶面指数相同的晶面（见图 10-6(a)中的 ab 和 bc），而是两个晶面指数不同的晶面，它们之间当然不会具有孪晶角，也不能视为是界面角，它们只是界面两边同时发生衍射晶面之间的夹角。

以上的分析阐明了为什么在高碳合金（碳的质量分数为 0.61%）的同一马氏体束内测出 6 个不同取向的变体[309]和其他钢中测出具有高角界面却未测出孪晶界面[317]的原因。在这些情况（见图 10-6(b)）下，采用下列方法可以测出孪晶关系：

（1）测定图 10-6（b）中两个晶面 ba 和 bc 的背散射衍射图（EDSP）；

（2）直接测定孪晶界面 BY（即孪晶面）的背散射衍射图（EDSP）。

同样，欲准确测定晶界角，也必须遵循这两点：

（1）晶界面垂直于试样观察面；

（2）晶界两边产生衍射的晶面应该具有相同的晶面指数。

不符合这两条的测量结果都不是该晶界的真正晶界角。

10.3 马氏体和奥氏体的位向关系

目前，大多数人认为，面心立方奥氏体转变为体心正方马氏体时，晶体学位向关系有：K-S 关系、N 关系和 G-T 关系等。G-T 关系处于 K-S 关系和 N-W 关系之间，G-T 与 K-S 相差仅 $1° \sim 2.5°$[46,82,322]。越来越多的实际测定发现，对一种合金，其马氏体相变并不只遵循一种位向关系。马氏体和奥氏体之间的位向关系往往是在 K-S 关系和 N-W 关系之间变动，而且，以 G-T 关系最常见[61,91,233]。同一个板条束中，K-S 和 N-W 两种关系都有[37,39,309]。而且，轮番出现[37,39,46,336]。

K-S 关系是：$(111)_A // (101)_M$；　$[\bar{1}01]_A // [\bar{1}\bar{1}1]_M$

N-W 关系是：$(111)_A // (011)_M$；　$[11\bar{2}]_A // [01\bar{1}]_M$

从上面可以看出，马氏体和奥氏体的晶面关系基本相同，都是 $\{110\}_M$ 与 $\{111\}_A$ 平行，但晶向关系有差别。两种到底相差多少呢？通过图解，即可容易地计算出来。

图 10 – 7 中倒等边三角形是奥氏体的 $(1\bar{1}\bar{1})_A$ 面，它旁边的六面体简称为"龟壳"。其中一个龟壳上标出了马氏体晶胞中 (101) 晶面上的 4 个主要晶向：$[010]_M$，$[10\bar{1}]_M$，$[\bar{1}11]_M$ 和 $[\bar{1}1\bar{1}]_M$。由 $[010]_M$ 和 $[10\bar{1}]_M$ 各两根构成一个矩形，此矩形的两根对角线是 $[\bar{1}11]_M$ 和 $[\bar{1}1\bar{1}]_M$。现把这个龟壳称为"$(101)_M$ 龟壳"，又称为 K-S 关系的 $(101)_M$ 龟壳。按照 K-S 关系，$[\bar{1}\bar{1}1]_M$ 应该平行于 $[\bar{1}01]_A$。

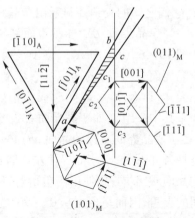

图 10 – 7　K-S 和 N-W 两种位向关系之间的差别

在图 10 – 7 的等边三角形右边还画出马氏体晶胞中 (011) 晶面上的一个 $(011)_M$ 龟壳，即具有 N-W 关系的"$(011)_M$ 龟壳"。在上面标出 4 个主要晶向：两根对角线 $[\bar{1}11]_M$ 和 $[\bar{1}1\bar{1}]_M$，以及两个晶胞棱 $[001]_M$ 和 $[01\bar{1}]_M$。根据 N-W 关系，$[01\bar{1}]_M$ 应平行于 $[11\bar{2}]_A$。注意：在这两个龟壳上，有一个相同的对角线 $[\bar{1}11]_M$，另外一个对角线不同，$(101)_M$ 龟壳是 $[\bar{1}1\bar{1}]_M$，$(011)_M$ 龟壳是 $[\bar{1}1\bar{1}]_M$。

因纸面是 $(111)_A$，根据上面的两种关系，$(101)_M$ 和 $(011)_M$ 都平行于 $(111)_A$，因此，这两个马氏体的晶面也位于纸面上。这样一来，只要计算出两

个龟壳上相同的 $[\bar{1}\bar{1}1]_M$ 晶向之间的角差，就可以知道 K-S 和 N-W 两种关系之间相差的程度。

由于 $(101)_M$ 晶面的 $[\bar{1}\bar{1}1]$ 方向在图 10-7 中是 ab，平行于 $[\bar{1}01]_A$。若将 $(011)_M$ 晶面上的 $[1\bar{1}1]$ 方向 c_1c_2 平移过去，便得出 ac 线。ac 线和 ab 线的交角 $\angle bac$，即这两种取向关系的差角。因 ab 线平行于 $[\bar{1}01]_A$，以及 $[01\bar{1}]_M//[11\bar{2}]_A$，因而 $\angle abc$ 便等于 "倒三角形" 的半角，即 $[11\bar{2}]_A$ 和 $[\bar{1}01]_A$ 两个方向的夹角之一半。因为 "倒三角形" 每个角是 60°，那么，60° ÷ 2 = 30°，即 $\angle abc$ = 30°。

又因 ac 线平行于 c_1c_2 线，所以，$\angle acc_1 = \angle c_2c_1c_3$。

根据文献 [52，127，233]，立方体中 {110} 面上由对角线 $[\bar{1}\bar{1}1]$ 和 $[\bar{1}1\bar{1}]$ 组成的锐角正好是孪晶角：70°32′。$\angle c_2c_1c_3$ 是其一半，即 35°16′。

那么，$\angle acb$ = 180° − $\angle acc_1$ = 180° − 35°16′ = 144°44′。

所以，$\angle bac$ = 180° − $\angle abc$ − $\angle acb$ = 180° − 30° − 144°44′ = 5°16′ = 5.26°。

这就是说，K-S 关系和 N-W 关系在位向上相差 5°16′ 或者 5.26°[90,216]。即 K-S 比 N-W 小 5°16′。

10.4 {111} 型马氏体的位向关系

Speich 等人[90,235]从晶体学角度讨论了 {111} 型马氏体按 K-S 位向关系进行相变时马氏体单晶可能出现的位向关系。可惜的是，他们的分析存在下列问题：

（1）在 6 种 K-S 单晶的位向关系图上，使用的不是 K-S 关系中的 "$(101)_M$ 龟壳"，而是 N-W 关系中的 "$(011)_M$ 龟壳"。由图 10-7 可以看出，这两个龟壳在取向上并不完全相同，两者相差 5°16′[90,216]。

（2）在 $(011)_M$ 龟壳上，除了晶向 $[\bar{1}\bar{1}1]$ 的晶向指数与 K-S 关系相同外，其他 3 个晶向的晶向指数都不相同，即它们的方向也不同。可见，用 (011) 取代 (101) 晶面是不恰当的。

（3）他们列出马氏体相变过程中马氏体单晶之间可能呈现的 6 种位向组合，都不严格，未顾及晶向的方向差异。表 10-1 是他们得出的位向关系，以及本书作者的更正。

表 10-1　K-S 关系中的单晶取向

单晶组合	相邻单晶的相对位向	更　正
1-2	孪晶关系	实际夹角约为 130°32′
1-3	沿 $[011]_\alpha$ 旋转 10°32′ 后，呈现孪晶关系	孪晶关系
1-4	取向接近相同（位向差 10°32′）	实际夹角为 60°

单晶组合	相邻单晶的相对位向	更　　正
1-5	沿 $[011]_\alpha$ 旋转 10°32′后，呈现孪晶关系	晶体学取向完全相同
1-6	沿 $[011]_\alpha$ 旋转 21°04′后，呈现孪晶关系	实际夹角约为 130°32′

因此，他们在文章中所绘制出的 K-S 关系的马氏体单晶位向图不能反映马氏体相变过程中的取向关系，本书作者重新绘出图 10-8。图中的所有龟壳都是 "$(101)_M$ 龟壳"，它们上面的晶向都是 $(101)_M$ 晶面上的，而不是 $(011)_M$ 晶面上的。

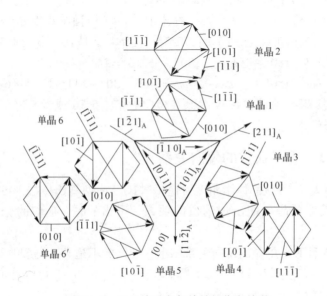

图 10-8　K-S 关系中各单晶的位向关系

10.4.1 惯习面 $\{111\}_A$ 的各单晶的取向关系 "变化规律"

本书作者从图 10-8 中发现，马氏体相变时各单晶的取向关系改变（称之为 "单改变"）有 4 条重要的 "变化规律"：

（1）当马氏体相变时，如果奥氏体的 $<11\bar{2}>_A$ 方向改变一个 α_1 角（如 60°）的话，相邻马氏体单晶之间不可避免地会出现一个 α_1 的取向差。例如，因为 $[1\bar{2}1]_A//[10\bar{1}]_M$（见图 10-8 中单晶 1），当 $[1\bar{2}1]_A$ 变化 60°角（变成 $[\bar{1}\bar{1}2]_A$ 时，它与 $[1\bar{2}1]_A$ 的夹角是 60°），马氏体单晶的 $[10\bar{1}]_M$ 方向也会改变相同的角度（变成图 10-8 中单晶 4，它的 $[10\bar{1}]_M//[1\bar{1}2]_A$），导致两个单晶（即单晶 1 和单晶 4）之间产生 α_1（60°）的角差。

（2）在马氏体相变过程中，当两个晶核形成时，尽管奥氏体 $<11\bar{2}>_A$ 方向未变，但是，假如两个马氏体晶核所平行的奥氏体 $<110>_A$ 方向改变 60°的话，那么这两个单晶将出现 10°32′的取向差[90,176,235]。如单晶 4 与单晶 6′，两者的 $[10\bar{1}]_M$ 都平行于 $[\bar{1}\bar{1}2]_A$，但单晶 4 是 $[\bar{1}\bar{1}1]_M//[0\bar{1}1]_A$，单晶6′是 $[1\bar{1}\bar{1}]_M//[10\bar{1}]_A$。

（3）如果马氏体单晶由 K-S 关系变成 T-G 关系，前后两个单晶将出现 1°～2.5°的取向差[46,322]。由 K-S 关系变成 N-W 关系的话，两者的取向差将变成 5°16′[90,216]。由 T-G 关系变成 N-W 关系的话，它们之间的取向差为 2°46′～4°16′[13]。

（4）马氏体相变完毕后，马氏体单晶之间的取向差就是上述取向差之总和。

例如，图 10-8 中的单晶 1 和单晶 3，它们的 $[\bar{1}\bar{1}1]_M$ 分别平行于奥氏体的 $[0\bar{1}1]_A$ 和 $[\bar{1}10]_A$ 方向，因而会显示出 10°32′的取向差；同时，两者的奥氏体 $<11\bar{2}>_A$ 方向也发生了变化，即单晶 1 是 $[10\bar{1}]_M//[1\bar{2}1]_A$，单晶 3 变成 $[10\bar{1}]_M//[2\bar{1}\bar{1}]_A$，将导致产生 60°的取向差。这样一来，单晶 1 和单晶 3 在相变完毕后，因为发生了"双改变"（即奥氏体 $<11\bar{2}>_A$ 方向和所平行的奥氏体 $<110>_A$ 方向都发生改变），这两个邻接的单晶之间的取向差为：10°32′+60° = 70°32′，正好是孪晶角[44,97]，即两者是孪晶关系。

从图 10-8 中可以看出，能够形成孪晶关系的单晶组合有：单晶 2 - 单晶 4，单晶 2 - 单晶 5′，单晶 2 - 单晶 6′，单晶 3 - 单晶 4′，单晶 3 - 单晶 5′，单晶 1 - 单晶 2′，单晶 1 - 单晶 3，单晶 5 - 单晶 6 等。

例如，在低碳马氏体的块区形成过程中，因 K-S 关系和 N-W 关系交替出现[37,39,46]（简称"单改变"），从而造成块区内各薄板晶之间的取向存在小角差（1°～10°）；由于新的块区形核时，它的奥氏体 $<11\bar{2}>_A$ 方向和所平行的奥氏体 $<110>_A$ 方向同时产生变化（即"双改变"），从而导致各块区之间具有孪晶关系[44]。

根据图 10-8 中示出的单晶位向关系，可以将马氏体相变过程中可能呈现的相邻马氏体的位向关系归纳在表 10-2 中。

表 10-2 马氏体相变后相邻单晶可能出现的位向关系

序号	单晶取向关系	马氏体单晶组合	最少组合数目
1	取向完全相同	1-5	1
2	取向完全相反（相差180°）	4-6, 2-3	3
3	夹角为10°32′	4-6′	1
4	夹角为130°32′	1-2,1-3′,1-4′,2-5,2-6,3-4′,3-5,3-6′	8
5	孪晶关系	1-2′,1-3,1-4,2-4,2-5′,2-6′,3-4′,3-5,5-6	9
6	夹角为60°	1-4′, 3-6, 4-5	3

根据上面的晶体学分析，可以对马氏体相变进行如下概述：

（1）取向完全相同的两个马氏体晶核长大后，可以合并成一片马氏体。单晶1的 $[\bar{1}\bar{1}1]_M//[0\bar{1}1]_A$ 和 $[10\bar{1}]_M//[1\bar{2}1]_A$，与单晶5完全相同，这两个单晶如果紧紧邻接的话，因它们的取向完全相同，即两者的取向差为零，那么，这两个马氏体晶核长大后，可以合并成一片马氏体。图10-9就是证明，中央的、基本上合成一片的马氏体就是由两片完全相同取向的马氏体片长大的结果，只是因少量残余奥氏体的存在，才把两者显示出来。由于温度已经到室温，这少量奥氏体未发生转变。注意：在这两片马氏体之间，没有中脊线。图7-1（a）中所示的两片相邻马氏体也合在一起。

由蝶状马氏体一个翅膀长出几个分支，合并在一起，成为一个晶体，如图11-11（d）、图11-11（e）所示。部分块状马氏体也是按照这种机制形成的。

（2）取向接近相同的马氏体相变。如低碳马氏体相变，形成束状薄板马氏体。在一个块区内的马氏体薄板之间大都是小角界面，相互间的取向差为 $1° \sim 10°^{[39,52,61]}$。之所以呈现这种取向关系，是由于它们的晶体学关系发生了上述改变。例如，当晶体学关系由K-S变成N-W后，两个单晶的取向差为 $5°16'^{[57,216]}$ 等。

图10-9　两个马氏体片长在一起的证明
（130Cr2MnMo钢，1300℃淬火）

（3）呈现孪晶取向的马氏体相变。如高温淬火的中碳和高碳钢中的马氏体相变，形成束状细片马氏体。相互平行的马氏体细片之间呈现孪晶关系$^{[71,83,216,236]}$，通过奥氏体 $<11\bar{2}>_A$ 方向和所平行的奥氏体 $<110>_A$ 方向都发生改变60°（即双改变），形成孪晶关系，进行形核和核长大，以显著降低形核功和核长大功。

根据上面的基本规律，可以得出马氏体相变后，将马氏体单元（单晶）可能形成的取向关系归纳如下：

（1）零改变。相邻两个马氏体晶核的奥氏体 $<11\bar{2}>_A$ 方向和所平行的奥氏体方向都不改变，即零改变，所形成的两个马氏体单晶具有完全相同的晶体取向，可以合并成一片马氏体。如部分块状马氏体、无界面的蝶状马氏体等形成。

（2）单改变小角。奥氏体的 $<11\bar{2}>_A$ 方向不改变，仅改变所平行的奥氏体 $<110>_A$ 方向60°，即"单改变小角"时，所形成的两片马氏体的取向差为小角差，如差角约10°32'。如果邻接的两个马氏体单晶的晶体学关系由K-S变成

N-W，两者的取向差则为 5°16′等。例如，束状薄板马氏体中一个块区内各马氏体薄板相互的取向差。

（3）单改变 180°。奥氏体的 $<11\bar{2}>_A$ 方向发生改变 180°，但平行于奥氏体的 $<110>_A$ 方向未变化，即"单改变 180°"时，所形成的两片马氏体之间的取向差为 180°。如马氏体中脊线两边的马氏体片之间的取向关系。

（4）双改变。奥氏体的 $<11\bar{2}>_A$ 方向和平行于奥氏体的 $<110>_A$ 方向都改变 60°，即"双改变"时，所形成的两片马氏体之间为孪晶关系。如束状细片马氏体中各细片之间的取向关系，以及所有马氏体中的内孪晶的形成。

10.4.2 其他惯习面的各单晶的取向关系"变化规律"

图 10-8 只适用于 $(111)_A//(101)_M$，即 $(111)_A$ 是惯习面的马氏体，具体来说，只适用于碳的质量分数为 0.4%～0.9% 的马氏体。为了对惯习面 $\{557\}_A$、$\{225\}_A$、$\{269\}_A$ 也适用，令各单元取向改变的规律具有普遍性，上面"各单晶的取向关系的 4 条变化规律"需要做下列的修改：

（1）上面第（1）条和第（3）条是为了解释低碳马氏体中块区结构的形成，而低碳马氏体的惯习面 $\{557\}_A$ 和 $\{111\}_A$ 只差 8°，因此采用图 10-8 可以进行近似地分析。

（2）第（2）条是为了解释孪晶关系的出现，通过"双改变"产生孪晶角。从图 10-8 的分析中可以看出一个规律：龟壳"中央矩形"的长边 $[10\bar{1}]_M$ 改变 60°，可以导致相邻马氏体单晶产生 60° 的取向差。

例如，单晶 4 与单晶 5，两者平行于奥氏体方向都是 $[1\bar{1}\bar{1}]_M//[0\bar{1}1]_A$，但单晶 4 是 $[10\bar{1}]_M//[\bar{1}\bar{1}2]_A$ 单晶 5 是 $[10\bar{1}]_M//[1\bar{2}1]_A$，而 $[\bar{1}\bar{1}2]_A$ 和 $[1\bar{2}1]_A$ 之间的夹角为 60°。

龟壳"中央矩形"对角线 $[1\bar{1}\bar{1}]_M$ 改变 60°，只能引起新旧两个单晶之间产生 10°32′ 的取向差。因为单晶 4 和单晶 6′ 的取向差为 10°32′，两者的"中央矩形"长边 $[10\bar{1}]_M$ 的方向相同，单晶 4 的对角线 $[1\bar{1}\bar{1}]_M//[0\bar{1}1]_A$，单晶 6′ 的对角线 $[1\bar{1}\bar{1}]_M//[10\bar{1}]_A$。由图 10-8 可知，$[0\bar{1}1]_A$ 和 $[10\bar{1}]_A$ 两个方向的夹角是 60°。可见，"中央矩形"的一根对角线改变 60°，只令相邻两个单晶产生 10°32′ 的角差。

这样一来，就可以推演出除 $\{111\}_A$ 外，其他惯习面的"各单晶取向关系的变化规律"分两种情况：

（1）在与惯习面平行的马氏体晶面上，可以画出如图 10-8 所示的龟壳，找出"中央矩形"的长边和对角线。1）如果只有"中央矩形"的长边改 60°，那么相邻马氏体单晶的取向差为 60°；2）如果只有"中央矩形"的一根对角线变化60°，那么马氏体单晶取向差为10°32′；3）如果龟壳"中央矩形"的长边和一根对角线连续各变化60°（即"双改变"），新旧晶核之间的取向就是孪晶关系；4）如果马氏体单晶的晶体学关系发生变化，则可以产生1°~5.6°的取向差。

（2）假若在与惯习面平行的马氏体晶面上画不出如图10-8所示的龟壳，那么就只能抽象地想象了。根据所有平行于惯习面的马氏体都形成相变孪晶的事实，可以认为这些内孪晶是依靠平行于惯习面的马氏体晶面上两个方向依次改变一个角度后产生的。

这样一来，可以将马氏体相变过程中晶核取向关系改变的通用表达式简述如下：相邻两个晶核平行于惯习面上的两个"龟壳"上，矩形对角线改变60°的话，会使两个晶核产生10°32′的取向差；若"龟壳矩形"的长边（即晶胞面的对角线）改变60°的话，两个晶核便出现60°的取向差；如果两个晶核的晶体学取向关系发生了改变，将产生1°~5°16′的取向差。

10.5   马氏体晶核的取向

本节主要探讨为何马氏体片会相互平行，形成束状马氏体。为什么会产生束状薄板马氏体和束状细片马氏体。

为了解释低碳马氏体的块区中各细小板状单晶的取向差不大，小于约10°，相互是小角界面，Rao等人[46,65,66,94,233,323]对相邻板条状马氏体在透射电镜下用电子束进行选区衍射分析，得出每隔一定数量的板条（3~5个）后，呈现完全相同的选区衍射花样，从而提出设想：在低碳马氏体相变过程中，板条状马氏体的均匀切变矢量做连续旋转，最后达到转动180°。

这种设想虽然新颖，但问题比较多。最重要的是：一个板条状马氏体束中，板条的均匀切变矢量是如何旋转的？到底是马氏体，还是奥氏体发生旋转？板条的切变矢量旋转后，即在相变过程中，均匀切变方向发生了改变，经过3~5片马氏体，切变方向就旋转了180°，那么每个马氏体板条之间的取向差平均为36°~60°。从下面的分析中可以得出：马氏体板条不可能形成具有36°~60°大角取向差。大量的实际测定是，在一个块区内，马氏体薄板晶的取向差只在1°~10°之间变化[39,61,65,66]。

图10-10所示为马氏体相变过程中马氏体晶核最常见的3种取向关系。

10.5.1   相邻晶核为小角差

目前普遍认为：K-S关系和N-W关系代表形核功最小的马氏体晶核的位向关系。按照这些取向关系形核，马氏体和奥氏体之间的界面能最小，所产生的体积应变能也最低。

图10-10（a）中单晶4和单晶6′在同一惯习面 $(\bar{1}\bar{1}\bar{1})_A$ 上，两者的均匀

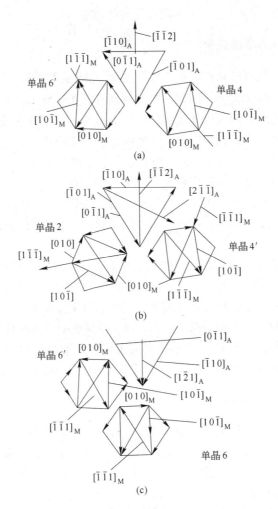

图 10-10　马氏体相变过程中晶核的 3 种常见取向关系

切变方向 $[\bar{1}\bar{1}2]_A$ 相同。因单晶 4 的晶向 $[1\bar{1}\bar{1}]_M$ 平行于奥氏体的 $[0\bar{1}1]_A$，而单晶 6′ 的 $[1\bar{1}\bar{1}]_M$ 平行于奥氏体的 $[\bar{1}01]_A$，导致两者之间的取向出现少量差异，各种单晶都相差 10°32′。或者前一个薄板晶是 K-S 关系，后一个薄板晶变成 N-W 关系，那么两者便产生 5°16′ 的取向差。

这就是低碳马氏体的块区内相邻薄板晶之间产生小角差晶面的真正原因。

这就是说，低碳马氏体形成块区的相变过程中，并不像 Rao 等人所推测的，奥氏体的均匀切变方向在旋转，而是奥氏体的均匀切变方向一直未发生变化。只是各薄板晶的平行于奥氏体的方向或者晶体学关系不断地发生随机改变，从而导致在块区内各板状晶之间形成具有小角取向差。以后（第 11 章）将指出，薄板晶取向之所以改变，是为了减少体积应变能的增量。

10.5.2 相邻晶核为孪晶关系

当碳的质量分数超过 0.4% 时，因 M_s 点已经降至 350℃ 以下，碳原子在奥氏体内扩散的速度已经非常慢，因而不再出现碳原子由过饱和的马氏体向周围的奥氏体迁移，导致所形成的马氏体具有体心正方晶格，出现正方度。

按 K-S 取向关系，如图 10-10（b）所示，单晶 2 的晶核在 $(\bar{1}\bar{1}\bar{1})_A$ 上生成，其晶向 $[1\bar{1}\bar{1}]_M // [\bar{1}10]_A$，$[10\bar{1}]_M$ 平行于奥氏体的 $[\bar{2}11]_A$。因马氏体晶格出现正方度，不仅其体积应变能高和周围的界面错配多，而且位于惯习面上的铁原子分布虽然相似于奥氏体，但原子间距相差较大，导致正方马氏体晶核的形核功显著高于立方马氏体。这样一来，其形核和核长大同上面第一种形核方式存在下列区别：

（1）为了降低界面能和体积应变能，单晶 2 呈现片状或透镜状；

（2）当新晶核 4′ 形成时，不仅平行于奥氏体的方向发生改变，由 $[1\bar{1}\bar{1}]_M //$ $[0\bar{1}\bar{1}]_A$，而且 $<11\bar{2}>_A$ 方向也出现变化，由 $[\bar{2}11]_A$ 改成 $[11\bar{2}]_A$，两者相差 $60°$，致使单晶 4′ 和单晶 2 呈现孪晶关系，以保持最低的形核和核长大功。

按照这种形核方式，即在已有晶核旁边生成具有孪晶界面的伴生晶核，进行中碳、高碳马氏体相变，以致形成束状细片马氏体。所产生的取向差是孪晶角（70°32′）。

10.5.3 相邻晶核为反向关系

如图 10-10（c）所示，马氏体单晶 6 和单晶 6′ 的取向完全相反，它们两个在相距几十个原子面处同时产生。两者的 $<11\bar{2}>_A$ 相反，但都平行于相同的奥氏体方向 $[0\bar{1}\bar{1}]_A$，而方向则不同。之所以同时出现两个反向晶核，是由于相变力矩造成，这将在第 11.2 节专门讨论。

当这样两个反向马氏体片之间的奥氏体全部消失而邻接后，便形成大角界面，这就是片状马氏体的中脊线。由于两者的取向完全相反，因而界面的畸变比普通晶界大。

从晶体学看，共格相变的形核长大方式和取向关系基本上是上述 3 种。第 11.3 节将指出，对马氏体相变起很大作用的还有合成力矩。由于合成力矩的作用，马氏体的形核长大方式又增加几种，如等边三角形形核长大、W 字形核长大、角状形核长大、枝干状形核长大等。

10.5.4 相邻晶核其他取向关系

10.5.4.1 零取向差

当两片马氏体从奥氏体中形核时，不仅 $<11\bar{2}>_A$ 方向不变，而且它们两个同原奥氏体平行的方向也相同；如果两者在相变结束紧靠在一起时，则取向完全相同。这样一来，相互之间就不会出现内界面，而变成一个整片。

"同取向蝶状马氏体"（即无内界面蝶状马氏体）就是属于"取向差为零"，参见第 10.4 节和图 11-11、图 11-14。

不少马氏体片出现侧向长大时，也属于这种情况。有些侧向长出的二次马氏体片有时合并成一片，不出现分界面，如图 7-6、图 7-10、图 11-11（d）和图 11-11（f）所示。

部分块状马氏体就是按照这种机制形成的，如图 3-8 以及图 11-11（e）中所示的方块马氏体。

10.5.4.2 大角取向

两个马氏体晶核的均匀切变方向改变 60°，但平行于奥氏体的方向没有发生变化，称为"单改变Ⅱ"。如碳的质量分数小于 1.5% 的钢，在高温淬火后，形成的"W 形"马氏体粗片。各马氏体片相互间的夹角为 60°，如图 10-5 所示。

最后，必须指出：对马氏体相变的上述晶体学分析揭示出固态相变的共同规律，通过改变新相与母相的取向关系，可以使相变产物各单元直接形成小角界面、孪晶界面、180°界面和零界面（即取向完全相同），并非按照 K-S 或 N-W 等关系进行相变和构成各种显微组织形貌。K-S 或 N-W 等关系不过是马氏体相变完毕后出现的几种马氏体和奥氏体之间的取向关系。淬火组织形貌由形核和晶核长大的方式决定，即 K-S 等关系只是马氏体相变后出现的结果，而不是马氏体相变必须遵循的准则。

10.6 束状细片马氏体的形成机理

有了上面的理论基础，现在可以对中碳和高碳钢中束状细片马氏体的形成机理做出阐明。

因中碳钢的 M_s 点在 350℃ 以下，碳原子在奥氏体中的扩散速度已经很慢，在马氏体相变过程中，不发生奥氏体的相内分解，导致马氏体晶核的产生需要很大的过冷度。一旦达到了形成具有一定正方度的马氏体晶核，按照相变力矩的原则，在惯习面上将出现马氏体的集体形核。如图 10-11（a）所示，在奥氏体的惯习面 $(\bar{1}\bar{1}1)_A$ 上（第 11.2 节将指出，其他惯习面也可以），同时生成几个马氏体核心，并在瞬间长大到最大尺寸（具体长大机制参见第 13.2 节）。随着马氏体片的长大，界面能和体积应变能也显著增高，核长大功大增，使长大速度越来越慢，最后停止。对于惯习面的界面能大于孪晶界的界面能的合金，为了继续相变，变成在两相主界面（即惯习面）上，通过"双改变"，在晶核 2 旁边形成具有孪晶界面的伴生晶核（晶核 4，参见表 10-2）。为了降低形核功，晶核 4 不仅改变均匀切变方向，由 $[\bar{2}11]_A$ 改成 $[\bar{1}\bar{1}2]_A$，两者相差 60°；而且新晶核 4

平行于奥氏体的方向也发生改变，由 $[10\bar{1}]_A$ 改成 $[0\bar{1}\bar{1}]_A$，致使单晶 4 和单晶 2 呈现孪晶关系，两者之间具有最低的界面能，如图 10 – 11（b）所示。

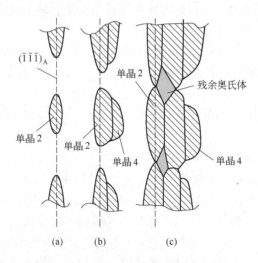

图 10 – 11　束状细片马氏体的形成机理

以低能的孪晶界面取代惯习面界面，在长宽二维方向上，单晶 4 迅速扩展到已有马氏体片（晶核 2）的大小，再增厚。马氏体片的继续相变实际上就是厚度增大。随着晶核 4 同奥氏体邻接界面能的增大和体积应变能的升高，晶核 4 增厚的速度下降，长大功越来越大，以致又停止生长。最后只有再次生成新的具有孪晶界面的伴生晶核，才能令马氏体相变继续进行。如此，重复着"孪晶关系形核长大机制"。

当每组马氏体片的四周与临近的其他的马氏体束接触时，端部未转变的奥氏体因过大的压应力而变成残余奥氏体。这就形成如图 5 – 7 中束状细片马氏体的特有结构。在孪晶界面上没有残余奥氏体，它们都位于马氏体片的端部，围绕马氏体片的四周。

由上可知，中碳、高碳钢高温淬火时，出现呈现束状的组织，它是通过马氏体各细片之间形成具有孪晶界面的伴生晶核来降低形核功和核长大功而产生的。作者称之为"孪晶关系束状机制"。

10.7　束状薄板马氏体形成机理

单靠马氏体晶体学原理，解释不了低碳马氏体的形成。要了解低碳钢中马氏体相变的机理，除了相变前后存在相变力矩外，还多一项内容，在应力作用下，碳原子发生相内分解。这将在第 12.2 节中讨论。

11 马氏体相变力矩理论

对马氏体相变，现在仍然解释不了一些最根本的现象。例如：

（1）为什么马氏体相变是单个形核和核长大？

（2）铁合金中的马氏体为何绝大部分是"变温相变"？

（3）为何铁合金的马氏体相变是爆炸式转变，一批批的形核并长大？

（4）粗片马氏体为什么往往呈现 W 形？

（5）蝶状马氏体为何形成两个翅膀？

深入研究发现，原来在相变，特别是马氏体相变理论中，一直忽视了一个重要的环节，那就是"相变力矩"。大家都认为马氏体相变是剪切式相变，当晶体受到切应力时，必然产生力矩，要求晶体随它旋转。而晶粒不能随之转动，这就自然出现由力矩所引起的应变能，称为"力矩应变能"。

当奥氏体晶格（见图 11-1（a）中虚线）转变成马氏体晶格（见图 11-1（a）中实线）时，马氏体点阵便对周围的奥氏体产生一个力矩，令奥氏体跟着顺时针旋转。奥氏体基体是一个整体，绝对不会因马氏体一个微小的晶核 a 的出现而顺时针转动，因而将阻止马氏体晶核的出现。因这个力矩所引起的力矩应变能随着马氏体晶核尺寸的变大也会剧增，为了降低这个巨大的应变能，马氏体晶核会缩小，乃至消失。

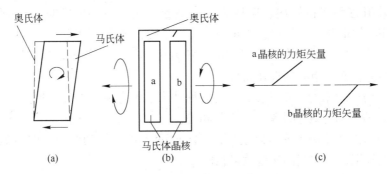

图 11-1 马氏体晶核产生的力矩示意图

但是，当过冷度达到一定值后，便自发出现马氏体晶核。这说明系统自己解决了相变力矩所造成的应变能升高的问题。它是如何解决的呢？原来马氏体相变

（包括所有共格相变）都不是单个形核，而是集体形核；在奥氏体中至少同时产生两个以上的晶核，如图 11 – 1 （b）所示，一次生成晶核 a 和 b。它们所产生的力矩正好相反，一个顺时针，另一个是逆时针，使两者的总力矩矢等于零。图 11 – 1 （c）所示为一对马氏体晶核 a 和 b 生成后，它们的力矩矢量的分析。

在低温，因杨氏模量大，力矩应变能极高，导致马氏体单个晶核无法产生。所以，在相变热力学的计算中，传统相变理论忽视了一个重要的项目，即力矩应变能。在计算马氏体形核时自由能变化中，必须增加一项——力矩应变能。

这个相变力矩不仅对马氏体相变过程中形核和核长大起着决定性的作用，而且对相变后的组织形态也有着极大的影响。本章专门讨论本书作者的这一新发现[23]。

11.1 力矩原理

下面将用到以下力矩规律：

（1）力矩矢等于力的作用点到矩心的矢径与该力的矢积，如图 11 – 2 所示。即：

$$M_o(F) = Fa$$

式中　　$M_o(F)$——力矩矢；

　　　　F——力；

　　　　a——力矩臂（即矢径），力矩到力作
　　　　　　　用线 AB 的垂直线。

（2）力对于一点的力矩不因它的作用点 A 在作用线上的移动而改变。

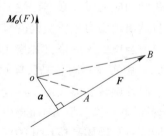

图 11 – 2　力对一点的力矩
A—力度作用点；o—力矩中心

（3）空间力矩对物体的旋转效应完全取决于力矩矢。采用右手四指转向、拇指为力矩矢量的方向。力矩的转向是逆时针时，为正力矩矢。相反，则为负力矩矢。

（4）力矩的矢矩之和定律：力矩中各力对空间任一点的力矩矢量之和等于合成力矩矢，而与矩心的选择无关。

（5）两个力矩的力矩矢量相等时，称其为互等力矩或等效力矩。

（6）力矩的等效条件是：力矩矢相等。

（7）力矩作用的平面可以改变，但不改变力矩的转动效应。即力矩在物体的任一点作用，它引起的转动效果相同。

（8）力矩的等效应：在保持力矩大小和转向不变（即 M_o 不变）的条件下，可以随意改变力的大小和力臂的长短。

（9）空间力矩可以合成为一个合力矩，其合力矩的矩矢等于各分力矩矢的矢量和。即合力矩矢等于各分力矩矢的代数和。

（10）空间力矩系平衡的必要和充分的条件是：合力矩矢等于零（即矢量和为零）。

$$\sum M_i = 0$$

也就是说，各力矩矩矢的代数和等于零。即：物体在许多力矩的作用下，不产生转动的唯一条件是合力矩矢等于零。

以上10条力矩的规律将应用到马氏体相变中，其中最关键的是第（10）条，即空间力矩系的平衡条件。

11.2　马氏体晶核形成的力矩分析

目前，各国公认马氏体相变是单个形核和独自长大[42,39,55,324]。实际上，这是完全不可能的。因为马氏体点阵的原子分布、原子相互之间的间距与奥氏体完全不同，导致外形各异，因此，当马氏体晶核在奥氏体点阵内生成时，将在奥氏体点阵中出现一个原子排列以及晶体的外形不同于母相的马氏体单晶。对这种现象，国内外一直以来只注意到此单晶（晶核）因比体积的差异而给原奥氏体晶体以膨胀，产生体积应变，而忽视了另外一个极为重要的问题。上面已经提到：此单晶将给原奥氏体晶体一个力矩，要求原奥氏体晶体随它转动。此力矩对奥氏体刚体所做的功等于刚体转动能。

显然，原奥氏体绝对不会因细小的马氏体晶核的形成而随之发生转动。这样一来，刚体为了维持原来固有形态，将导致系统储能急剧上升。其数量等于力矩造成的刚体转动能的增加。随着马氏体晶核的长大，如果奥氏体不发生塑性变形的话，因转动能的增量所造成的储能升高可达到非常大。马氏体与奥氏体之间保持的共格关系，会进一步加大这一储能的增量，导致核长大功显著变大，致使马氏体晶核无法变大；相反，将自发缩小，以降低系统的储能。

可见，为了降低形核和核长大功，必须消除相变力矩对原奥氏体造成的转动作用。马氏体因形核位置的不同，可以分成两个常见的类型，如图11-3所示。

（1）在同一惯习面上生成两个马氏体晶核。如图11-3（a）中的曲线图所示，在奥氏体的同一惯习面上，同时出现两个切变方向相反的晶核：a和b。在图11-3的曲线图（b）中，产生一对正、负两个力矩矢，相反抵消，致使相变力矩不改变系统的储能和形核功。因此，它就直接控制着马氏体相变的形核和核长大机制，以及马氏体所形成的组织形态。可惜，这一点至今尚未被世人注意到。

两个相邻的反向马氏体晶核的同时生成和长大，最后变成紧挨在一起，形成具有中脊线的一片马氏体，如图11-4（a）所示。

（2）在不同惯习面上同时生成两个马氏体晶核。如图11-3（d）和图11-4（b）所示，这两片交叉的马氏体的力矩矢分析如图11-3（e）所示，它们两个的合成力矩矢为"+AB"。因为不是零，所以必须在另外两个具有相同夹角

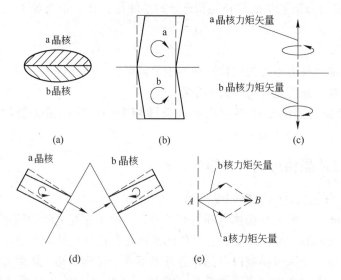

图 11-3 马氏体在两种情况下形核时的力矩分析

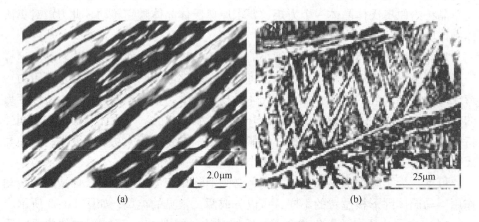

图 11-4 马氏体的中脊线 (a) 和 W 形粗片马氏体 (b)

(a) 100CrMnTi 钢,1100℃淬火;(b) 100Cr2MnMoV 钢,1200℃淬火(化学成分参见第7.1节)

的惯习面上形成两片马氏体,产生一个反方向的合成力矩矢 "$-AB$",与正力合成矢 "$+AB$" 相互抵消,母相中的总力矩矢才能实现为零。可见,这种情况下,至少要有4个马氏体晶核同时产生,才可能发生马氏体的形核和核长大。

按照上面的空间力矩系的平衡条件,另外一个晶核 b 不一定需要紧靠晶核 a 生成,也不需要只是一个晶核,也可以是多个晶核,只要它们的合成力矩矢与晶核 a 相抵消就行。

以"一对"反向马氏体晶核形成最易，要求同时形成的晶核数目最少，只需要两个。但是，这两片马氏体接触时产生的界面能最高（见第11.3.1节）。按照上面第二方式（即"在不同惯习面上同时生成两个马氏体晶核"）在不同惯习面上形核，要求同时形核的数目一般最少是4个。

11.3 相变力矩理论在马氏体相变中的应用

11.3.1 成对马氏体片和中脊线的本质

当前，对马氏体中为何出现中脊线无法解释，有关中脊线本质的猜测有多种，悬而未决。采用上面的相变力矩理论，就可对此问题做出合理的解答。

文献［325，326］中采用透射电镜得出：中脊线是一个相变孪晶区，其孪晶取向与两边马氏体的孪晶稍有不同，相差约8°。

图11-5（a）所示的光学显微镜组织图是具有中脊线的平行马氏体片，两片马氏体紧靠着出现。因两片之间存在局部的（见图11-5（a））和连续的残余奥氏体（见图11-5（b）），而使两片马氏体显现出来。如果继续降低温度到0℃以下，因残余奥氏体的消失，也会变成带中脊线的一马氏体粗片。按照马氏体晶体学的分析（第10.4节），这两片马氏体在相变过程中虽然平行于奥氏体的方向相同，但是因均匀切变方向相反，所以，它们的取向完全反向，角差为180°。

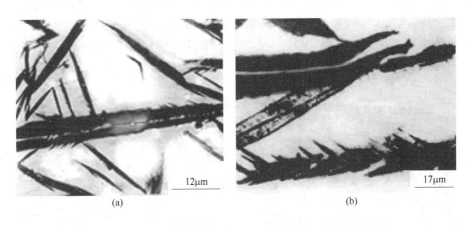

12μm	17μm
(a)	(b)

图11-5 马氏体中脊线（130Cr2MnMo钢，1300℃淬火）

对图11-5（a）和图11-5（b）做力矩分析后可以看出，它们每片都是由两个力矩矢相反的晶核长大而成。中脊线就是两个马氏体片的交线。这就是说，中脊线不过是取向完全相反的两片马氏体的交线。属于取向差最大的界面，比普通晶界的角差大很多，即双片马氏体之间的中脊线界面属于界面能最高的内界面。

图 11 - 5 的图像正好证明中脊线是两片反向马氏体的交界面。

11.3.2　束状马氏体的形成

在第 10.6 节，根据晶体学的原理，本书作者提出了束状细片马氏体的形成机理。在讨论中，未提及相变力矩对束状马氏体形成的重要作用。如上所述，光从目前的热力学分析，解释不了为何会形成束状马氏体。本书作者认为，对细小的马氏体，消除相变力矩阻碍的最佳途径是以束状的方式形核和核长大。

无论哪种束状马氏体，都是首先生成一对具有正负力矩矢的晶核，然后才是这两个晶核同时向外长大。一旦核长大功大于形核功或者因界面能和体积应变能急剧增大而使晶核停止长大时，就会在它的旁边，通过改变同奥氏体的平行方向或者均匀切变方向，产生一个新的伴生晶核；与此同时，必然在另一片马氏体旁边出现一个具有反向力矩矢的晶核，否则，已出现的新晶核会消失。可以说，一束马氏体是在相同的相变力矩方向下，通过"小角界面束状机制"或"孪晶关系束状机制"形成的。详情参看第 13.6 节。可见，相变力矩矢促进马氏体的束状组织的形成。

11.3.3　W 形马氏体片

对高碳或含碳高合金钢，因界面能，尤其是体积应变能很高，形核功高，因而 M_s 低，存在大量残余奥氏体，形成的马氏体通常是粗大的单片。而且，粗大的马氏体片往往会出现 W 形或"之"字形长大，形成如图 11 - 6 和图 11 - 7（a）的形貌，被称为马氏体的连锁反应。

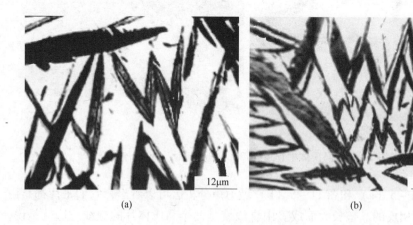

(a)　　　　　　　　　　　　　(b)

图 11 - 6　100CrMnTi 钢和 100Cr2MnMoV 钢的淬火组织

（a）100CrMnTi 钢，1100℃淬火；（b）100Cr2MnMoV 钢，1200℃淬火

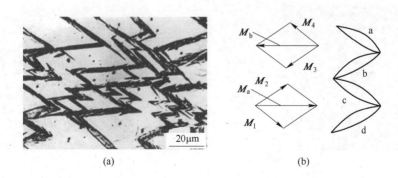

图 11 - 7　W 形马氏体粗片和力矩分析

(a) 110CrMnTi 钢，1200℃淬火；(b) 力矩分析

图 11 - 7 (b) 所示为 W 形马氏体相变的力矩矢分析。4 片 a、b、c、d 马氏体片同时在晶面指数相同的惯习面上形成晶核，所产生的力矩矢分别为 M_1、M_2、M_3、M_4。由于 M_1 和 M_2 的合成力矩矢 M_a 与 M_3 和 M_4 的合成力矩矢 M_b 互为正负力矩矢，相互抵消了它们对原奥氏体的转动作用，使总力矩矢等于零，从而急剧地降低了形核功，才保证了 4 个晶核的长大，以致产生如图 11 - 6 和 11 - 7 (a) 所示的 W 形马氏体形态。

　　每对马氏体片的合成力矩矢不一定要相等，数量也不一定相同，只要总力矩矢为零就行。这就是为什么图 11 - 6 和 11 - 7 中的马氏体小片的大小往往不同的原因。由于每片马氏体长大的环境有差异，因而长大过程中的阻力存在区别，导致它们的尺寸各不相同。

11.3.4　等边三角形组织

　　如第 7 章和第 8 章所述，呈现等边三角形组织的淬火钢有：惯习面是 $\{111\}_\gamma$ 的碳的质量分数为 0.4% ~ 0.9% 的碳钢，以及惯习面是 $\{225\}_\gamma$ 的碳的质量分数为 1.0% ~ 1.4% 的碳钢等。它们的粗片马氏体的形核方式是等边三角形，如图 11 - 8 (a) 和图 11 - 8 (c) 所示，它们是由马氏体窄片构成等边三角形的组织。

　　它们的力矩分析如图 11 - 8 (b) 所示。由在惯习面 AB、BC 和 CA 上形成的马氏体窄片构成等边三角形 ABC，分别产生力矩矢 M_1、M_2 和 M_3。力矩矢 M_1 和 M_2 的合成力矩矢为 $\dot{M}_{正}$，在惯习面 AC 上形成的马氏体晶核，其力矩矢 $M_{负}$ 的方向要与合成矢 $M_{正}$ 相反，数值相等，以求实现等边三角形上的总力矩矢为零。这就是说，等边三角形中一个惯习面 AC 上的马氏体晶核是为了抵消另外两个惯习面 AB 和 BC 上的马氏体晶核的合成力矩矢而产生的，这就是所有等边三角形的一个边上的马氏体片在大小上与其他两个边上的马氏体片不同，通常比较弱小或不够完整的原因，如图 11 - 8 (a) 和图 11 - 8 (c) 所示的图像。

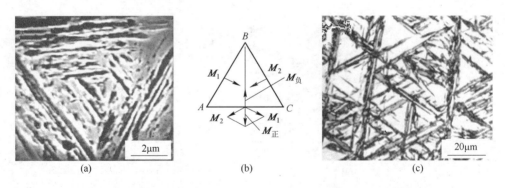

(a)   (b)   (c)

图 11 – 8   等边三角形马氏体和力矩分析

（a）T11 钢，1100℃淬火；（b）力矩分析；（c）110CrWMn 钢，1200℃淬火

具有 $\{111\}_\gamma$ 和 $\{225\}_\gamma$ 惯习面的金属材料，不仅粗大马氏体片，而且细小马氏体片都是以这种方式形核和核长大的，参见图 3 – 6、图 3 – 10、图 5 – 5、图 6 – 3、图 6 – 6、图 7 – 4、图 7 – 7、图 10 – 3 等。

由此可以看出：由于相变力矩发挥作用，促使马氏体相变按照等三角形的方式进行。

11.3.5   树枝状马氏体相变

图 11 – 9（a）所示为本书作者观察到的呈现树枝状形貌的马氏体组织。它也是因为相变力矩造成的，其力矩分析如图 11 – 9（b）所示。在第一次马氏体大片 a 的两旁，由主干生长出二次马氏体，甚至三次马氏体。但是，它们都具有相同晶体学取向和力矩矢方向。当完全长大之后，将是一个完整的晶体。所以一个树枝可以合成一个力矩矢，如图 11 – 9（b）中所示的 **M**。为了维持总力矩矢

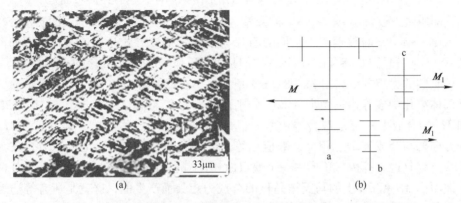

(a)   (b)

图 11 – 9   树枝状马氏体组织及其力矩分析（160CrMnTi 钢，1200℃淬火）

（a）树枝状马氏体组织；（b）力矩分析

为零，必然在附近形成力矩矢的方向相反的树枝 b 和 c，分别生成反向力矩矢 M_1 和 M_2，正负相抵消，最终达到这个试样内的总力矩矢为零。

11.3.6 魏氏组织

过饱和固溶体分解形成的魏氏组织如图 11 - 10（a）所示，也是因为受相变力矩操纵而产生的。从图 11 - 10（b）的力矩分析中可以看出，由片状析出相 θ' 产生的力矩 M_1 和 M_2 是等值的正负力矩矢，M_3 和 M_4 两片析出相的力矩矢之和等于 M_5 一片产生的力矩矢，从而使总力矩矢为零。这就是在许多相互垂直的晶面上析出厚度和长度相近的 θ' 片的原因。

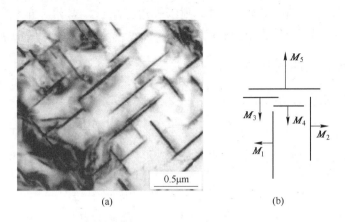

图 11 - 10　铝合金中的魏氏组织和力矩分析
（a）铝合金中的魏氏组织；（b）力矩分析

11.3.7 爆发式马氏体相变

至今无法解释的是爆炸式马氏体相变。在铁合金等中，马氏体相变以爆炸的方式产生。当达到所要求的过冷度后，该温度下应该出现的马氏体几乎都在同一时间以声速在试样各处同时产生。既然马氏体是单个形核，为什么不一片接一片地以声速出现，而要同时形成所有的马氏体呢？相变力矩理论揭示出它们的秘密。原来是相变力矩促使所有马氏体在许多的惯习面上同时形核和长大，以保证整个试样的总力矩矢为零。

仔细分析起来，爆炸式马氏体相变实际上由两部分组成：

（1）首先在各晶粒的许多相同晶面指数的惯习面上同时瞬间形核和核长大，使试样的合力矩矢接近于零。

（2）接着是后续形核和核长大，以确保试样的合力矩矢完全等于零。

因马氏体相变以声速进行，以致无法分辨出以上两个阶段。

蝶状马氏体也是在形核和核长大过程中受相变力矩的作用而产生的。由于内容较多，下面第11.4节将单独讨论。

总之，除了在液体中形核结晶，不出现相变力矩外，任何固态相变都存在相变力矩问题。它控制着相变过程和相变后的组织形态。可惜的是，目前的所有固态相变理论都忽视了这个关键问题。正是这个关键问题促使各种固态相变都具有相同的形核和核长大方式，且形成的组织形貌基本相同。例如，所有过饱和固溶体分解都出现类似的魏氏组织、片层状组织和束状组织等。

从上面的分析中可以得出：马氏体相变是在总力矩矢为零的条件下，细小马氏体一般以束状机制和等边三角形等方式形核和核长大；在高温淬火或高碳、高合金的情况下，出现粗片马氏体时，则以等边三角形、W 形、角状形（如蝶状马氏体）和枝干状等的方式进行相变。

11.4   蝶状马氏体的形成

11.4.1   蝶状马氏体的形貌

自从发现两片马氏体成钝角，形如蝴蝶的翅膀以来，不少人把这种"蝶状马氏体"视为马氏体的一种独立的形态[104,106,216,327]。认为铁合金中的马氏体有4种[327]：板条状马氏体、透镜状马氏体、薄板状马氏体和蝶状马氏体。蝶状马氏体的惯习面为 $\{225\}_\gamma$，是 $\{225\}_\gamma$ 马氏体的代表[102]，具有位错亚结构[103,104,106]。文献［105］中得出：除了完全位错型蝶状马氏体外，有些蝶状马氏体在两个叶片交接处存在少量孪晶。蝶状马氏体的亚结构接近于板条状马氏体[94]。有人甚至猜测，其韧性比片状马氏体好[84,104]。蝶状马氏体两个叶片之间存在内界面，属于孪晶界[99,113]。

关于蝶状马氏体的形成机制的研究则很少，文献［105］中提出板条状马氏体机制，认为蝶状马氏体的一个翅膀可能是一束板条状马氏体，由一片片板条状马氏体连续生成。

本节主要探讨蝶状马氏体的形态、本质和形成机理。

图 11-11 所示为蝶状马氏体的几种形态。图 11-11（a）和图 11-11（b）所示为最常见的两种，图 11-11（a）是独立形成全部蝶状马氏体，称冷却蝶状马氏体；图 11-11（b）是细小的蝶状马氏体位于马氏体粗大片之间，一般认为是应力促发蝶状马氏体。图 11-11（a）中所示的蝶状马氏体的一个翅膀碰到奥氏体的孪晶面停止长大后，另外一个翅膀仍然继续生长，而且长成畸形。特别值得注意的是：蝶状马氏体的两个叶片不一定呈现镜面对称，两个叶片的长短和宽度可以不同。图 11-11（c）中所示的蝶状马氏体的夹角为135°，有些的端部带一个小燕尾。图 11-11（d）的蝶状马氏体的夹角为60°，两个叶片之间有明显

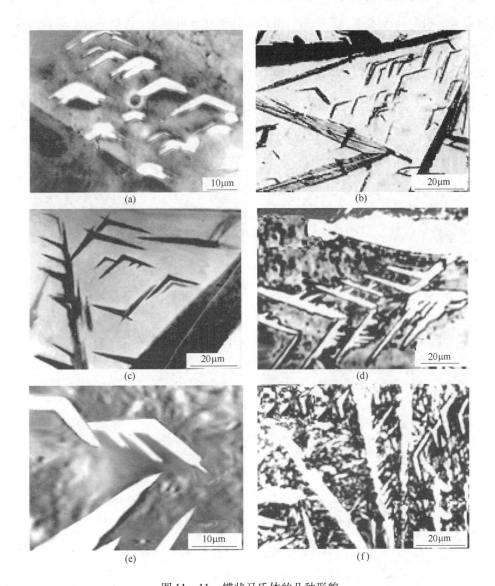

图 11 – 11 蝶状马氏体的几种形貌

（a）90Cr2Ni4 钢，1350℃淬火；（b）120CrMnSi 钢，1100℃淬火 + 200℃回火；

（c）140Cr2Ni4Cr 钢，1000℃淬火；（d）90Cr4Ni 钢，1350℃淬火；

（e）140Cr2Ni4 钢，1200℃淬火；（f）90CrMnSi 钢，1200℃淬火

的分界面；同时，每个叶片上都长出分支，且分支与另一个叶片平行，形状像鹿角。所出现的分支数量和长短都不相同。尤其要注意的是：图 11 – 11（e）中央一个蝶状马氏体的一个翅膀上长出两个分支，取向与另一个翅膀平行。图 11 – 11（f）右边有三片细的蝶状马氏体，而且两个叶片之间的夹角都是 135°。它的

右边有一粗大马氏体片，其一侧长出许多分支（或叶片），且都平行于蝶状马氏体的一个叶片；同时，这些分支与粗大马氏体片之间的夹角也是135°。

11.4.2 蝶状马氏体的几种罕见形貌

图11-12（a）所示的蝶状马氏体和粗片马氏体共存，而且基体是束状细片

图11-12 蝶状马氏体的罕见照片

（a）110CrNi 钢，1150℃淬火；（b），（e）140Cr2Ni4 钢，1100℃淬火；
（c），（d）140Cr2Ni4 钢，1200℃淬火；（f）120CrMn2V 钢，1100℃淬火+450℃回火

马氏体；图 11 – 12 （b） 所示的蝶状马氏体除了 135°的夹角外还有 60°、90°等夹角。而且，在粗片马氏体的一侧生成一些分支（或叶片）"a"，它们与附近的蝶状马氏体的一个翅膀平行。值得特别注意的是：（1） 在粗片马氏体两侧同时生长出分支，如图中的箭头"b"。（2） 在图中"a"的下方，一个蝶状马氏体犹如扫把，从左边的翅膀长出许多已经合并的分支，平行于另一个翅膀，这说明此蝶状马氏体的两个翅膀和生出的分支都具有相同的晶体取向。这种特殊形貌在图 11 – 12 （d） 再次出现。图 11 – 12 （c） 中，由左边的翅膀上生出平行于右边翅膀的分支。其中还出现两个"小白片"，它们并非两个独立的晶核，而是生长出的分支存在凹凸不平，试样磨面正好横穿凸出的部位，以致显出独立的"小白片"。图 11 – 12 （d） 中的"B"翅膀也生长出平行于另一个翅膀的分支，尤其是蝶状马氏体"A"又印证了图 11 – 12 （b） 中的特殊形貌，由左边的翅膀生出许多平行分支，并且合并在一起。

图 11 – 12 （e） 中除了蝶状马氏体的夹角是 60°和 90°外，尤其是图中有几处是白色的马氏体长方块，图中用箭头"A"和"B"标出。这就进一步表明，这些蝶状马氏体的两个翅膀的晶体取向完全相同。这一结论同文献［102］中得出的结果一致，蝶状马氏体两个翅膀具有完全相同的晶体取向。

图 11 – 12 （f） 的黑色回火马氏体和白色二次马氏体粗片的一侧都生长出不少分支，而且在回火马氏体的分支一旁又长出白色边缘。

根据上面的马氏体相变力矩理论，作者认为：蝶状马氏体同束状细片马氏体一样，也是属于片状马氏体的一种形态，属于｛2 2 5｝型片状马氏体。其根据有两个：

（1） 蝶状马氏体与片状马氏体共存，如图 11 – 11 （b）、图 11 – 11 （c）、图 11 – 11 （d）、图 11 – 12 （a）、图 11 – 12 （b） 和图 11 – 12 （e） 所示。在同一种钢材和相同热处理状态下，相同地方不可能出现完全不同的两类马氏体。

（2） 在粗片状马氏体一边，有时生成蝶状马氏体的一个叶片，其取向和夹角与附近的蝶状马氏体完全相同，如图 11 – 11 （c）、图 11 – 11 （f） 和图 11 – 12 （b） 所示。如果蝶状马氏体是一种单独的马氏体形态，那么在粗片马氏体的一边怎么能长出另外一种类型的马氏体羽毛呢？图中的蝶状马氏体的夹角为135°，而在 A 片旁边长出的分支与片状马氏体 a 片的夹角也是 135°，如图 11 – 12 （b） 所示。

11.4.3 蝶状马氏体的亚结构和本质

为了进一步确定蝶状马氏体属于片状马氏体的本质，本书作者进行了透射电镜观测。图 11 – 13 所示为对 90Cr2Ni4 钢在透射电镜下构成亚结构的观察，发现了大量内孪晶。

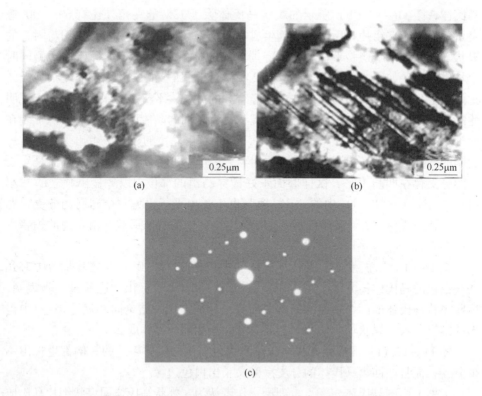

图 11-13 90Cr2Ni4 钢从 1200℃淬火后的透射电镜图像

(a) 不转动;(b) 转动 7.2°;(c) 选区衍射斑点图谱

一般情况下,看不到内孪晶[102,104,327],如图 11-13 (a) 所示,误认为全部是位错亚结构,局部呈现位错网。当反复转动薄箔试样,终于在转动 7.2°后,显示出大量内孪晶,如图 11-13 (b) 所示。图 11-13 (c) 所示为它的选区电子衍射图,呈现出典型的孪晶花样。从而证实了蝶状马氏体的亚结构是大量内孪晶 + 位错,与片状马氏体是一个类型。由此可见,在透射电镜下观察不到孪晶,绝对不能轻易下结论说它没有内孪晶,而是因为透射电镜图像是衍衬像,没有达到显示孪晶的条件或者它们的衍衬像相互重叠,在透射电镜下未显示出图像。通过转动薄箔试样,有助于孪晶面产生电子衍射而呈现出它的衍衬像。

文献 [105] 中在透射电镜下得出如图 11-14 (a) 所示的照片,证明蝶状马氏体翅膀上具有板条结构。实际上,图中的黑色条纹是孪晶的衍射图像,全部为内孪晶。平行的黑色直线之间的浅色影纹为位错,将它进一步放大在其左边,它的形貌与图 11-13 (b) 相同,因而它们不是板条。

至今许多人认为[102,104,216,327]蝶状马氏体具有板条状马氏体的亚结构,甚至认为[105]蝶状马氏体的一个翅膀可能像一束板条状马氏体,从而提出由板条状马氏

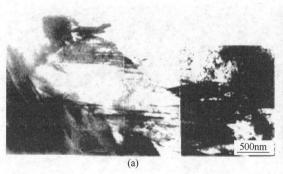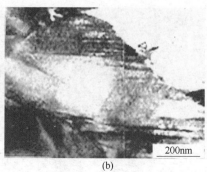

图 11 – 14   Fe-Ni-V-C 合金在 850℃时效 40min 的蝶状马氏体[6]

体形成蝶状马氏体的机制。这些观点都歪曲了对蝶状马氏体本质的认识。如上所述，在蝶状马氏体内未观察到孪晶，是因为没有到达孪晶产生衍射的条件或者孪晶的衍射像产生了重叠，在蝶状马氏体内所看到的板条状结构（见图 11 – 14）实际上是内孪晶。所以，无论从蝶状马氏体的外形、出现的场所、惯习面、碳的质量分数等，还是从它的亚结构看，蝶状马氏体仍然属于片状马氏体的一种形态，是在特定条件下才发生的一种片状马氏体转变。

11.4.4   蝶状马氏体的几何分析

在图 11 – 12 （b）和图 11 – 12 （e）中，除了夹角为 135°的蝶状马氏体外，还有夹角为 90°、60°和 45°的马氏体双片。而且，这些马氏体双片之间没有内界面，与图 11 – 11 （d）存在分界面不同。因此，蝶状马氏体可以分为"有"和"没有"内界面两种。现在分析它们产生的原因。

当在扫描电镜下观察蝶状马氏体时，发现绝大部分的蝶状马氏体的中部不存在内界面，如图 11 – 15 （a）所示，即两个叶片之间大多数不存在分界面。只有少量的才具有内界面，如图 11 – 15 （b）所示。

$\{2\,2\,5\}$ 面在空间的夹角有 5 种：30°、45°、60°、90°和 135°。图 11 – 16 的几何分析示出一蝶状马氏体在两个相交的惯习面 $(\bar{2}\,5\,\bar{2})$ 和 $(\bar{2}\,2\,\bar{5})$ 上生成，两个翅膀的夹角是 135°。

由图 11 – 16 可以看出，之所以蝶状马氏体的两个叶片相似，不是如文献 [99，113] 中所认为的：两个叶片的交界是孪晶面而出现镜面关系。而是因为相邻两个惯习面具有固定的夹角，致使在这两个惯习面上生成的蝶状马氏体叶片形成对称的形貌；相变力矩也是促成出现两个翅膀并外形相似的原因。内界面的出现是因为两个翅膀上的晶体取向存在差异。

为什么两个翅膀的交界处没有内界面？为什么在图 11 – 11 （f）和图 11 – 12

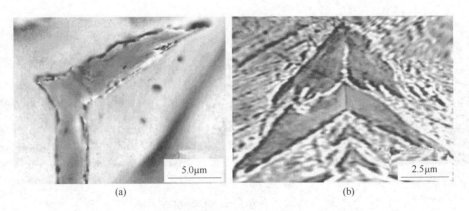

(a)　　　　　　　　　　　　　(b)

图 11 – 15　蝶状马氏体的扫描电镜图像

(a) 140CrWMn 钢，1100℃淬火；(b) 90CrMnSi 钢，1200℃淬火

(c) 的一个翅膀上生长出的分支与另一个翅膀平行？为什么图 11 – 12 (e) 形成白色的马氏体长方块？这些问题显示出无内界面的蝶状马氏体的两个叶片上所形成的马氏体单晶，它们具有相同的晶体学取向。这一结论和文献 [102] 中得出的结果相同。在具有夹角 135°的两个相邻惯习面上形成的马氏体应该具有 180° – 135° =45°的取向差。但是，实际相变的结果是：蝶状马氏体的两个翅膀的晶体取向相同。这是为什么呢？

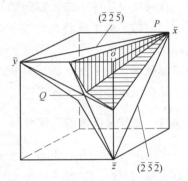

图 11 – 16　蝶状马氏体形成示意图

　　这是因为，在马氏体相变过程中的三个"改变"：(1) 因平行于奥氏体 <110>$_A$ 方向发生改变，将导致两个马氏体单晶之间出现 10°32′[90,176,235] 的取向差。(2) 因马氏体同奥氏体之间的晶体学取向关系发生改变，如由 G-T 关系改变成 N-W 关系，将使马氏体单晶产生 4°16′[13] 的取向差。这两取向差之和为：10°32′ + 4°16′ = 14°48′。(3) 因 N-W 关系中，[112]$_\gamma$//[110]$_{\alpha'}$，因此，奥氏体 [112]$_\gamma$ 改变了 60°，将引起两个马氏体单晶的 [110]$_{\alpha'}$ 也产生 60°的取向变化。当因奥氏体 [112]$_\gamma$ 改变产生的取向差同上面两项取向差相互抵消时，则得出：60° – 14°48′ =45°12′≈45.2°。这就是说，当马氏体晶核向另外一个翅膀生长时，只要所形成的马氏体单晶发生上述 3 种"改变"，即平行于奥氏体的方向、奥氏体 <112>$_A$ 方向和马氏体 – 奥氏体之间的晶体学取向关系都产生"改变"，就可以使相邻翅膀上形成的马氏体单晶具有与原来相同的晶体取向。这就是"同取向蝶状马氏体"形成的原因。

如果在相邻惯习面上生长出的马氏体单晶只发生两种"改变",即奥氏体 $<112>_A$ 方向和马氏体 – 奥氏体之间的晶体学取向关系产生"改变",那么,相邻两个翅膀上的马氏体单晶之间就会出现 $10°32'$ 的取向差,从而在两者的交界处便会产生属于小角界面的分界面。这就是"异取向蝶状马氏体"产生的原因。

在另外一个翅膀上产生的新晶核与直接从奥氏体中形成的晶核不同,它是在原来的晶核上依附形成的,所需要的形核功显著减少。因为两者之间的界面角为零或者是小角界面（$10°32'$）。为了同从奥氏体中直接形成的晶核区别,现称之为"伴生晶核"。普通片状马氏体都是在每个惯习面上独自形成晶核并长大,称之为"普通核"相变。

不仅 $\{225\}$ 面的空间夹角只有上面 5 个,没有孪晶角（$70°32'$）,而且,"异取向蝶状马氏体"（即有内界面的蝶状马氏体）两个叶片的晶体取向差也只是小角差（$10°32'$）,因此,提出蝶状马氏体的分界面为孪晶面[99,113]是没有根据的。

存在内界面的蝶状马氏体是不是由相邻两个惯习面上各独自生成一个晶核,同时长大,最后接触在一起,形成内界面,即由"普通核"生成的呢? 不是。它在另一个翅膀生成的晶核也是属于"伴生晶核",以显著降低形核功,因而它与普通片状马氏体的形核也不同。

11.4.5　蝶状马氏体晶体学分析

如上所述,马氏体常见的晶体学取向关系有 K-S 关系、G-T 关系和 N-W 关系,以 G-T 关系最常见。文献 [102] 中精确测定得出:蝶状马氏体的一个翅膀是 G-T 关系,邻接的另一个翅膀则是 K-S 关系或者 N-W 关系。

图 10 – 8 是作者绘制的当呈现 K-S 关系时相变后马氏体单晶之间的晶体取向。从图 10 – 8 可以看出,与蝶状马氏体相变有关的晶体取向的变化如下:

（1）取向差 $180°$。如马氏体单晶 $6'$ 和单晶 6 的晶体取向完全相反。

（2）取向差 $60°$。由于图 10 – 8 中 7 个马氏体单晶的 $[10\bar{1}]_M$ 都分别和奥氏体的 $[11\bar{2}]_A$、$[\bar{2}11]_A$、$[1\bar{2}1]_A$ 平行,因此,每当马氏体单晶的 $[10\bar{1}]_M$ 所平行的奥氏体 $<112>_A$ 发生变化时,这些单晶的取向也会出现相同角度的改变。例如,单晶 3 的 $[10\bar{1}]_M//[\bar{2}11]_A$,单晶 6 的 $[10\bar{1}]_M//[112]_A$。而 $[\bar{2}1\bar{1}]_A$ 和 $[11\bar{2}]_A$ 之间的夹角为 $60°$,因而 $[10\bar{1}]_M$ 和 $[10\bar{1}]_M$ 的角差也是 $60°$,即这两个单晶形成后,就会出现 $60°$ 的取向差。

（3）取向差在 $6°$ 以下。例如 K-S 关系与 N-W 关系之间的取向差为 $5°16'$[61,90,216],G-T 关系很接近 K-S 关系,两者只差 $1° \sim 2.5°$[46,82,322],因此,G-T 关系同 N-W 关系之间相差 $2°46' \sim 4°16'$。

（4）取向差为零。如单晶 1 和单晶 5 的晶体取向完全相同。

这样一来,利用晶体学即可很好地解释图 11 – 11 （a）、图 11 – 11 （e） 和

图 11 - 12 (b) ~ 图 11 - 12 (f) 中蝶状马氏体的两个翅膀为什么具有相同的晶体取向。上面已经采用这些晶体学取向改变解释了（225）$_A$ 惯习面夹角为 135°时所生成的两个翅膀的晶体学取向完全相同。下面将进一步讨论各种惯习面的夹角，都可以形成晶体学取向完全相同的两个翅膀。

11.4.6 蝶状马氏体的形成机理

蝶状马氏体的形成机理必须解释 3 个基本的问题：

（1）蝶状马氏体为什么具有对称翅膀的形貌；

（2）为何会出现蝶状马氏体两个翅膀的晶体取向相同；

（3）为什么蝶状马氏体只在少部分的合金中形成。

第一个问题主要取决于惯习面。所有惯习面在空间都是相交的，为形成对称形貌的显微组织奠定了基础。晶面 {225} 在空间的交角有 30°、45°、60°、90°和 135°等 5 种，在蝶状马氏体中，尚未观察到两个翅膀的夹角是 30°的蝶状马氏体。

为什么图 11 - 12 (b) 和图 11 - 12 (e) 中还出现没有内界面的、夹角为 45°、60°、90°的蝶状马氏体呢？利用上面的新机理可以做出满意地阐明。

图 11 - 17 所示为对 3 种夹角的 {225} 惯习面的分析。在图 11 - 17 (a) 中呈现直角的两个 {225}$_A$ 惯习面上首先形成一个普通晶核 a，它的奥氏体方向 [1$\bar{1}$2]$_A$ 垂直于惯习面；接着在它旁边产生一个伴生晶核 b，只要它的奥氏体方向 [1$\bar{1}$2]$_A$ 平行于另外一个惯习面，以及两个晶核平行于奥氏体方向 [0$\bar{1}$1]$_A$ 不变的话，就可以在相邻惯习面上生成晶体取向完全相同的马氏体单晶 a 和 b。图 11 - 12 (e) 中白色箭头 A 和 B 所示的白色马氏体长方块主要是依靠这种方式形成的。

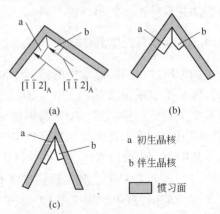

图 11 - 17　蝶状马氏体 {225}$_A$
惯习面的分析

惯习面夹角为：(a) 90°；(b) 60°；(c) 45°

图 11 - 17 (b) 所示的惯习面夹角为 60°，在这两个惯习面上生成的晶核 a 和 b 本来应该具有 180° - 60° = 120°的取向差，但是，当伴生晶核形成时，它改变了奥氏体 <112>$_A$ 方向，由 [112]$_A$ 变成 [$\bar{2}$11]$_A$，发生了 120°的变化，结果使伴生晶核 b 的晶体取向就可以和原来的晶核 a 完全相同。

图 11 - 17 (c) 所示的惯习面夹角为 45°，在这两个惯习面上生成的晶核 a 和 b 原本应具有 135°的取向差，但是，当伴生晶核形成时，它的奥氏体 <112>$_A$

方向改变了120°，同时依靠改变平行于奥氏体的方向以及马氏体－奥氏体之间的晶体学取向关系也发生变更，又获得10°32′＋4°16′＝14°48′的取向差，即可以使取向差的总和达到134°48′（即134.8°），正好与惯习面的夹角135°差不多相同，从而促使两个翅膀具有相同的晶体取向。

综上所述，只要按照图11－17所示出的取向关系生成"伴生核"，在夹角为90°和60°的两个$\{225\}_A$惯习面上可以形成晶体取向完全相同的蝶状马氏体；对夹角为45°的惯习面，也可以形成晶体取向差不多相同的蝶状马氏体，两个翅膀上马氏体的取向差仅0.2°，属于嵌镶块界面。对夹角为135°的惯习面，两个翅膀的取向差也只有0.2°。

上面利用晶体学已经解释了第二个问题。据此，可以将蝶状马氏体的形成机理绘成如图11－18所示。

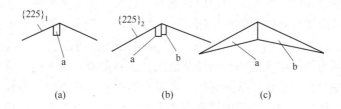

图11－18 蝶状马氏体的形成机理

首先在图11－18（a）的一个惯习面$\{225\}_1$上形成一晶核a，当它长大时，在它的一旁另外一个惯习面$\{225\}_2$上通过上面所述的3个"改变"（见第11.4.4节）而产生一个伴生晶核b，如图11－18（b）所示。最后，由普通晶核a和伴生晶核b长成蝶状马氏体的两个翅膀，如图11－18（c）所示。

这两个翅膀之间有没有内界面，取决于伴生晶核在形成时发生了什么样的"改变"。若发生了上述3种"改变"者，两个翅膀的马氏体晶体取向便相同，因此两者之间没有内界面；如果只出现两种"改变"的话，两个翅膀上的"马氏体取向"则相差10°32′，那么两个翅膀之间就存在小角界面。

要彻底解释好蝶状马氏体形成的原因，必须应用"相变力矩理论"。蝶状马氏体是惯习面为$\{225\}_A$所引起的一种特殊形态，因造成铁原子的激活迁移能显著增大（主要是铁原子最大的迁移距离增加，见第13章），导致形核和长大功大增，使形核困难。为了降低形核和长大功，通过一个晶核向相交的两个惯习面生长的方式，依靠减少相变力矩能，形成蝶状马氏体来进行马氏体相变。

之所以各个晶核不在同一个惯习面上各自长大，而采取分别在相邻两个惯习面上各自生长，唯一的原因是相变力矩的作用。因马氏体单晶的力矩矢$M_0＝\pm Fa$，F为力，a为力矩臂。如图11－19（a）所示，同位于一个惯习面长大的片

状马氏体的力矩 **a** 比蝶状马氏体的力矩（见图 11-19（b）)最多可以大一半，后者的力臂只有 $a/2$，从而使蝶状马氏体的形核功显著减少。

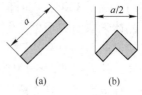

图 11-19   片状马氏体和蝶状马氏体的力矩分析
(a)片状马氏体；(b)蝶状马氏体

　　可见，在马氏体的比体积大，而且相变温度低、奥氏体的强度高、相变力矩特大的情况下，在相邻惯习面交界上生成"伴生晶核"，并分别向两个惯习面生长的蝶状马氏体比在一个惯习面生长的片状马氏体的形核功和核长大功都小，因此出现蝶状马氏体的形貌。

　　第 3 个问题的核心是为什么只有蝶状马氏体才具备在相交惯习面上形成对称的组织形态？

　　通过长期的研究，本书作者得出：蝶状马氏体是一种马氏体比体积大，因体积应变能激活迁移能，尤其是力矩应变能高导致形核困难的相变。这也是应力和应变对蝶状马氏体具有强烈催化作用[327,329]的原因。正因为形核困难，因此才在已经生成的晶体旁边形成"伴生晶核"，并向相邻的惯习面长大，从而生长出两个翅膀。也因为体积应变能和激活迁移能高，普通晶核长大不久，就因两者的数值过高导致晶核长大停止。从而促使晶核的一端改变生长方向，向相邻的惯习面扩展，以减少体积应变能的新增量和不增大相变力矩。也正由于这种合金具有向相邻惯习面生成的能力，因而当粗大片状马氏体停止长大后，可以发生"伴生核"相变，在一侧生长出许多分支，继续进行马氏体相变，如图 11-11（c）、图 11-11（f）和图 11-12（b）、图 11-12（e）所出现的形态。可见，粗大马氏体片旁边生长出分支，其原理与蝶状马氏体相同。

　　采用这一观点，也可以很好地解释图 11-20 中粗片马氏体与细小蝶状马氏体共存的现象。

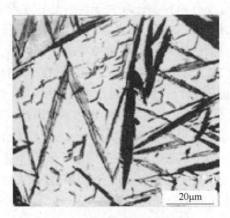

图 11-20   120CrMnSi 钢从 1100℃淬火 +
400℃回火的金相组织

当400℃回火后，消除了大部分的内应力，以及因碳化物从马氏体内析出，降低了铁素体的过饱和度后，减少了体积应变能，从而导致冷却时发生二次马氏体相变。首先形成浅色的、夹角为60°的粗片马氏体，呈现"W"字形貌。它们都是在每个惯习面上形核并长大产生的，即属于"普通核"相变。继续降温，便产生大量的、夹角为135°的细小蝶状马氏体。它们都是形成一个晶核后，同时向相交的两个惯习面长大，即通过"伴生核"相变而形成许多蝶状马氏体。因为较快冷却到室温，从而终止了蝶状马氏体的继续成长。目前一直采用促发马氏体相变来解释图11－20中的蝶状马氏体的出现，实际上并未解决问题，因为促发马氏体并不一定就形成两个翅膀。

在这里暗示出一条形核规律（或形核功的大小）：当形核困难时，尤其是在压力场下，"伴生核"相变比"普通核"相变更容易发生。

至于为什么只有碳的质量分数和合金元素一定时才形成蝶状马氏体，尚待进一步研究。可能与力矩应变能有关。

随着碳和合金元素的质量分数的再增高，体积应变能，尤其是界面能进一步增大，蝶状马氏体已经不是形核功最低的组织形态，将变成透镜状马氏体。由上面晶体学的分析可知，透镜状马氏体是由取向完全相反的两个晶核组成一个透镜，它们之间的界面便是中脊线，中脊线的界面差为180°。关于这种马氏体的形成机理参见上面第11.4.6节的论述。

11.5 马氏体长大的相变力矩论

在第13章，将论述相变力矩对马氏体晶核的长大、马氏体晶核的形状和部分孪晶马氏体的形成起着决定性的作用。

12　马氏体新现象论

Phenomenology 的原意是"现象论"，我国有些人却将其译成深奥难懂的"唯象论"、"表象论"。本书按照英文的本意，译成"现象论"。要建立马氏体的新现象论，除了补充"相变力矩"的原理外，还需要探讨在马氏体相变过程中碳原子的相内分解规律和铁原子的无扩散迁移。

12.1　马氏体相变热力学的失误

正由于忽视了"相变力矩"和"铁原子无扩散迁移"这两个重大因素，因而在对马氏体相变过程中一个晶核形成后能量变化的计算时，未考虑因相变力矩和铁原子无扩散迁移所造成的系统储能的改变。本书作者认为正确的热力学表达式应该是：

$$\Delta G_{总} = -\Delta G_V + E_v + E_D + E_M + E_\sigma$$

式中　$\Delta G_{总}$——系统自由能的总变化；

　　　ΔG_V——体积自由能的降低；

　　　E_v——体积应变能；

　　　E_D——铁原子的无扩散激活迁移能；

　　　E_M——力矩应变能；

　　　E_σ——表面能。

E_v 为因马氏体晶核的生成所引起的弹塑性能量增大，包括：奥氏体的弹性和塑性切变能，马氏体点阵的弹性应变能、位错和孪晶引起的储能等，总称体积应变能。一般忽视或低估了因马氏体晶核在奥氏体中所造成畸变区的大小随晶粒尺寸的增加而扩大，导致体积应变能的更大升高。体积应变能的数值随晶核尺寸而变，是尺寸的函数，即晶核的"尺寸效应"。

E_D 称为激活迁移能。在马氏体形核时，铁原子必须在一个原子间距内进行迁移，自动进行点阵类型的改组，因原子脱离了点阵的低能位置而引起自由能升高以及被"激活"的置换原子移动会增大自由能的消耗。这一点也被忽视了，将在第 13.1 节论述。

E_M 为相变力矩导致的储能增量。由于这一项的数值极大，且随晶核的长大而剧增。因此，即使出现了马氏体晶核，也无法长大，将自行消失。

按照上面热力学表达式，只能得出马氏体相变不可能发生。但是，实际上，当具有一定的过冷度后，马氏体可以形核和长大。这就表明：实际的马氏体相变自己解决了相变力矩的问题。它们到底是如何解决的呢？

正如第 11.2 节对马氏体晶核形成的力矩分析那样，实际马氏体相变是通过在原奥氏体内同时形成两个或多个马氏体晶核使空间力矩系达到平衡，即合力矩矢等于零。

这就是说，无论是无扩散和扩散固态相变，它们的热力学表达式应该是多个晶核的能量计算：

$$\Delta G_{总} = n(-\Delta G_V + E_\sigma + E_v + E_D + E_M) \tag{12-1}$$

$$\sum M_n = 0 \tag{12-2}$$

式中 n——母相中同时生成的新相晶核数目，最少为 2；

M_n——每个晶核的单位力矩矢。

为了使马氏体相变过程中合力矩矢为零，从而促使马氏体出现多种相变的途径或者方式，参见第 11.3 节的讨论。该节已经指出：珠光体相变、贝氏体相变、钢铁和有色金属合金中的魏氏组织等组织形态，都是因相变力矩的控制而出现的。

12.2 低碳马氏体相变的相内分解

12.2.1 相内分解曲线

1951 年，发现以过渡元素为基的单相固溶体在低温下也会发生原子选择性的集析，形成所谓的 K - 状态[250]，后来称之为不均匀固溶体[181]，或单相分解、相内分解[233]。目前，关于 K - 状态的本质尚在争论。有人认为是因一种原子的集聚而使固溶体成分出现超显微的不均匀分布[123]。它就是合金中的短程序[275]。K - 状态与超结构，即长程序的形成有关[325]，它是因溶质原子在位错周围的集聚所引起的[247]。文献 [239] 中则认为：K - 状态虽与短程序存在密切的关系，但和短程序不同，它可以和短程序同时进行。塑性变形可以促进相内分解[272]。不过，后来有人通过热力学计算，得出在铁合金中不可能发生相内分解[308]。

本书作者认为，在无应力状态下的计算，不能代表在应力作用下单相固溶体内溶质原子的行为。实际上，铁合金的冷却相变在孕育期中，因冷却应力和相变应力的作用，的确发生了碳和合金元素等的偏聚。它是预转变的主要过程，为新相晶核的形成创造了成分起伏的稳定条件。

在同一温度 T_1 下，单相固溶体的自由能随成分和温度的变化如图 12-1 (a) 所示。图 12-1 (a) 中的虚线和实线分别是没有和存在应力场下单相固溶体的 F-C-T 图。因应力场的作用，出现 "相内分解"，变成图中具有两个谷值的实线。对碳钢，就是产生贫碳区 C_P 和富碳区 C_F，如图 12-1 (b) 所示。

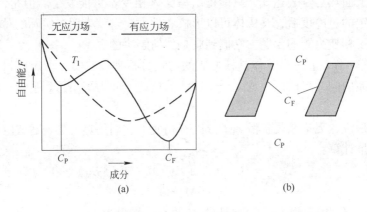

图 12 - 1 单相固溶体的 F-C-T 图和贫、富碳区示意图

(a) 单相固溶体的 F-C-T 图；(b) 贫、富碳区示意图

特别要注意，一旦发生相内分解，固溶体内最后就只有这两种成分区域，没有中间成分区，如图 12 - 1（b）所示。它们像过饱和固溶体分解时的 G. P. 区一样，两个区域之间没有可观察的分界面。除了图中深色块为富碳区 C_F，基体是贫碳区 C_P。只有当合金中出现成分在 $C_F \sim C_P$ 之间时，才会再次发生相内分解的转变，最终都变成富碳区 C_F 和贫碳区 C_P 两个部分。与其他过程一样，这个过程发生前，也需要激活能，以克服能量位垒。

珠光体、贝氏体，乃至低碳马氏体的形成都与碳原子发生相内分解有关。图 12 - 2 所示为碳在过冷奥氏体中的相内分解动力学曲线[19]。

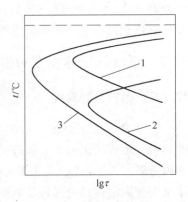

图 12 - 2 碳的相内分解曲线

1—珠光体相变；2—贝氏体相变；
3—碳原子的相内分解

12.2.2 碳对奥氏体和铁素体自由能的作用

任何自发进行的过程，都是引起系统自由能降低的过程。例如，随着溶解过程的进行，溶质原子浓度的升高，固溶体的自由能将不断降低。当达到饱和浓度时，自由能降到最低值。"过饱和"不是自发的过程，因为它引起自由能升高。图 12 - 3（a）所示为在无应力作用下不发生相内分解时，碳原子的质量分数对奥氏体和铁素体自由能的影响。因马氏体属于过饱和状态，因此碳原子引起其自由能不断增高。但是，碳原子的质量分数增加却引起奥氏体的自由能下降。当马氏体晶核生成后，它内部的碳原子会向四周的奥氏体中扩散，导致其碳的质量分

数升高。这是由于过饱和的马氏体通过向周围的奥氏体排碳，降低碳的质量分数来减小自身的自由能，而且这一过程又引起奥氏体的自由能下降，所以马氏体晶核向周围的奥氏体排碳是一个自发的热力学过程。

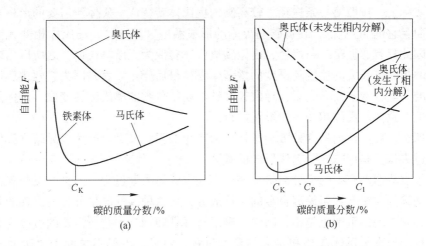

图 12 - 3 碳的质量分数对奥氏体和铁素体自由能的作用

（a）没有应力，未发生相内分解；（b）在应力下，当 $T = T_2$ 时发生了相内分解

当因应力的存在而产生相内分解时，使自由能曲线变成图 12 - 3 （b）。对合金成分为 C_1 而言，过冷奥氏体中将自发形成两种成分区：贫碳区 C_P 和富碳区 C_F。在贫碳区内形成铁素体后，它的碳的质量分数会自发降低到该温度下的最低值 C_K，多余的碳原子都由铁素体内排出（因为其 C_K 值接近于零），使相邻奥氏体碳的质量分数升高。从表面上看，四周奥氏体内碳的质量分数的升高会导致它的自由能增加。但是，在相内分解的情况下，这种自由能升高属于亚稳状态。通过分解成贫碳区和富碳区，而会变成自由能更低的自发过程。不过，奥氏体发生相内分解的过程需要激活能，以克服形成富碳区所需的能量位垒。新形成的过饱和马氏体片状晶可以将碳原子不断地向两旁的奥氏体排出，使它两旁的奥氏体变成富碳区，令奥氏体的相内分解被激活。所以，低碳马氏体相变具有触发和加速"相内分解"的功效。

因马氏体是连续冷却相变，冷却时间很短，到底发没发生"相内分解"呢？这就要分析在低碳钢中为什么会生成具有立方晶格的无碳马氏体。目前都认同，低碳钢中生成的马氏体是无碳的，它的点阵没有正方度。那么，含有碳的奥氏体到底是怎样变成无碳马氏体的呢？它的途径有两个：

（1）由较高碳的奥氏体首先变成较高碳的马氏体，再发生碳原子由马氏体向四周奥氏体的转移，变成极低碳；未发生"相内分解"的铁素体，它与奥氏体平衡的碳的质量分数仍然有一定量。按照铁碳平衡图，在 500℃，铁素体中碳的质量分数大于 0.1%。

（2）在奥氏体中首先形成碳的质量分数很低的区域，由它转变成微碳马氏体；再由微碳马氏体将碳原子排出，从而变成极低碳马氏体。

实际上，按照第一条途径，较高碳的奥氏体转变成马氏体所需要的形核功很高，而且它的 M_s 点低，在低碳马氏体的形成温度（M_s 点），马氏体相变无法发生，因此只有遵循第二条途径，由微碳奥氏体转变为无碳马氏体。之所以出现马氏体薄板晶核长大的速度随厚度的增多变慢，最后停止，就是因为它两边奥氏体的碳的质量分数不断升高后，导致较高碳的质量分数的奥氏体转变成马氏体的温度降低，致使马氏体相变不能继续进行。

那么，奥氏体内的这种微碳区是如何产生的呢？又是怎样生成无碳马氏体的呢？过去认为是依靠成分起伏形成低碳区。

依靠热运动产生的成分起伏是一个不稳定的热力学过程，而且，按照随机的原理，碳的质量分数越偏离合金的平均成分，含这种碳的质量分数值出现的几率越低，它出现的范围也越小，因此，难以解释低碳钢当到达所需要的过冷度后会大面积的出现马氏体晶核和长大的自发过程。可见，不得不求助于"碳原子的相内分解"。淬火过程中，当工件温度经过碳原子的相内分解鼻部区（见图 12 - 2 中的曲线 3）时，由于冷却应力的作用，过冷奥氏体便处在相内分解的热力学状态，把依靠热运动出现的"成分起伏"固定下来，变成稳定的热力学过程。而且，会引起碳原子自发进行"上坡浓度"扩散，在奥氏体内自动扩大微碳区，并形成富碳区，为马氏体和贝氏体相变准备了成分起伏的充分条件。在相内分解鼻部区停留时间增长或者等温，将使相内分解进行得更快。

总之，由于淬火时冷却时间很短，因此很难进行大量的自发相内分解，但是，因热力学条件的改变，使奥氏体中原有的成分起伏变成热力学的稳定态，致使随机的不稳定过程成为稳定的热力学过程。这样一来，由成分起伏产生的低碳区可以迅速扩大和增多，并降低碳的质量分数，为马氏体晶核的形成创造条件。

在相内分解鼻部区等温可以加速贝氏体转变已经有不少文献报道。

（1）在珠光体孕育期中，不仅出现碳原子的重新分配，而且还发生合金元素的再分配。一些人认为[212,213,326,336,337]，珠光体形成前，合金元素存在重新分布；50Cr7 钢和 60Cr9 钢在珠光体转变等温很短时间（15～78s），就形成一定数量的特殊碳化物，因而认为[204]：在奥氏体中存在一个铬的预先重新分布，形成贫铬区和富铬区。一系列的 X 射线和电子显微镜研究[240,249,251]证实，在贝氏体相变前，在奥氏体中发生碳原子的预先重新分布。文献［292］中采用快速高温 X 射线的研究获得：在下贝氏体的孕育期中，碳在奥氏体内形成 G. P. 区。

（2）许多资料都证实，在珠光体和贝氏体温度区之间的孕育期稳定区域内保温，可以加速贝氏体相变。发现 W18Cr4V1 钢在奥氏体稳定区保温，可以促进贝氏体形成。但是，在保温期间并未观察到过冷奥氏体发生分解，甚至没有碳化物从奥氏体中析出[334]。碳的质量分数为0.4%、镍的质量分数为25%、铬的质量分数为0.5%、钼的质量分数为0.5%的钢在奥氏体非常稳定的温度范围（孕育期大于3天以上）保持很短时间（5~30s）也会大大加快下贝氏体的形成速度[335]。

（3）高速钢在550℃回火可降低残余奥氏体的稳定性。在540℃和565℃分别回火0.5h和0.1h，即可使奥氏体催化[304]。对P9钢在600℃回火15~60min，残余奥氏体的M_s点可由265℃升至304℃[328]。大家用在回火时析出特殊碳化物来解释这一现象。但是，不少资料[303]得出，并没有观察到碳化物析出，但奥氏体的稳定性仍然下降。如果采用相内分解即可说明：因碳和合金元素的相内分解，形成贫碳和合金元素区，从而提高了M_s点。

（4）本书作者曾经进行了试验，获得表12-1的结果。60Si2钢在920℃加热，在淬火前，一部分先在500℃等温20s，然后淬入310℃和330℃盐浴再保温40s，转500℃回火，淬火。此钢的M_s点为360℃，奥氏体和珠光体之间的稳定区在500℃左右，孕育期为200s。

表12-1　在珠光体和贝氏体之间的稳定区保温对60Si2钢马氏体相变的影响

第一次淬火的温度/℃	马氏体形成量/%	
	在稳定区未预先保温	在稳定区保温20s
310	0	11
330	0	3

首先在此稳定区等温的目的是进行相内分解，在310~330℃淬火形成马氏体后，接着在500℃回火，变成黑针，以观察马氏体数量的变化。

表12-1的数据表明，预先在孕育期中保温，不仅可以增加贝氏体的相变数量，而且也可以增多马氏体的形成量。证明了在冷却相变过程中，的确发生了合金元素，尤其是碳原子的相内分解。

对马氏体的淬火而言，相内分解的作用主要表现在使成分起伏的随机过程变成一个稳定的热力学过程，扩大了成分起伏中低碳区的范围和数量，为马氏体晶核的形成营造了必要的条件，令它们得以顺利的发生。

12.3　束状薄板马氏体的形成机理

上面已经指出，要阐明低碳马氏体的形成机理，除了文献［13］中和第10章所述的晶体学关系外，还需要相内分解。考虑到淬火冷却时间很短，因此，自发的相内分解的速度相对小，在淬火冷却时间内尚未发生相内分解。但是，相内分解这一过程可以使过冷奥氏体中依靠热运动的不稳定过程而产生的成分起伏变成一个稳定的热力学过程，自然而然地奠定了发生相内分解的基础，激活了相内分解转变，使低碳区不断扩大，且碳的质量分数不断趋向最低值。再加上在贫碳区内出现的马氏体晶核也发生相内分解，而且速度比奥氏体快很多。这个将碳原子排向周围奥氏体也是一个自发的热力学过程，导致在马氏体板状晶的两旁形成高碳的奥氏体薄膜，帮助相内分解克服了自发形成富碳区的能量位垒，从而大大地触发了奥氏体相内分解的进行。

由图 12 – 2 可知，虽然低碳钢的 M_s 点较高，在 500℃左右，正好处在相内分解速度最快的温度范围，但由于淬火速度很快，因此仍然不会发生奥氏体的自发相内分解，只是令奥氏体中因成分起伏产生的低碳区稳定化，并迅速扩大。可见，在低碳马氏体的相变过程中，相内分解确实起了重要作用。在成分起伏的基础上，使过冷奥氏体中出现许多稳定的低碳和微区。此外，低碳马氏体的块区内，为什么在薄板单晶之间的残余奥氏体会呈现薄膜状，并且它们的厚度都接近（约 $20nm^{[61,183,202]}$）呢？为什么一个块区中的薄板单晶数量很多，而且它们的厚度也相似呢？这些问题，也只有依赖相内分解来解释。这就充分说明：在低碳钢的马氏体相变中，的确存在相内分解的过程。

冷却应力以及马氏体相变造成奥氏体处在应力状态下，使自由能曲线发生如图 12 – 3（b）所示的本质变化。下面结合低碳马氏体的形成机理来说明。图 12 – 4 所示为低碳马氏体相变过程的具体步骤。

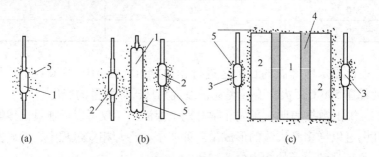

(a) (b) (c)

图 12 – 4 低碳钢中束状薄板状马氏体的形成机理
1～3—马氏体；4—奥氏体薄膜；5—碳原子

（1）在奥氏体的低碳区内的惯习面上产生许多马氏体晶核。它们的均匀切变方向相同，但所平行的奥氏体方向各异，如图 12 – 4（a）中所示的"1"。它们之间相隔的距离决定于温度。温度越低，晶核的间距越小。

（2）晶核最初的尺寸小，界面能在相变驱动力的消耗中所占的比例大。为了降低界面能，马氏体晶核呈现薄板状，使两个主要平面与奥氏体保持低能惯习面的取向和结构。

（3）马氏体薄板状晶核产生后，一方面将碳原子排向两旁的奥氏体，使旁边奥氏体的碳的质量分数增高，如图 12-4（a）中所示的 5；另一方面，沿着惯习面迅速长大成一个薄板状单晶，因为它的两个主平面与奥氏体的惯习面平行，可以具有很低的界面能和体积应变能。所以，只要有可能，马氏体会迅速生长成薄板状，使两个主界面具有最低的界面能（即主要界面是"惯习面界面"），如图 12-4（b）中所示的 1。随着马氏体薄板的增厚，不断把碳原子排向相邻的奥氏体内。

（4）因这时生成的薄板状单晶体积小，化学自由能 ΔG_V 下降值不多，界面能和体积应变能很快就达到自由能的下降值而使晶核停止生长。这时，为了继续相变，晶核首先是纵向生长，以减少四周界面面积的增大；单晶采取改变长大方向，通过双改变，形成内孪晶的方式，在纵向得到扩展（参见第 13.6 节）。依靠不断形成内孪晶，导致薄板状单晶的尺寸变大，最后变成一个具有少量内孪晶（见图 3-4 和图 3-7（b））的薄板晶。低碳马氏体的内孪晶面间距比较大，例如 20 钢，马氏体内孪晶的平均间距为 $0.227\mu m$。由此可见，马氏体中具有内孪晶是相变的一个环节，是马氏体晶核纵向长大的一种方式，因此，所有马氏体都存在内孪晶，区别只是在于形成的数量不同（其原理参见图 13-22）。

（5）因多次形成内孪晶，令薄板晶沿纵向不断生长，引起更多的化学自由能的下降，促使它通过增厚来长大。由于增厚而使它两边奥氏体内碳的质量分数升高，导致由较高碳的质量分数的奥氏体转变成马氏体，因而产生更大的应变能和界面能。这将引起核长大功随之增加，致使薄板晶增厚速度不断减慢。当因薄板晶的排碳引起两边奥氏体的碳的质量分数超过低碳钢的范围时，它的增厚会生成中碳或高碳马氏体，造成核长大功显著变大。尤其是四周奥氏体的畸变区扩大，使体积应变能剧增。虽然通过随后的排碳可以降低薄板晶的比体积，但四周奥氏体畸变区内铁原子的储能并没有减少很多。因为它们由畸变获得的势能增高会转变成动能（令热振动频率、振幅和速度等变大，使谐振子的能量等级升高），致使它们的储能没有多大的变化，所以体积应变能仍然高。一旦超过化学自由能的下降，此薄板晶的增厚便终止。

（6）继续相变已经不能依靠晶核的长大，只有形成新晶核。为了降低形核功，需要改变晶核的晶体取向，使体积应变能的新增量变小。按照马氏体晶体学，当马氏体单晶的晶体学关系发生改变时，可以实现前后两个单晶之间的取向差出现 $1° \sim 10°^{[39,52,61]}$ 的变化。这就是块区内的各薄板晶都是小角差取向的原因。由于小角界面的界面能高于平行于惯习面的全共格界面能，因此，这些具有不同取向的马氏体新晶核不能在惯习面界面上形成，只能在奥氏体薄膜旁边的贫碳区中产生。它的取向必须与已经生成的薄板晶存在角差，否则形核功将变大，无法出现。

由此可见，薄板晶之间出现奥氏体薄膜的条件是：平行于惯习面的全共格界面能低于小角界和孪晶界的界面能。

(7) 需要强调的是：马氏体内碳原子向板状晶两旁的奥氏体中扩散，触发了过冷奥氏体的相内分解，令它附近的碳原子出现"上坡浓度扩散"，并成为自发的过程。随着碳原子向马氏体板状晶1附近的奥氏体聚集（见图12-4（b）中的5），令它两旁的高碳奥氏体薄膜的厚度迅速增大，浓度升高。

之所以与马氏体薄板邻接的奥氏体具有比较相似的碳的质量分数，并最后形成稳定的奥氏体薄膜，完全是马氏体的排碳和相内分解两个过程的复合作用所造成的。

如果没有应力作用，奥氏体中碳的质量分数升高，自由能降低，其成分将趋近于同铁素体平衡的碳的质量分数。离开奥氏体和铁素体的分界面，只会出现奥氏体内的碳原子的下坡浓度扩散，产生碳的质量分数均匀化。这样一来，就无法解释为什么低碳马氏体的板状晶之间形成的是薄膜状的、碳的质量分数为0.4%~1.04%的残余奥氏体[46]，也解释不了为何在碳的质量分数已经平均升高了的奥氏体内会出现低碳的马氏体新晶核。而且所形成的许多细小薄板相互平行，呈现束状的组织。当不存在溶质原子选择性集聚时，碳原子只会在高碳奥氏体旁边自发产生"下坡浓度扩散"，绝对不可能出现碳原子的"上坡浓度扩散"过程，并自动在高碳的奥氏体薄膜旁边形成贫碳区。在超微观的范围内，高碳的奥氏体薄膜旁边形成贫碳区正是马氏体相变中进行了相内分解的有力证明。可见，相内分解对形成由许多平行的、厚度仅仅约0.15~0.2μm[45]薄板单晶组成的马氏体块区起了决定性的作用。

这一决定性作用不单单表现在马氏体薄板晶两边生成高碳奥氏体薄膜和贫碳区，而且更重要的是：因铁素体的相内分解促使马氏体变成无碳，而两旁奥氏体则增碳，使两者点阵间距的差异进一步变小，促使惯习面的界面能最低，不仅低于小角界面，而且还低于孪晶界面。从而，不能在惯习面界面上生成伴生晶核，像中碳、高碳马氏体那样，形成束状细片马氏体组织。低碳马氏体的块区结构完全是惯习面的界面能低于小角界面和孪晶界面产生的。由此可以看出，相内分解对形成低碳马氏体的块区结构、生成双色束状组织起了非常重要的作用。

因奥氏体意外增碳诱发了它的相内分解，致使板状晶1两边的奥氏体成为相内分解中的富碳区，并在其旁边形成贫碳区。一旦在贫碳区出现新的马氏体晶核2，如图12-4（b）所示，便迅速长大成具有少量内孪晶的薄板晶，如图12-4（b）中所示的2。依靠薄板单晶2中的碳原子向两者之间的奥氏体中排出，导致此奥氏体的碳的质量分数再次上升。一旦出现新马氏体的M_s点低于该处的温度，薄板晶2向薄板晶1方向的长大将停止。两者之间的奥氏体薄膜便稳定下来（加上由两旁薄板晶产生的压应力会促使奥氏体的M_s点降至室温以下），以致形成了稳定的残余奥氏体薄膜，如图12-4（c）中所示的4。从而，制止了奥氏体薄膜变成极薄，以致其碳的质量分数升至极高。

这就解释了为什么残余奥氏体薄膜的厚度在 20nm 左右，碳的质量分数仅为 0.41% ~ 1.03%[46] 而不一直升至很高的原因。

这是低碳马氏体中，所有马氏体薄板旁边的奥氏体基本上具有相同碳的质量分数，而且碳的质量分数又不很高的原因，也是低碳马氏体都是厚度很薄且基本相近的薄板晶（见图 12 – 5）的原因。

（8）重复上面的步骤，便形成一个夹有残余奥氏体薄膜的、由许多平行薄板晶组成的马氏体块区。当小角取向差无法降低总体积应变能的增量时，块区的尺寸便达到了该温下的最大值。只有在已有块区旁边的贫碳区中，通过双改

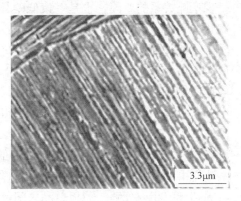

图 12 – 5　20 钢从 1100℃淬火后
的扫描电镜图像

变的方式生成一个具有孪晶关系的晶核，才能有效地降低形核功。这就是具有 70°32′取向差的新晶核出现的原因。此新晶核长大便完成另外一个新块区的生成。此新块区与原来的块区之间为孪晶关系。

许多资料证实，低碳马氏体块区内，各板状晶之间的取向差为小角差[39,61,65,66]，而且既有 K-S 关系，也有 N-W 关系[37,39,309]。块区与块区之间则为孪晶关系[44,46,97]。这些现象又如何进行解释呢？

第 10 章的晶体学分析已经回答了这些问题。在图 12 – 4（b）中，后来形成的晶核 2 与已经生成的晶核 1 到底是什么取向关系呢？它们没有固定的取向，随机而定，唯一的原则是所造成的自由能升高尽可能小。可能有 4 种方式：

1）按照和原来晶核 1 的相同晶体学取向，在贫碳区的相同惯习面上形成。最后，新晶核的晶体取向和晶核 1 完全相同，即两者的取向差为零。

2）新晶核如果由原来晶核 1 的 K-S 关系改成 G-T 关系，那么可以令两者的取向差为 1° ~ 2.5°[46,82,322]。这将减轻新的上下端面错配程度，以及缩小新的上下端面附近奥氏体畸变区的范围，使应变能的升高变小，从而减少了形核功。这样一来，最后相邻薄板单晶之间将出现 1° ~ 2.5°的角差。

3）新晶核如果由原来晶核 1 的 K-S 关系改成 N-W 关系，可以令取向差为 5°16′[90,216]。这样一来，最后相邻薄板单晶之间会出现 5°16′的角差。

4）当新晶核平行于奥氏体的方向发生变化后，可以带来 10°32′的取向差[90,176,235]，则更有利于块区尺寸的变大。

（9）在不改变惯习面的前提下，能够显著改变取向差的办法是"双改变"，

即新晶核平行于奥氏体的方向和奥氏体的均匀切变方向同时发生"改变"。这样一来，可以出现 $10°32' + 60° = 70°32'$ 的角差（即孪晶角[44,46,97]），令新出现的界面错配程度显著减轻，周围奥氏体的应变区增量较大的变小。这就是块区之间呈现孪晶关系的原因，也是一束低碳马氏体在光学显微镜下出现黑白交替组织形貌（见图 12-7（c））的根源。注意：与低碳马氏体不同，中碳、高碳马氏体中马氏体相邻细片是直接连接的，两者之间保持孪晶界面。低碳马氏体相邻块区的取向差虽为孪晶角，但各薄板之间都有奥氏体薄膜相隔。界面能并不改变，都是同奥氏体保持惯习面的取向关系，仅仅是降低了体积应变能。

这一推测可以由马氏体相变本身得到证实。目前的实际测定得出，在低碳马氏体束中，K-S 关系和 N-W 关系等反复出现[34,36,47]、相邻块区之间为孪晶关系[44,46,97]等事实充分表明：这些过程的自发出现只有一个目的，就是为了减少系统自由能的升高。例如，上面"低碳马氏体相变过程的具体步骤"之（7）已经提到，因相内分解，薄板单晶之间都有残余奥氏体薄膜隔开，因此，各块区之间的孪晶关系并不改变系统的界面能。低碳马氏体束中薄板单晶同奥氏体的主界面都是低自由能的全共格惯习面界面，那么为什么新块区形核时，奥氏体的均匀切变方向却只改变 60°，而不改变 120° 或 180° 呢？这就充分证明：块区之间的取向差保持孪晶关系不是因为孪晶界面可以显著减少界面能，而是为了降低体积应变能。对低碳马氏体束而言，块区之间的孪晶关系就是为了缩小四周奥氏体的畸变区的范围，获得较低的应变能增值。

块区之间形成孪晶取向关系的事实充分证明：通过改变薄板单晶相互间的取向可以减慢系统应变能的升高。这是因为：新相产生的应变能除了因新旧相的比体积差所带来的体积应变能外，对共格相变，还出现两项体积应变能：（1）因新旧相存在比体积差，随着晶核尺寸变大，将引起晶核附近的母相点阵出现更大的应变区，使母相的应变能增高更多。可以称这种增高属于晶核的"尺寸效应"。（2）由于界面的错配，随着晶核的长大，界面错配也将导致母相中的应变区扩大，带来母相应变能进一步升高。改变晶核长大的方向，可以使这两项应变能显著降低。

已有的块区到底在什么时候终止长大，并在其旁的贫碳区形成具有孪晶取向关系的新晶核呢？

这个问题取决于块区中薄板晶的数量。块区是依靠各薄板晶与原有的薄板晶产生小角取向差而生成的，每个薄板晶之间的取向差在 1°~10° 之间。因此，块区中的各薄板晶的位置实际上在发生不断地转动，如图 12-6 所示。第二个薄板晶（虚线）同第一个薄板

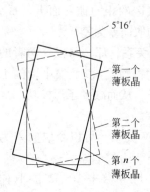

5°16′

第一个薄板晶

第二个薄板晶

第 n 个薄板晶

图 12-6　一个块区内各薄板晶取向的旋转

晶（虚线）的取向差为5°16′。每新增一个薄板晶，取向差相对于前一个薄板晶转动一个角度。所转动的角度可能是5°16′（由K-S关系改成N-W关系的取向），也可能是2°46′~4°16′（由G-T关系改成N-W关系），甚至和第一个薄板晶的晶体学取向相同。这就是在一个块区内，K-S关系、N-W关系、G-T关系都有且轮番出现[37,39,46]的原因。前面已经指出，在薄板晶转动位置时，奥氏体的均匀切变方向并没有改变，而是因为马氏体平行于奥氏体的方向发生变化或者晶体学关系出现改变而带来的。所以，绝对不是如Rao等人[46]提出的，因奥氏体的均匀切变矢量产生旋转而导致薄板晶的相对位置出现改变。

文献［46］中根据衍射斑点图谱的测定提出设想：在一个板条区中，均匀切变参考矢量在不断旋转，最后达到180°，板条数量在3~5个之间。后来，他们又放弃了这一看法[38]。本书作者认为，一个块区内的薄板晶的取向的确在不断改变（或旋转），但是，最后的薄板晶同最初薄板晶的取向差不是180°。文献［46］中的第5个板条的衍射斑点图与第1个相同（参见该文献中的原图1），因而认为均匀切变参考矢量旋转了180°[46]的看法不准确。实际上不过是第5个板条采取了第1个板条的晶体学关系"生成"而已，被Rao等人[46]想象成均匀切变参考矢量旋转了180°。何时出现新生的薄板晶核和第1个薄板晶具有相同的晶体学取向，取决于奥氏体畸变区的大小。只要新晶核已经摆脱了原来的奥氏体畸变区，它的生成再不引起原来的畸变区范围扩大，就可以出现重复第1个薄晶的取向，在贫碳区内形成新晶核。此新晶核与奥氏体的界面仍旧是惯习面界面，因而其界面能依然与原晶核相同，只是它们因出现小角取向差而使体积应变能减少，导致新晶核可以长大。

在同一块区内，大约最多每隔5个薄板晶就会出现1个薄板晶具有完全相同的晶体学取向。

随着块区尺寸的连续变大，此块区四周的奥氏体畸变范围不断增大。因体积应变能增高，薄板晶很快停止生长。当依靠单改变无法使块区尺寸再变大时，便通过双改变形核，使薄板晶转动孪晶角（70°32′），采取显著改变薄板晶的取向差来减少体积应变能的新增量。这时，一个块区的长大便终止了，出现另外一个新块区。此新块区再按照上面的方式长成到最大尺寸。如此反复，便不断形成具有孪晶关系的新块区，再由许多块区构成一个马氏体束。当遇到相邻的其他束状马氏体或者晶界时，此束状组织才停止扩展。

在马氏体相变过程中，通过改变单晶的取向来减少界面能和体积应变能的图解可参见图12-7。

如图12-7（a）所示，当一个马氏体束停止长大后，它引起四周的奥氏体产生很大的切变应变，导致奥氏体更加不稳定，便在其相邻的贫碳区内、其他惯习面上出现马氏体的新晶核（见图12-7（a）中3）。这个新晶核在形成时，一

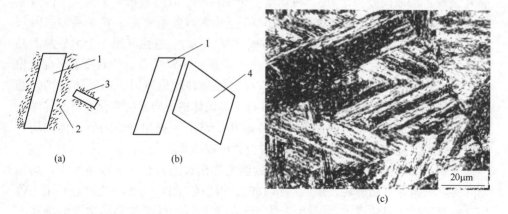

图 12 - 7 马氏体束的形成

（a），（b）马氏体束示意图；（c）20 钢从 1200℃ 淬火的显微组织

1——一次马氏体块区；2—富碳区；3—马氏体晶核；4—二次马氏体块区

般只发生奥氏体均匀切变方向的"改变"。即使不发生任何"改变"，也会因为惯习面的不同而形成取向差，因为所有惯习面在空间都存在交叉角。对{111}型马氏体，角差为 60°、120°、180° 等；对 {225} 型马氏体，角差则为 30°、45°、60°、90°、135° 等。但都没有孪晶角，从而发展成第二个、第三个马氏体束，如图 12 - 7（b）中的 4 所示。也因这些低碳马氏体束的惯习面各不相同，从而造成在显微组织上呈现出许多具有黑白块区的马氏体束相互交叉的形态，如图 12 - 7（b）中所示的 4，和显微组织图 12 - 7（c）所示。

为了与片状马氏体的形成机理区别，本书作者将上述低碳马氏体的形成机理称为小角差束状机制。

低碳马氏体由马氏体薄板单晶组成块区的形成机理揭示出无扩散相变的两条重要的规律：

（1）块区结构的形成条件是平行于惯习面的全共格界面能必须最低，不但要低于小角界的界面能，而且要低于孪晶界的界面能。

（2）凡是新旧相的比体积、外形或原子间距等存在差异时，体积应变能将使新相不可能沿同一方向长大成一个属于理想晶体的大单晶，因为体积应变能会使长大速度越来越低。在长大过程中，通过不断改变长大方向，减少新增的体积应变能来提高长大速度，从而形成亚晶和晶体缺陷。新相单晶只可能是由许多具有一定取向差（最小约 1°，最大为孪晶角）的亚晶组成。注意：这一点既是块区结构生成的原因，也是薄板单晶或细片单晶内出现微小亚晶（嵌镶块和单晶胞）的原因。即使没有界面位错和奥氏体位错的移传，固体相变也产生不了"理想晶体"。

总之，低碳马氏体是由薄板单晶组成块区，再由块区构成马氏体束，最终相变产物由许多不同取向的马氏体束构成。

12.4 相变孪晶和形变孪晶

自从采用透射电镜观察到片状马氏体的亚结构是内孪晶[37]以来，对马氏体中内孪晶的性质和产生的原因存在3个方面的主要分歧：

（1）许多人将马氏体的内孪晶称为"切变孪晶"[37,287,297,302]。马氏体内的亚结构是相变时局部（不均匀）切变的产物[42]。在位错＋孪晶的马氏体中，第一阶段的不均匀切变的形式为孪生切变，不变平面即所观察到中脊面；第二阶段中，同一孪晶单元呈滑移切变，生成位错[42]。在马氏体相变过程中，高碳钢马氏体的塑性变形是通过孪生实现的[297]。但是，另外一些人则把所生成的这些孪晶称为"相变孪晶"[177,295]。文献［42］中在介绍"切变论者"[104]的组织图时，也跟着称其为"相变孪晶"。

（2）马氏体中的内孪晶是如何产生的呢？因马氏体相变属于切变式相变，由切变过程主宰[147,244,245]，因此，由马氏体的协作形变而产生内孪晶[42]；伴随马氏体的塑性形变而形成[297]。但是，另外一些人则认为，马氏体相变是无扩散相变，置换原子移动的距离小于一个原子间距[35,41,243]。因为解释不了马氏体相变过程中出现的"形状应变"、"表面浮凸"和"马氏体片中的内孪晶"，导致"马氏体无扩散论"者都认同在相变过程中发生了马氏体的塑性变形。

（3）上面有"形变孪晶"和"相变孪晶"两种称呼，两者到底如何区别？把内孪晶称为"相变孪晶"的人[104,177]却是"切变论"者。他们把相变过程中出现的孪晶称为"相变孪晶"，尽管他们认为此孪晶是通过不均匀切变（孪生）形成的。也就是说，不是按照孪晶的"产生原因"，而是按照在什么过程中发生来定义"孪晶"。在他们的眼里，"相变孪晶"和"形变孪晶"在本质上没有区别，都是因为滑移临界分切应力大于孪生的临界分切应力，由孪生切变机制产生；或者说"内孪晶"都是由"马氏体孪生切变"生成的，区别只是"相变孪晶是在相变过程中通过切变出现"。

总之，因目前都把马氏体相变视为"切变式"无扩散相变，因此，都认为马氏体中的内孪晶是通过马氏体的孪生形变而产生的。区别只是在于：在马氏体相变过程中产生的孪晶称为"相变孪晶"，不是在相变过程中出现的孪晶称为"形变孪晶"。

12.4.1 相变孪晶和形变孪晶的性质和区别

12.4.1.1 孪晶的种类和定义

在这里，对马氏体相变，将论证两个和传统观念不同的看法：（1）马氏体相变不是依靠塑性切变进行的，即马氏体不是切变式相变，而是纯粹的无扩散点阵类型改组相变。（2）马氏体的内孪晶不是"形状应变"（即塑性形变）产生的，而是依靠晶核按照"内孪晶型长大机制"生长而形成的。

在本节，本书作者将对马氏体中的"内孪晶"提出不是因切变，而是因形核长大需要而产生的新观点，从而将马氏体是"无扩散相变"的理念向前推进一步。

虽然奥氏体的 $\{111\}_A$ 面与马氏体的 $\{110\}_M$ 面的原子分布花样相同，但各原子之间的间距和相邻铁原子的位向都不同（见图 1-24），尤其是马氏体单晶的外形和奥氏体相差很大，因此，在 $\{111\}_A$ 面上的奥氏体直接转变成马氏体，产生自发形核所需的激活能极大而导致形核功非常高，相变驱动力根本就达不到，以致不可能发生由奥氏体向马氏体的相变。唯有通过弹性切变，使惯习面附近的奥氏体点阵与马氏体点阵靠近（准确地说，是使两种点阵中相距最远的铁原子之间间隔变短）时，降低了这种相变的形核功，才出现马氏体的晶核。当具体进行马氏体相变时，并没有切变过程，而是奥氏体点阵上的铁原子迅速迁移到马氏体的点阵上或者奥氏体点阵上的铁原子改组成马氏体点阵，形成马氏体的晶核。而且，这种原子的迁移并非都是同一个方向，以及每个原子位移的距离也不同。所以，在马氏体相变开始后，全部过程就同切变无关了，而是通过无扩散相变的机制去完成。即马氏体相变是一个"原子迁移距离"小于一个原子间距的点阵类型改组过程，新旧相保持共格关系。

形变孪晶：在应力作用下，通过孪生形变方式来实现外形永久改变时生成的孪晶。

相变孪晶：在晶核长大过程中，为了降低长大功，通过改变奥氏体的均匀切变方向和所平行的奥氏体方向（双改变），形成具有孪晶界的孪晶。即"相变孪晶"是因为晶核的长大方向发生改变而产生的。它同相变过程中生成的大角晶界是一个性质，与今后材料的塑性形变性质和机制无关。这种相变孪晶不是因为位错的临界分切应力大于孪生的临界分切应力后才出现的，而是为了降低马氏体核长大功的需要而产生。所以相变孪晶不改变形变孪晶的临界分切应力和孪生形变机制，更不标志材料的位错临界分切应力已经大于了孪晶临界分切应力。图 12-8（a）和图 12-8（b）所示为奥氏体中的相变孪晶，图 12-8（c）所示为马氏体中的相变孪晶。

具有"相变孪晶"的奥氏体（见图 12-8（a）和图 12-8（b））照样呈现出良好的塑韧性。

需要强调的是：马氏体相变时的不均匀切变，都是属于弹性形变，不能与产生永久变形的孪生形变形成"形变孪晶"混为一谈。因此，在中碳和高碳钢的马氏体相变过程中，马氏体自始至终都没有发生过孪生形变机制。可见，不能以

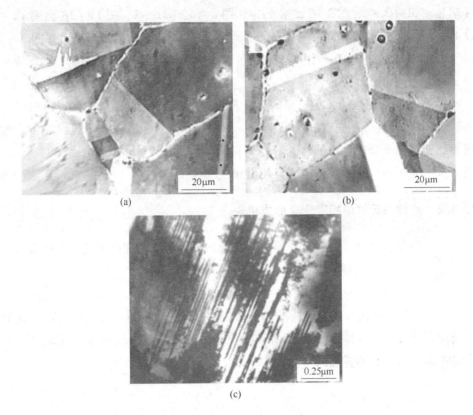

图 12 - 8　奥氏体和马氏体中的相变孪晶
(a)，(b) 奥氏体；(c) 马氏体

片状马氏体内部具有大量"内孪晶"而认定它是马氏体产生高脆性的根源。这些内孪晶都是相变孪晶，与大角晶界或奥氏体中的相变孪晶一样，不标志它们的脆性大。片状马氏体的高脆性主要由马氏体的正方度和碳原子定向（有序）分布所造成。

　　上面的论证显示出目前的一个重大失误：认为马氏体的内孪晶是通过马氏体的孪生形变产生[143~145]，将马氏体中的真正"相变孪晶"都当成"形变孪晶"。以致这两种在本质上原本不同的"孪晶"被歪曲地视为：在马氏体相变过程中形成的"形变孪晶"称为"相变孪晶"。

12.4.1.2　相变孪晶和形变孪晶的鉴别方法

　　如上所述，目前资料中对孪晶的称呼很混乱，主要是不了解"孪晶"还可以通过另外一种形成机制产生。下面仅对铁合金中这两种孪晶的鉴别提出下列原则：

　　（1）孪晶的均匀程度。凡是许多孪晶平行出现，且间距基本相同者，为相变孪晶，如图3-4、图3-7、图4-4、图6-1、图6-2、图11-13和图12-11所示。尤其是具有相同取向的"穿晶孪晶线"者，更是相变孪晶，如图3-4（b）、图6-2、图8-3所示。孪晶之间的间距不等者，为形变孪晶，如图7-14所示。

（2）孪晶面间距的大小。碳钢和合金钢的相变孪晶一般只有在透射电镜下才观察到，少量可以在扫描电镜下看到，如图7-9所示。在光学显微镜下，观察不到碳钢和低合金钢中的相变孪晶，只能够看见形变孪晶，如图7-14所示。高合金中才可能在光学显微镜下显示出相变孪晶。

12.4.2 片状马氏体中相变孪晶形成机理

这是一个非常重要，但至今尚未涉及的马氏体相变的理论问题。下面将提出一种形成"孪晶"的新机理。

图12-9所示为文献［149］中提出的由奥氏体转变成马氏体时铁原子在$\{111\}_A$上的位移图形。当虚线的奥氏体点阵（见图12-9（a））转变成实线的马氏体点阵（见图12-9（b））时，晶胞的外形和铁原子需要移动的距离和方向都不同，从两者的叠加图（见图12-9（c））可以明显看出。

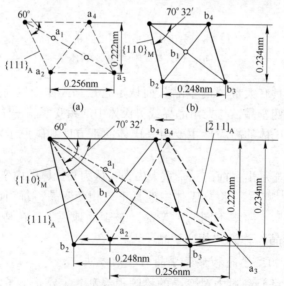

⊚ a_1表示奥氏体点阵上迁移到马氏体点阵体心上的铁原子

(c)

图12-9　奥氏体转变成马氏体时，铁原子的迁移示意图

纸面为 $\{111\}_A$ 晶面，●表示第一层原子，⊙表示第二层原子，○表示第三层原子。图 12-9（a）所示为奥氏体未沿 $[\bar{2}11]_A$ 方向均匀切变之前的铁原子分布。图 12-9（b）所示为无碳马氏体的铁原子分布。

从奥氏体同马氏体点阵的叠加图形（见图 12-9(c)）可以看出，奥氏体点阵上的各铁原子 a_1、a_2、a_3、a_4 与马氏体点阵上的铁原子的差距。奥氏体点阵中心的铁原子 a_1 移动到马氏体点阵体心 b_1 的位置，以及其他铁原子迁移到 $b_2 \sim b_4$，尤其是 b_3（它与 a_3 的距离最远），所需要位移的距离都各不相同。而且，所移动的方向也存在差异，a_3 和 a_4 的移动方向与 a_1 差不多相反。怎么可能通过一次不均匀切变就能够令这 4 个距离和位置都不同的铁原子基本上转移到马氏体点阵呢？

不少人提出通过二次、三次不均匀切变来解释铁原子的进一步迁移，实在是牵强附会。到底依靠什么力量来促使铁原子进行这三次不同方向的不均匀切变呢？这个至关重要的问题至今没有人想到和说明。

"塑性切变"是在滑移面上所有原子都发生"同方向同迁移量的位移"。不管是均匀还是不均匀切变，在同一晶面上原子的位移量和方向都是相同的。如图 12-9（c）所示，位于同一晶面上的铁原子 a_2、a_3、a_4 迁移到马氏体点阵的 b_2、b_3、b_4 需要的位移量和方向均不同，任何切变也无法实现这种同一晶面上铁原子位置的不同变动。因为在 a_3 发生第三次切变时，无法确保其他原子 a_2 和 a_4 的位置不发生改变。因为这些切变的方向（注意：不光是"切变量"）都存在差别，而且又位于同一个晶面。

如果抛弃切变式相变的观点，就可以很自然地说明这些原子的位移情况。

由奥氏体向 <112>$_A$ 方向弹性切变，使其点阵靠近马氏体点阵之后（见图 13-1），将按照"无扩散点阵类型改组"的原理（参见第 13.1.1 节），奥氏体点阵上的铁原子 a_1、a_2、a_3、a_4 将迅速迁移到马氏体的 b_1、b_2、b_3、b_4 的位置，组合成马氏体点阵，以便实现系统自由能下降到一个显著低的新水平。从而，瞬间完成由奥氏体向马氏体的相变过程。在马氏体正式进行相变过程中，根本就不需要马氏体的切变。可见，当马氏体相变时，铁原子不是依靠切变，而是通过小于一个原子间距的迁移（不同方向和各种距离）来完成的。只有这种铁原子各自迁移才不会引起其他铁原子的位置跟随着发生改变。

退一步说，依靠奥氏体产生一次均匀切变，使它在 $\{111\}_A$ 处的点阵结构接近马氏体，但是这决不等于马氏体相变就是切变式相变。因为，在"均匀切变"后，依然是奥氏体点阵。特别是中碳、高碳马氏体，是高硬度的脆性材料，屈服点比奥氏体高很多，甚至没有屈服点，岂能产生塑性变形而生成形变孪晶。因此，依靠在马氏体中进行第二次、第三次、甚至第四次不均匀切变，来完成马氏体原子剩余的迁移和位置的调整，实际上更难以想象以及完全没有必要。而且，也解释不了片状马氏体中大量内孪晶的产生。在马氏体相变的实际过程中，只要相变一开始，铁原子向平衡位置的迁移过程便同时完成了，改组成正规的马氏体点阵，不需要也不存在第二次、第三次、第四次不均匀切变。

在这里需要指出：不能将在高铁镍合金中观测马氏体孪晶所获得的规律推广到碳钢和低合金钢。文献 [124] 中在对 Fe-20% Ni-0.8% C 合金在室温压缩 20%后，产生约 30% 的应变促发马氏体。另一部分试样在液态氮中冷却，形成 95%的冷却马氏体，再进行 15% 的压缩。在光学显微镜下观察到间距达 $1\sim5\mu m$ 的变形带，形成形变孪晶。因为具有 95% 马氏体的试样居然可以进行 15% 的压缩而不破碎，足见它们具备较高的塑性，而碳的质量分数为 0.8% 的高碳淬火钢基本上不能进行塑性变形[104]。高碳马氏体片交界处出现微裂纹就是证明。所以，不能用铁镍合金的试验来说明碳钢和低合金钢。

对铁碳合金，马氏体相变的关键是使母相奥氏体点阵中出现十分靠近于马氏体点阵区域。令奥氏体在 <112> 方向均匀切变，不过是促使奥氏体内产生非常靠近马氏体点阵的区域，令奥氏体点阵产生"活化区"。再在此区域内发生铁原子小于一个原子间距的迁移，改组成马氏体点阵，瞬间形成马氏体晶核。即奥氏体的预先弹性切变不过是为了降低形核功，促进马氏体相变的自发晶核产生。一旦产生了马氏体的晶核，马氏体晶核的长大就是奥氏体点阵上的铁原子向马氏体点阵迅速迁移，扩大马氏体的点阵。

此外，高碳马氏体的内孪晶密度也证明：没有发生不均匀切变的可能性。图 12-10[30] 所示为本书作者测定的碳的质量分数对马氏体内孪晶密度的影响。图 12-10 中碳的质量分数为 0.7% 的钢的数据是测自文献 [175] 中原图 2（A）而得来，该图片如图 12-11 所示。因碳的质量分数升高，马氏体的内孪晶密度迅速增大。当碳的质量分数为 1.12% 时，内孪晶的间距仅 $0.009\sim0.013\mu m$。

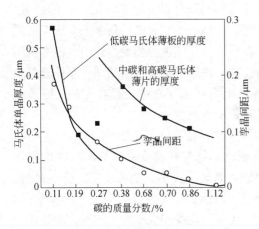

图 12-10　马氏体的内孪晶密度随碳的质量分数的变化

图 12-11　碳的质量分数为 0.7% 的钢的透射电镜组织形貌[175]

这样一来，就肯定了片状马氏体中的内孪晶不是依靠孪生切变形成的，而是在相变过程中，通过铁原子各自改变迁移方向，令晶核不断长大而产生。为了降低系统应变能的增量，必须不断改变马氏体单晶的长大方向。图 12－12 所示为在奥氏体的 $\{111\}_A$ 面上，因奥氏体点阵（虚线）均匀切变生成马氏体的点阵（实线）（见图 12－9）后，随着马氏体晶核生成的点阵增多，新旧两相的体积应变也越来越大。图中黑粗虚线表示马氏体和旁边奥氏体的界面错配的程度越来越大，体积之间的差异也不

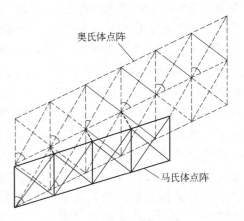

奥氏体点阵

马氏体点阵

图 12－12 因马氏体晶核的长大引起的界面错配和体积应变示意图

断变显著（见图 12－12），导致体积应变能和界面能因晶核尺寸的变大而同时急剧升高。当两者的总值接近相变的驱动力时，马氏体晶核的生长变慢，最后停止。在不形成新晶核的情况下，马氏体晶核只有通过不断改变铁原子的迁移方向（即晶核长大方向），形成新的"相变孪晶"来实现继续相变。

能够显著改变"取向"，而又不引起界面能增高的办法是第 10 章中所说的"双改变"，即奥氏体的均匀切变方向改变 $60°$，同时改变所平行的奥氏体方向，又获得 $10°32'$ 的取向差，从而出现孪晶角（$70°32'$）的取向差，使两个邻接的马氏体单晶之间形成孪晶界面。可见，马氏体中的内孪晶完全是相变过程中为了有利于马氏体片状晶的继续长大而自发产生的，并没有出现任何塑性切变的过程，所以它们是真正的"相变孪晶"。

需要说明的一点是：在"惯习面"上，奥氏体点阵已经非常接近马氏体点阵（参见图 13－1 及其解释），只要奥氏体点阵的"活化区"中，铁原子的"激活迁移能"减少，满足了马氏体形核的要求，便可在"惯习面"上形成晶核，接着发生晶核的长大。实际上，在马氏体晶核长大过程中，压根就不需要按照图 12－9 所描述的路线。

形成马氏体晶核后，接着奥氏体点阵上的铁原子就会在惯习面上自动挪移，转移到马氏体晶核的点阵上，或者自动组合成马氏体点阵。因为由马氏体晶核所产生的相变力矩会使晶核附近的奥氏体点阵又产生弹性切变，激活奥氏体点阵。马氏体晶核的长大过程就是在这种相变力矩所引起的奥氏体弹性切变下完成的。也就是说，在马氏体晶核成长的过程中，再也不需要外加应力，令奥氏体点阵产生"活化区"，增大点阵中铁原子的储能。

在文献［23］中本书作者得出，担任奥氏体点阵"活化"的是马氏体晶核

在奥氏体中产生的"相变力矩"。由此"相变力矩"促使惯习面附近的奥氏体点阵上铁原子的储能增大，变成点阵"激活区"致使铁原子的激活迁移能显著降低。因为点阵激活区的铁原子都处在被激活的高能状态，具有高的位移能力（见图13-2），因而可以向任何方向迁移。原子迁移的唯一原则是：铁原子将自动向降低体积自由能的方向移动。所以，晶核长大的方向除了受驱动力控制外，可以随时改变。由此可见，马氏体晶核所产生"相变力矩"的任务是担任使惯习面附近奥氏体点阵形成"激活区"，导致核长大功减少。

现在虽然难以形象地描述出奥氏体点阵上的铁原子迁移和重新改组的具体过程，但是可以采用图 12-13 的示意图来"现象论"地阐明在马氏体相变过程中，通过铁原子迁移方向反复改变 70°32′（即孪晶角）来实现晶核的生长，由此产生内孪晶。现将这种晶核的长大称为"内孪晶型长大机制"。也就是说，"内孪晶型长大机制"是马氏体晶核长大

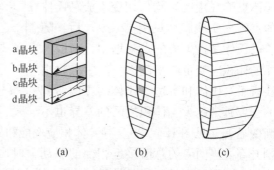

图 12-13　片状马氏体内孪晶形成和马氏体晶核长大的示意图

的一种重要的方式。在晶核形成初期，因界面能在消耗形变驱动力中所占的比例高，"内孪晶型长大机制"是所有无扩散相变晶核在初期的主要长大方式。可见，马氏体中的"内孪晶"是因为晶核的长大方向发生改变而产生的。

如图 12-13（a）所示，在奥氏体的惯习面 $\{111\}_A$ 面（纸面）上，生成马氏体晶核，并长大成图中 a 块（灰色孪晶块）后，因体积应变能和界面能的增量抵消了自由能的降低，从而终止了长大。晶核 a 通过"双改变"，在半共格端面生成一个取向差为孪晶角的孪晶核 b 而出现继续长大；当孪晶 b 块停止长大后，又采取"双改变"，在其端面又形成具有孪晶界面的孪晶核 c，如图 12-13（a）所示。最后在瞬间形成一个具有许多孪晶块（即内孪晶）的马氏体细片，如图 12-13（b）的心部所示。随着冷却温度的降低，相变驱动力增大，促使每个内孪晶长大，即马氏体细片增厚，令马氏体细片的尺寸不断变大。为了降低界面能，它的边界保持圆弧形，其尺寸大小取决于相变温度。图 12-13（c）所示为马氏体片的立体图，左边切去一部分。它显出内孪晶的空间形貌，马氏体片就是由许多具有孪晶界面的薄板单晶（内孪晶）堆垛而成。可见，马氏体片的纵向长大是依靠"内孪晶"的数量增多，横向长大则是依靠内孪晶尺寸在横向的二维扩展。所以，所生成的孪晶都是"完全孪晶"。

图 12-13（a）中，在马氏体"孪晶块"上采用箭头标出每个相变孪晶的生

成方向，相互成孪晶角。

注意：如上所述，孪晶块改变"生成方向"，不需要同时改变奥氏体点阵的弹性切变方向。因为相变力矩在惯习面附近营造的弹性应变已经"活化"了奥氏体点阵，令它们变成铁原子的"激活区"，降低铁原子迁移能。奥氏体点阵上铁原子向什么方向迁移取决于体积自由能的降低。凡是能够带来自由能下降的地方，奥氏体点阵上的铁原子就转移到那里，以组成马氏体点阵。当图 12－13（a）中孪晶块 a 停止长大后，奥氏体点阵上的铁原子将自动移向新的方向，组成新的孪晶块 b。其奥氏体点阵上的铁原子的移动方向便变成另外一个新的方向，与孪晶块 a 原来的方向成 60°；同时，因马氏体所平行的奥氏体方向也发生了改变，致使相邻孪晶块 a 和 b 之间成为孪晶取向（70°32'）。这些"晶体学指标"的变化只是揭示出相变过程中铁原子迁移的方向发生改变的原则和途径，并不需要再改变切应力，使奥氏体的弹性切变方向也发生变化，而只是表示铁原子在惯习面的激活区组成马氏体点阵时，晶核长大的方向在不断变动。

以上解释的进一步抽象化就是：在惯习面上的奥氏体点阵活化区内，按照降低体积自由能的原则，铁原子位移的方向是以"孪晶角"为夹角反复改变着，来进行晶核的长大，实现由奥氏体转变成马氏体。上面将这种马氏体晶核长大机制称为"内孪晶型长大机制"。实际相变时，不必分析如何通过"双改变"来得到孪晶角。当马氏体片停止向一个方向生长后，便通过改变生长方向，沿"核长大功最小"的另外一个方向继续长大。这个"核长大功最小"的方向正好与原来的生长方向成"孪晶角"，以获得最小的体积应变能增量。一片马氏体就是晶核在惯习面上反复改变生长方向（夹角为孪晶角）而产生的。

换言之，马氏体晶核的长大方向一直在变动着。一个方向的"核长大功"过大，无法生长时，晶核的长大则转向另外一个"核长大功最小"的方向进行。没必要考虑什么"奥氏体 $<11\bar{2}>_A$ 方向"、"平行于奥氏体的方向 $<110>_A$"或"晶体学关系"等是如何变化的。本书提出"单改变"和"双改变"只是为了阐明马氏体形核和核长大的基本原理。

为什么马氏体晶核首先在端面上，而不是在平行于惯习面的主界面上进行"孪晶型长大"呢？上面已经说明：那是因为在形核初期，界面能在消耗驱动力上所占的比例大。如果在主界面产生"孪晶型长大"，生成具有孪晶面的晶体，将较多地增大"新的半共格端面"和总界面能。但是，在半共格端面上产生新孪晶，不仅可以减少高能半共格界面面积的增量，而且还可以降低核长大功。可见，在晶核端面首先形成具有孪晶界面的新孪晶是所有无扩散相变"晶核长大"的普遍方式，以适应在形核初期界面能在形核功中所占的比例高的特点。

这样一来，"孪晶"并非一定要通过塑性切变来生成，它是马氏体晶核长大过程中的产物。在这里，本书提出的一种孪晶形成新机理，是依靠晶核按照

"内孪晶型长大机制"来产生"孪晶"。在相变过程中所产生的这种"相变孪晶",并不代表材料的位错临界分切应力已经大于孪生临界分切应力。具有大量相变孪晶的材料照样可以进行滑移形变,只是具有较高的滑移临界切应力。这也是含碳较高的马氏体既可以滑移变形,有时又可以产生孪生形变,产生"形变孪晶"的原因。

12.4.3 奥氏体中孪晶的形成机理

在第13.7节,本书作者总结出马氏体形核长大的方式只有两种:(1)小角差形核长大;(2)孪晶关系形核长大。

应该指出:这两种形核长大方式不单单适合无扩散相变,对扩散相变,如奥氏体的形成、珠光体相变、贝氏体相变等都适用,差别只在强弱程度不同而已。本书作者认为,凡是存在点阵的比体积差异或者新旧相的取向不同,形核时就会出现体积应变能和界面能,那么新相的形核和长大都会按照上述两种方式之一发生。

奥氏体的比体积最小,为面心立方点阵,钢材加热到 A_{c1} 以上时,通常在铁素体和碳化物的界面上生成奥氏体核心。由于点阵类型不同,奥氏体晶核与周围母相既产生界面能,又会出现体积应变能。奥氏体晶核会在母相中的高能区、点阵最靠近的地方形成并长大。对固态相变,由于界面能和母相的体积应变区随晶核尺寸的变大而增高,因而会因为图 13 - 16(b)和图 13 - 20 中的最大尺寸 h_m 而终止长大。继续相变依靠下列两种方式:

(1)形成新晶核,扩散相变大都采取这种方式进行相变。

(2)因奥氏体晶核的长大方向发生"单改变"(改变晶体学取向或者平行于奥氏体的方向)而获得 1° ~ 10° 的取向差,从而使晶内形成亚结构"嵌镶块"或"单晶胞";因"双改变"(改变奥氏体均匀切变方向和平行于奥氏体的方向)可以产生孪晶取向差,形成亚结构"内孪晶"。

图 12 - 8(a)和图 12 - 8(b)中,奥氏体内的"相变孪晶"就是按照第(2)种方式形成的。图片中都有一个晶粒出现两个孪晶面,这说明奥氏体晶核长大方向曾经出现过两次"夹角为孪晶角"的改变。图 12 - 8(a)中没有孪晶面的晶粒,并不是没有相变孪晶,而是试样磨面位于一个孪晶之内。

12.5 无扩散点阵类型改组理论

这是本书作者根据马氏体的大量研究之后建立的马氏体形成新理论。因内容较多,另辟第 13 章专门论述。

13 无扩散点阵类型改组理论

在第10章论述了束状细片马氏体的形成机理，第12章讲述了束状薄板马氏体的形成机理，本章一方面深入讨论马氏体相变中形核和核长大的细节，另一方面对本书作者在马氏体相变理论方面的研究进行归纳总结。

在第1.4节已经概述了马氏体相变理论的研究情况，并对马氏体相变的"切变理论"和"位错理论"进行了分析，得出凡是与"马氏体切变论"有关的研究和资料都脱离了马氏体相变的实际。下面专门论述本书作者提出的马氏体相变新观点。

13.1 惯习面揭示出来的规律

13.1.1 惯习面是奥氏体点阵上的铁原子迁移到马氏体点阵距离最短的晶面

目前一般认为，具有 K-S 关系、N-W 关系和 G-T 关系的界面自由能最低，因而马氏体单晶都力求使界面保持这些关系的取向。自从 1930 年 Kurdjumov 等人[149]提出奥氏体向马氏体转变的切变模型以来，马氏体相变是"切变式相变"成了世界的共识。由于在 K-S 关系中，$\{111\}_A//\{011\}_M$，而奥氏体切变的滑移面是 $\{111\}_A$ 晶面，照理 $\{111\}_A$ 应该是马氏体的惯习面，但是实际测定否定了这一推论。

如前所述，K-S 关系是在碳的质量分数为 1.4% 的马氏体上测定出来的[149]。这时，马氏体的惯习面却是 $\{225\}_A$，而不是 $\{111\}_A$。由于 $\{225\}_A$ 不是滑移面，位错在上面运动困难，需要的临界分切应力很大，远远超过 $\{111\}_A$，因此，在令 $\{111\}_A$ 发生大量塑性变形的切应力数值下，因未达到驱使位错在 $\{225\}_A$ 这个惯习面上运动的临界分切应力值，奥氏体点阵只会发生弹性变形，无法进行滑移永久形变。因而在 $\{225\}_A$ 面上奥氏体点阵上的铁原子转移到马氏体点阵上，不能依靠由位错运动或者孪生产生的塑性变形来完成。

在容易产生位错运动的 $\{111\}_A$ 面上不形成马氏体点阵，却在不是滑移面的 $\{225\}_A$ 面出现马氏体点阵，这本身就彻底否定了马氏体相变是"切变式相变"的观点。那么，在惯习面 $\{225\}_A$ 面上，马氏体点阵是如何形成的呢？图 13－1 所示的虚线四边形是奥氏体经过所谓的"均匀切变"之后的点阵中晶胞的投影。实线四边形是无碳马氏体的晶胞投影。这就是说，奥氏体都在 $(111)_A$ 面沿 $[\overline{2}11]_A$ 方向产生塑性均匀切变 $19°28'$ 后，其点阵的形状、夹角和点阵常数仍然不同于马氏体点阵，因而它仍旧不是马氏体点阵，只是发生了变形的奥氏体点阵。

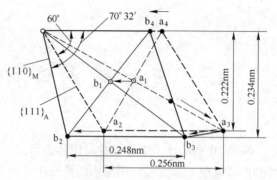

◎ a_1 表示奥氏体点阵上的铁原子向马氏体体心迁移

图 13 – 1　不均匀切变时铁原子迁移示意图

从图 13 – 1 可以看出，即使再通过不均匀切变，使虚线点阵的 $60°$ 夹角变成 $70°32'$ 后，原奥氏体点阵上的铁原子 a_1、a_2、a_3、a_4 仍然和正规马氏体实线点阵上的铁原子 b_1、b_2、b_3、b_4 都不重合（因为它们相互间的间距不等），两者的晶胞边长也不相同，还需要通过另外的不均匀切变来调整位置。由于这时已经是高硬度、高强度的马氏体，而奥氏体的屈服强度显著低于它。存在大量奥氏体的情况下，试样内部根本就达不到令马氏体产生屈服形变的应力，因此，不能出现引起马氏体发生永久变形的"不均匀切变"并进行铁原子的位置调整。

后来，为了解释在片状马氏体内发现的内孪晶，硬说"这种不均匀切变"所引起的马氏体塑性变形是通过"孪生形变"来完成的，因而形成内孪晶。著作 [42] 中写道："马氏体内的亚结构是相变时局部（不均匀）切变的产物"，"第一阶段的不均匀切变的形式为孪生切变"等。更有甚者，在 G-T 模型[150] 中，提出第二次切变是通过孪生形变而产生内孪晶的（见图 1 – 21）。这些提法都是望文生义的编造，因为：

（1）要想实现奥氏体点阵转化为马氏体点阵，由图 1 – 21 知，每个晶胞都要发生孪生形变。这就得出：1）孪晶面的间距等于点阵常数，约 0.234nm 或 0.250nm（见图 13 – 1）；2）所有马氏体的孪晶密度都相近。实际情况完全不是这回事。根据本书作者的测定：20 钢马氏体的孪晶面间距平均为 $0.227\mu m$，40 钢为 $0.128\mu m$，T11 钢为 $0.011\mu m$。这些实测数据比点阵常数都大 50 倍以上。同时，由图 12 – 10 的曲线充分看出，随碳的质量分数升高，马氏体中内孪晶的间距不断变小。

（2）如果是第二次不均匀切变产生孪晶的话，第二个晶胞与第一个晶胞的夹角是 $70°32'$。由图 13 – 1 可以看出，第二个晶胞（虚线点阵）上铁原子并不位于正规马氏体的晶胞（实线点阵）上。这就需要假设是两次不均匀切变，第一次是使虚线点阵变成马氏体的正规点阵（实线点阵），第二次不均匀切变令马氏体产生内孪晶。这样一来，又出现问题：既然已经变成了马氏体的正规点阵，即马氏体相变已经全部完成，为什么还要形成内孪晶呢？就是出现了内孪晶，这一内孪晶的生成过程还能够列入马氏体相变的步骤吗？

综上所述，把马氏体相变说成是"切变式相变"完全不符合相变的实际。本书作者抛弃"均匀和不均匀切变"的理念，在第 12 章中提出马氏体相变的新理论。认为：奥氏体的均匀切变不是塑性切变，而只是弹性切变；要求"惯习面"发生弹性应变仅仅是为了使奥氏体点阵"活化"，引起奥氏体点阵上铁原子的储能升高，降低铁原子在点阵上移动所需要的"迁移激活能"，保证相变驱动力满足形核的要求。这就是说：奥氏体均匀切变不是马氏体相变的机制。

准确地说：惯习面就是奥氏体点阵上的各铁原子迁移到马氏体点阵上时，它们所移动的距离都最短的晶面，尤其是这两个点阵中相距最远铁原子之间的位移距离要最短。例如图 13 – 1 中，奥氏体点阵的铁原子 a_3 距离马氏体点阵铁原子 b_3 的间距是所有铁原子中最远的，由奥氏体点阵改组成马氏体点阵时，它的迁移距离最长，由它决定着形核和核长大功的大小。在其他条件相同时，铁原子的最大迁移距离越短，形核和核长大功则越小。

在惯习面上，依靠铁原子的自发移动和重新改组，迅速组成马氏体的新点阵，致使系统自由能下降到一个新水平。马氏体点阵在惯习面上的形成机制就是奥氏体点阵上的铁原子在"降低化学自由能"的驱使下，置换原子迅速组成马氏体晶胞，形成大于临界尺寸的晶核；接着是，置换原子不断地迁移到马氏体晶核点阵上的过程。就像扩散相变的置换原子向新相点阵迁移一样，两者的区别只是无扩散相变时，置换原子迁移的距离小于一个原子间距。

大家都认同：扩散相变在化学驱动力下，通过原子大于一个原子间距的迁移，可以重新组合成新相的点阵，形核并核长大。那么，没有理由否定在低温，无扩散相变在化学驱动力下，也可以依靠铁原子小于一个原子间距的迁移进行点阵改组，形成新相的晶核。同时，目前公认：马氏体相变中，可以进行位错移动，产生滑移永久形变，显著提高马氏体内的位错密度。既然铁原子在机械驱动力下可以在一个原子间距内移动，为什么铁原子就不能在化学驱动力下在一个原子间距中迁移呢？

实际上，通过淬火就形成马氏体本身就充分说明：无扩散相变照样可以发生置换原子点阵的重新改组，只是原子迁移的距离不能大于一个原子间距，而且应该尽可能地小。否则，形核功太大，相变驱动力达不到。正是因为这个条件，才出现马氏体必须沿奥氏体的一定惯习面形核，同时还需要一定量的弹性切变使奥氏体点阵尽可能靠近于马氏体点阵，以降低形核功。

可见无扩散相变的关键是：相距最远的原子，其迁移距离要尽可能短。因为既然是铁原子在惯习面上重新改组，就要求每个铁原子都能够发生位移。形核功不是主要取决于马氏体和奥氏体点阵相似的程度,而是取决于相距最远的铁原子迁移的距离。在惯习面上进行点阵类型改组时,铁原子最大的移动距离越短,所需要的形核功则越小。

一旦相变驱动力满足了"无扩散点阵类型改组"的能量要求,就会自动发生奥氏体点阵改组成马氏体点阵,瞬间形成马氏体晶核。所以,马氏体相变是一种无扩散点阵类型改组的共格单相转变,原子移动距离小于一个原子间距。在这里,说的是点阵"改组",而不是"重组",是因为在惯习面上形成的马氏体点阵上各铁原子的相邻关系没有变化,和原奥氏体相同,只是改变了相互之间的间距和方位。不像扩散相变,点阵上的原子可以发生位置更换,改变了邻接关系。

之所以不改变铁原子之间的相邻关系,是为了降低"激活迁移能"。铁原子在点阵上发生"错位",需要更大的迁移能,导致无扩散形核功显著增大。由于相变驱动力达不到,所以无扩散相变过程中,不出现铁原子相邻位置关系的改变。

在惯习面上,通过铁原子小于一个原子间距的移动改组成马氏体点阵的过程,需要激活能用于铁原子的迁移。本书称为"激活迁移能"。这就是说:马氏体形核时,除了体积应变能、界面能和相变力矩能外,铁原子的改组还需要消耗自由能,如图 13-2 所示。

要发生铁原子迁移,首先需要离开平衡状态下的"能谷"位置,导致势能升高(即"激活能");同时,铁原子要移动到马氏体点阵的相应位置,以及迫使相邻的铁原子也偏离"能谷"位置,也需要消耗

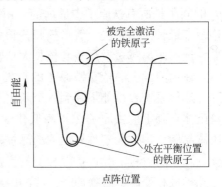

图 13-2 激活迁移能示意图

能量(即"迁移能")。如图 13-2 所示,当铁原子被完全激活后,铁原子在惯习面上迁移,组成新点阵所需要的能量则大为降低。在第 1 章已经指出:这个在惯习面上铁原子完全被激活,可以通过迁移迅速转变成马氏体的"区域",就相当于目前马氏体理论中的所谓"软膜"或"马氏体晶核胚"。在已有的马氏体切变模型中,特别探讨奥氏体点阵如何切变,使奥氏体点阵的夹角由 60° 变成马氏体的 70°32′,奥氏体的点阵常数怎样改成马氏体的点阵常数。本书作者认为:这些讨论都是多余的。因为只要令奥氏体点阵上的各铁原子转移到马氏体点阵的距离缩至最短,满足了激活和迁移的要求。通过铁原子的移动和改组,就可以自动组成马氏体的正规点阵。例如,对惯习面为 $\{111\}_A$ 的马氏体,只要 $\{111\}_A$ 面上的铁原子 a_1、a_2、a_3、a_4 分别移动到图 13-1 所示的 b_1、b_2、b_3、b_4 位置上,依靠铁原子的迁移,便可以瞬间完成点阵重新组合,产生马氏体新点阵。这时,点阵的夹角和点阵常数自然就是"正规"马氏体的了,完全不需要再做位置调整。

注意：激活迁移能的大小主要取决于惯习面上铁原子由奥氏体点阵移动到马氏体点阵上时这两个点阵中相距最远的铁原子之间的距离。如上所述，它们的迁移距离小，形核功和核长大功都变小。

近年来，出现缺陷激活非均匀形核模型[170,171]，认为马氏体相变中存在"非自发形核"。本书作者认为：共格相变都是"自发形核"，无法发生"非自发形核"。因此，马氏体相变也一直是"自发形核"。它与金属结晶不同。液体结晶时，形核功基本上用于界面能，没有体积应变能。因液态温度高，也不需要扩散激活能。所以，通过"非自发形核"，降低界面能，可以显著加速结晶过程。而马氏体相变时，采取晶核界面保持惯习面或者孪晶面，可以使界面能降得很低。它的形核功主要是体积应变能、激活迁移能和力矩应变能，非自发核心对这三项能量没有作用，所以在低温共格相变中没有非自发形核。

当对"惯习面"的本质和特性有了上述的新看法之后，本书作者对 Kurdjumov 等人[149]试验结果的认识产生一个飞跃，使马氏体相变的理论研究彻底摆脱"马氏体相变切变论"的误导和困扰。

如上所述，文献［149］测定了碳质量分数为 1.4% 的钢，在马氏体相变后，奥氏体和马氏体之间的晶体学取向，得到 K-S 关系，并提出如图 1 - 20 的马氏体相变路线，建立起马氏体相变的"切变理论"。图 1 - 20 形象地证明了含 1.4% C 的奥氏体点阵，在 $(111)_A$ 面沿 $[\bar{2}11]_A$ 方向产生弹性均匀切变 19°28′ 之后，便可以令 $(111)_A$ 上奥氏体距离马氏体点阵最远的铁原子间距缩短，满足形核的要求；接着进行几次不均匀切变，便变成马氏体点阵，完成奥氏体向马氏体的转变。

但是，大量的试验测定得出：1.4% C 钢的"惯习面"是 $\{225\}_A$。这就是说，Kurdjumov 等人所追求的：奥氏体在 $(111)_A$ 面沿 $[\bar{2}11]_A$ 方向产生弹性均匀切变 19°28′ 之后的晶面（见图 13 - 1 中的虚线），在奥氏体点阵中，就已经存在，它的晶面指数是 $\{225\}_A$。换句话说，"惯习面"就是 Kurdjumov 等人所追求的晶面，根本没有必要通过他们所设计的、特定的"第一次均匀切变"来获得。

这一飞跃的认识，确证了两个重要的事实：

（1）在"惯习面"上，发生由奥氏体向马氏体的相变不仅不需要特定方向的"第一次均匀切变"，而且，更不需要随后的几次"不均匀切变"；仅仅只需要"惯习面"附近的奥氏体点阵出现"活化区"，使铁原子的激活迁移能降低，达到形核的要求；便可通过铁原子的"微迁移"（位移距离小于一个原子间距），自发改组成马氏体点阵，形成马氏体晶核，然后长大成马氏体单晶。引起奥氏体产生点阵"活化区"，不一定是使奥氏体点阵沿特定方向"均匀切变"；由位错堆积和缠结等，使点阵出现"畸变"，亦可以增大铁原子的储能，使奥氏体点阵活化。总之，不管奥氏体如何弹性应变，只要造成奥氏体点阵"活化"，提高铁原子的储能，使体积自由能的下降满足形核功的要求即可。

（2）Kurdjumov 等人对自己的试验结果做出了错误的理解和解释，把"马氏体相变"这个热力学自发过程看成是非热力学的被动"力学"过程，把"相变"看成是由"机械力"推动奥氏体点阵上铁原子产生位移；而不是在化学驱动力下，铁原子自动迁移而改组成新点阵。在马氏体相变中占统治地位的"马氏体相变切变理论"，完全歪曲了马氏体相变的本质，误导了各国在这个领域的研究达半个多世纪。

13.1.2　马氏体形核的条件

马氏体形核的条件是：使惯习面附近的奥氏体点阵发生一定的弹性切变，但不要求奥氏体都在 $(111)_A$ 面沿 $[\bar{2}11]_A$ 方向产生弹性均匀切变 $19°28'$。

在 Bain 模型中，提出奥氏体点阵中具有马氏体点阵，如图 13-3 所示，$(111)_A$ 面就是马氏体中的 $(011)_M$ 晶面。不同的只是这两种点阵的铁原子间距相差较大。对铁镍合金（镍的质量分数为 30%），c 轴压缩 20%，a 轴伸长 14%，就可以由面心立方点阵变成正规的体心立方点阵。

为什么在 M_s 点马氏体不能从过冷奥氏体中按照 Bain 模型直接形成呢？主要是因为所需要的铁原子激活迁移能太高，化学驱动力达不到。为什么碳的质量分数为 1.4% 的马氏体惯习面不是 $\{111\}_A$，而是 $\{225\}_A$ 呢？也是因为 $\{225\}_A$ 的

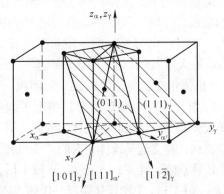

图 13-3　Bain 模型中奥氏体和
马氏体的晶面重合点

铁原子所迁移的最大距离显著小于 $\{111\}_A$，导致形核时所需要的激活迁移能小，使形核和核长大功降低。

本书作者采用光学金相标定法归纳出：碳的质量分数不超过 0.25% 时，惯习面为 $\{557\}_\gamma$；碳的质量分数为 0.4% ~ 0.8% 时，惯习面为 $\{111\}_\gamma$；碳的质量分数为 1.0% ~ 1.4% 时，惯习面为 $\{225\}_\gamma$；碳的质量分数为 1.6% ~ 2.0% 时，惯习面为 $\{269\}_\gamma$（见第 10.1 节）。这些惯习面与 $\{111\}_\gamma$ 的偏离程度如图 13-4 所示。

图 13-4（b）所示为 4 种惯习面同碳的质量分数为 1.4% 的奥氏体晶胞的侧面 $zayo$ 的交线。从这些交线的垂直线上测出它们同 $\{111\}_\gamma$ 晶面之间的夹角分别为：$\{557\}_\gamma$ 是 $9°$；$\{225\}_\gamma$ 是 $23°$；$\{259\}_\gamma$ 是 $34°$。这就是说，马氏体的碳的质量分数越高，因正方度增大，使各铁原子从奥氏体点阵迁移到马氏体点阵距离最短的晶面（即惯习面）与滑移面 $\{111\}_\gamma$ 的夹角越来越大。再次证实：产生塑性形变的均匀和不均匀切变根本就不可能在惯习面（除了碳的质量分数为

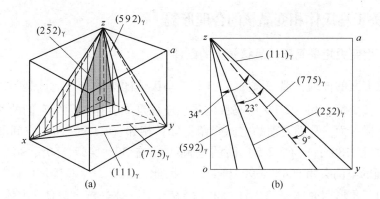

图 13 - 4　4 种惯习面的立体图（a）和相互关系（b）

0.4% ~ 0.8% 钢的惯习面是 {111}$_\gamma$ 外）上发生。

从图 13 - 4 还可以看出，奥氏体和马氏体点阵最靠近、激活迁移能最低的晶面，对低碳钢是 {557}$_\gamma$；随着碳的质量分数的升高，点阵正方度的出现和不断变大，激活迁移能最低的晶面开始变成 {111}$_\gamma$ 晶面，接着又变成 {225}$_\gamma$ 和 {259}$_\gamma$。惯习面的这种显著改变揭示出一条重要的规律：促进马氏体形核的奥氏体弹性切变不一定都是奥氏体沿 [$\bar2$11]$_A$ 方向产生弹性均匀切变 19°28′。因为当惯习面为 {225}$_\gamma$ 和 {259}$_\gamma$ 时，距离 {111}$_\gamma$ 晶面的夹角已经大于 23°，因此，引起这两种点阵中相距最远铁原子间距缩短的奥氏体弹性切变必定是其他的方向。这就是说：只要能够促使这两种点阵中相距最远铁原子间距缩短的任何弹性均匀切变，都可以加速马氏体晶核的生成。即只要惯习面附近的奥氏体点阵因弹性切变缩短了相距最远铁原子的间距，一旦满足了铁原子"激活迁移能"的要求，就会形成马氏体的自发晶核。

可见，提出"奥氏体沿 [$\bar2$11]$_A$ 方向产生均匀切变 19°28′"纯粹是"马氏体切变论"的需要。用它来解释奥氏体和马氏体的塑性变形和产生内孪晶。而且，对碳的质量分数为 0.4% ~ 0.8% 的马氏体，即使惯习面是 {111}$_\gamma$ 晶面，仍然需要奥氏体沿 [$\bar2$11]$_A$ 方向产生均匀切变 19°28′，才能出现马氏体形核。可见，实际马氏体相变在形核时的必要条件是：在惯习面附近的奥氏体点阵要存在弹性切变，令惯习面上出现"相距最远铁原子的间距"缩短。

这就是说，在相同冷却应力下，同样会在 {111} 面上令奥氏体产生 19°28′ 的弹性切变应力，为什么不在此晶面上生成马氏体晶核，却在惯习面 {225}$_\gamma$ 或 {269}$_\gamma$ 上形核呢？原因就在于正方度改变了马氏体点阵的铁原子分布，因而相距最远的铁原子的间距发生改变，出现"相距最远铁的原子间距"最短的晶面分别变成了 {225}$_\gamma$ 或 {269}$_\gamma$，所以不再在 {111} 面上形核。

13.2 关于马氏体相变晶核的合理形貌

13.2.1 相变力矩是马氏体晶核长大的条件

按照上面的推理，惯习面为 $\{111\}_A$ 马氏体的晶核形态应该是等边三角形四面体，$\{225\}_A$ 和 $\{259\}_A$ 马氏体晶核应该是立方体。因为它们的所有表面平面都是惯习面。从惯习面的空间交角得知，相邻（111）面在空间的交角有 $60°$、$120°$ 和 $180°$；（225）面的空间夹角有 $30°$、$45°$、$60°$、$90°$ 和 $135°$；（259）面的空间夹角有 $45°$、$90°$ 和 $135°$。因此，$\{111\}_A$ 马氏体的晶核形态应该是等边三角形四面体，$\{225\}_A$ 和 $\{259\}_A$ 马氏体晶核应该是立方体。

但是，马氏体的实际晶核没有这些形貌，为什么呢？这就促使本书作者又产生一个新设想：马氏体晶核的长大也需要在惯习面上存在奥氏体点阵的弹性切变，使惯习面上的"相距最远铁原子的间距"缩短，以降低激活迁移能。那么，马氏体晶核长大时使奥氏体点阵发生弹性切变的切应力从何而来呢？

通过深入研究，本书作者终于发现：马氏体晶核之所以能够实现长大，完全是依靠马氏体晶核生成时引起的相变力矩。如图 13-5（a）所示，在原奥氏体点阵中，出现的点阵畸变区内，因奥氏体的弹性形变，令其中某个惯习面附近的奥氏体和马氏体点阵"相距最远铁原子的间距"缩短，通过铁原子迁移改组，而形成一个马氏体晶核。此晶核必定是薄板状，以便使上下两个主要面平行于惯习面。保持最低形核功的办法是：其他四周端面也是低能的惯习面，所以晶核的外形是一个长方块。如图 13-5（b）所示，当奥氏体点阵（虚线）变成马氏体点阵（实线）后，因这两种点阵的比体积和晶体形状的差异，必将在母相奥氏体点阵中产生一个力矩。此力矩给奥氏体的切应力如图中所示。因相变力矩在惯习面上产生的这个切应力，促使惯习面附近的原奥氏体点阵出现弹性切变。就是这个力矩切应力保证了马氏体晶核长大，不断促使惯习面附近的奥氏体点阵一直

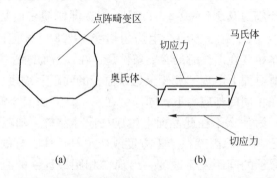

(a)   (b)

图 13-5 在点阵畸变区形核示意图

处在被激活的状态，维持着奥氏体点阵上的铁原子连续改组成马氏体点阵的相变条件。

由于四周端面的惯习面上没有相变力矩产生的切应力，在形核初期，其附近的奥氏体不出现所需要的弹性切变，形成不了点阵激活区，不能进行铁原子的迁移改组，所以不能长大，变成立方块。因此，马氏体晶核只可能保持薄板状或者薄片状。

由此可见，如果没有相变力矩，马氏体相变就不可能发生。不光是马氏体无法形成晶核，而且，即使晶核生成了，也无法长大。

随着薄板晶核的长大，体积应变能增加，使四周端面的界面结构发生变化，由惯习面全共格界面变成全部半共格界面，界面错配位错数量和界面能不断升高，周围奥氏体畸变区扩大，促使晶核长大的速度降低，最后停止。如上所述，通过改变马氏体晶核的长大方向，可以减少体积应变能的升高。因"单改变"（改变晶体学取向或者平行于奥氏体的方向）可以获得 $1° \sim 10°$ 的取向差，从而形成亚结构"单晶胞"（见图 1 - 2（b）和图 13 - 34（f））或"嵌镶块"；因"双改变"（改变奥氏体均匀切变方向和平行于奥氏体的方向）可以产生孪晶取向差，形成亚结构"内孪晶"（见图 3 - 4 和图 12 - 8）。

因为平行于惯习面的晶核二维扩展带来较多的驱动力增大和减少了界面能在消耗驱动力上的比例，为薄板（片）状晶核沿惯习面垂直方向上的生长（即增厚）提供了驱动力；一直到因晶核增厚所引起的自由能升高大于相变驱动力时，晶核生长才停止。当晶核停止长大后，恢复生长，继续相变依靠两种方式：

（1）过冷度不变，即在不增大体积自由能下降（即 ΔG_V）的情况下，依靠 3 种方式继续相变：

1）可以通过晶核改变长大的方向，在晶核内形成亚结构（即嵌镶块、单晶胞、内孪晶）。晶核的纵向生长主要是依靠生成"内孪晶"。

2）低碳马氏体依靠"单改变"形核，在微碳区形成小角取向差的新晶核，促使马氏体继续相变，形成块区结构。当块区停止长大时，则通过"双改变"形成孪晶关系，可以令新的块区出现，使马氏体相变得以继续，最后形成具有"双色束状薄板马氏体"。

3）中碳和高碳马氏体则倚仗"双改变"形核，在已有细片马氏体晶核旁边直接形成具有孪晶界面的伴生晶核，最后生成"单色束状细片马氏体"。

（2）依靠继续降温，获得更多的体积自由能下降，通过增大相变驱动力来促使晶核长大和因晶核临界尺寸变小而引起新晶核出现。

这两种继续相变的方式都是在"倚靠晶核相变力矩使惯习面附近一直维持点阵'活化区'的前提"下，才可能发生。如果惯习面附近的奥氏体点阵的"活化程度"不够，核长大功会急剧升高，将导致长大速度变慢，甚至停止。可见，维持晶核附近奥氏体点阵具备必要的弹性切变，是核长大的关键。

这就是说，在马氏体相变中，促使晶核连续生长所需要的"奥氏体点阵弹性切变"只有倚仗晶核的"相变力矩"来提供。"冷却应力"无法保证不同取向的各种惯习面附近都出现与惯习面平行的切应力，也就不能维持惯习面附近点阵的"活化"，那么马氏体晶核的连续长大就无法进行下去。

13.2.2　马氏体晶核的基本形态

根据热力学自发过程向自由能最低的状态转变的原则，本书作者推断出：马氏体晶核的基本形态为两种，即薄板状和薄片状。

为了降低形核功，晶核的两个主要界面必定平行于惯习面，而且四周界面也力求是惯习面。因为如上所述，相邻（111）面的空间交角为60°，（225）和（259）面的空间夹角都为90°。图13-6所示为惯习面的空间交角为90°（或者60°）时马氏体晶核的形貌，它呈现长方形体，生成薄板状晶。它的6个界面都是低能的共格惯习面。这些平面的交线才是存在错配的半共格，其界面能高。因此，马氏体形核和长大的基本原则是增大平行于"已经存在切应力的惯习面"的界面，尽量减少半共格界面；在相同的界面能增量下，获得更多的化学自由能下降。板状晶核将向正方形发展，只有正方形的二维两个方向的长大所带来的体积自由能下降才相同，如图13-6（a）所示。具有立方点阵的低碳马氏体就是这种形貌的晶核，它是构成"块区"的最小单位。

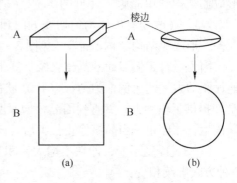

图13-6　马氏体晶核的基本形态
（a）薄板晶核由长方形A变成四方形B；
（b）细片晶核由异形变成铁饼形
（A为正视图，B为顶视图）

当碳的质量分数大于0.4%后，马氏体点阵出现明显的正方度，使马氏体点阵的铁原子间距同奥氏体的差异显著增大，具有正方点阵的"薄板状"晶核的最初12个棱边的界面能也大增。为了减少界面能，相对的两个棱边合成一条，并构成一个圆弧形的界面，从而呈现出"薄片状晶"。随着碳的质量分数升高，片状晶核将向铁饼形发展（见图13-6（b）），这就是片状晶核的边缘呈现尖角，最后外形变成圆形的原因。随着正方度的增大，不仅边缘呈现圆弧，而且两个平行于惯习面的主平面也变成弧线，以减少全共格界面上铁原子之间的错配程度。这就是碳的质量分数超过1.5%时出现透镜状马氏体的原因。可见，碳的质量分数较高时，初始晶核长大之后，四周界面不再是惯习面，都变成半共格晶界。其界面能随晶核尺寸的变大而增高。这就是说，具有正方点阵马氏体的晶核将向图 13-6（b）中 B 形貌发展。

由于自发过程只可能向形核和核长大功最小的方向进行，因而在无扩散相变中，不可能形成板条状、条片状和扁针状等形貌，因为它们违反自由能最低的原则。所以，马氏体的所有共格晶核只会呈现板状单晶或者片状单晶，再根据形核功和核长大功，组合成各种不同形态的淬火组织。

13.3 无扩散形核热力学

13.3.1 马氏体相变热力学条件

马氏体相变是一种无扩散点阵类型改组的共格单相转变。因此，马氏体相变时系统能量变化的表达式不是目前所认同的，而是如下的方程式：

$$\Delta G_{总} = n(-\Delta G_V + E_v + E_D + E_M)V + nE_\sigma S \qquad (13-1)$$

$$\sum M_n = 0 \qquad (13-2)$$

式中　ΔG_V——相变驱动力，为马氏体和奥氏体的化学自由能之差；

　　　E_v——体积应变能；

　　　E_D——铁原子的无扩散激活迁移能；

　　　E_M——力矩应变能；

　　　E_σ——表面能；

　　　V——晶核的体积；

　　　S——晶核的表面积；

　　　$\boldsymbol{M}_n$——各晶核的力矩矢；

　　　n——同时生成的晶核数目。

现在主要讨论本书新增加的两项能量之一：无扩散激活迁移能。另外一项力矩应变能已经在第 11.2 节中叙述了。

铁原子在小于一个原子间距内进行迁移，要求铁原子离开低势能的平衡位置（见图 13-2），将引起系统自由能升高，因而需要激活能，以克服能垒；而且，被激活的铁原子位移，还需要消耗能量（即迁移能），用 E_D 表示激活迁移能。它与铁原子的自扩散激活能同级。对 γ-Fe 约为 126~164kJ/mol，对 α-Fe 约为 139~168kJ/mol。

同时，每个铁原子的迁移，都要求相邻的铁原子稍许偏离低势能的位置，也会使激活迁移能进一步增大。所以随着铁原子迁移的距离增长，激活迁移能会更大。可见，决定"无扩散激活迁移能"大小的不是两种点阵的相似程度，而是"相距最远的原子"所迁移的距离。由奥氏体点阵改组成马氏体点阵的过程中，随着相距最远的铁原子迁移的距离增长，激活迁移能乃至形核功变大。

这就是为什么即使在 M_s 点之下奥氏体点阵的铁原子依旧不在惯习面上，普遍地自发重新改组而成自由能更低的马氏体点阵的原因。

当温度低于 M_s 点后，马氏体不是在奥氏体内各处均匀形核，而是首先在晶界、晶体缺陷、点阵严重畸变区、奥氏体的孪晶面等上形核。图 13-7 所示为在晶界上首先形成马氏体核心，然后向晶内生长成马氏体片的图像。一般认为在晶界上容易形成马氏体的晶核胚。本书作者认为：这些照片只能证明马氏体的晶核产生在晶界旁边，而不是奥氏体晶界上直接生成马氏体晶核。由于晶界上铁原子的排列不规则，无法保持两相之间的界面完全共格关系。更何况，晶界面正好是惯习面的几率很低。之所以马氏体晶核经常出现在晶界旁边，是因为位错往往在晶界附近堆积和缠结，形成高能区。此区的体积自由能高于平均值，点阵上的置换原子大都处在"活化"状态。在这里形核，可以获得更多的体积自由能下降，即相变驱动力大，而且，置换原子的激活迁移能也低。

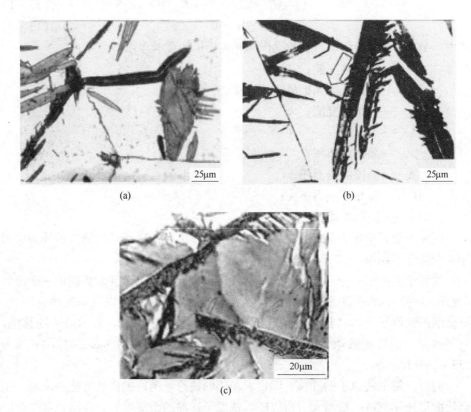

(a)   (b)

(c)

图 13-7 马氏体相变在晶界旁边形核
(a) 110CrMnTi 钢，1300℃淬火 +200℃回火；(b) 110CrMnTi 钢，1200℃淬火 +200℃回火；
(c) 100Cr2MnMoV 钢，1200℃淬火 +200℃回火

这就是说：在 M_s 点开始马氏体相变时，不是奥氏体的平均自由能下降"满

足了"形核功的需要。要令惯习面上的铁原子获得所需要的形核功,单单倚靠"平均自由能"的下降值还不够。当晶界附近的高能区所提供的相变驱动力补充了形核功的缺额时,才能在惯习面上进行铁原子的改组,组成体积自由能显著低的马氏体自发晶核,再长大成马氏体片。本书作者将马氏体这种在高能区的形核称为"高能位形核",形核的温度命名为"$M_s^{高能}$"。由平均体积自由能"下降"达到了形核功需要的形核,称为"平均位形核",这种形核温度称为"$M_s^{平均}$"。

图 13-9(a)中,在晶内出现马氏体晶核,通常都认为是奥氏体点阵存在层错等晶体缺陷,促使马氏体晶核胚出现。这是一种误解,图 13-9(a)只能证明这些地方是由晶体缺陷造成的"高能区",提供了更大的相变驱动力。因为如果是晶体缺陷提供了马氏体的晶核胚的话,它们必须位于惯习面上,否则对马氏体相变便毫无作用。要想晶体缺陷正好"躺卧"在惯习面上,它们的几率便变成很低。怎么能够解释在 M_s 点的温度出现马氏体晶核在晶内的大量形成呢?

图 13-7(b)中箭头所指的马氏体片改变了长大方向,这说明是晶体缺陷(主要是层错)所引起,其效果与碰到粗大马氏体片(深色)一样。为什么此处的晶体缺陷不作为马氏体晶胚成为晶核,长大成马氏体片呢?原因就是在于此层错区的取向不是平行于惯习面;即使是"躺在"惯习面上,因它所缺少的一层铁原子不是此处奥氏体点阵 $\{111\}_A$ 上堆垛的 C 层。因此不但没有缩短,反而会增大铁原子的迁移距离,致使核长大功变大。除此以外,因层错区与惯习面斜交,也会增大铁原子的迁移间距,导致核长大功增加,因而才出现马氏体片终止生长的结果。马氏体片在图 13-7(b)中的箭头处停止长大,其原因可能是这两个原因之一所引起的。此图可以作为晶体缺陷难以成为马氏体晶核胚的证明。

为什么在箭头处又长出一段马氏体,好像是原来的马氏体片改变了长大方向。一般认为是应力促发形核,生长出另外一片马氏体。这种解释不准确。合理的理解应该是:晶体缺陷虽然不能成为马氏体晶核(因平行于惯习面的层错缺少的不是奥氏体点阵 $\{111\}_A$ 上堆垛的 C 层)或者因与惯习面斜交而造成铁原子迁移距离(尤其是距离最远的铁原子间距)增大,引起核长大功变大等因素迫使马氏体长大停止。但是,此处也是点阵的"高能区",可以提供更大的相变驱动力。若所增加的驱动力补足了形核功的需要,便在相邻的另外一个惯习面上形成马氏体新晶核,继续相变。

不过,按照图 13-7(b)箭头处的马氏体片首先是沿垂直方向,后来又沿原来惯习面的方向的生长路线看,此处的马氏体片只是改变了生长方向,其分解图如图 13-8 所示。如前所述,马氏体片的纵向长大方式之一是依靠在半共格端面上不断生长出内孪晶。当图 13-8(a)中的 A 片前进的方向遇到斜交的"层错区"时,不能按照原来的方向继续生长,便在 a 点改变长大方向,如长成图

13 - 8（a）中 B 片并进行到 b 点，当越过了层错区后，又按照原来的方向继续长大，变成 C 片；一直到 c 点，碰到粗大的马氏体片才停止生长。在两片马氏体的交界处，产生严重的点阵畸变，变成高能区。导致在相邻的另外一个惯习面上形成新晶核，发展成一个马氏体小片（这才是"应力促发马氏体"）。

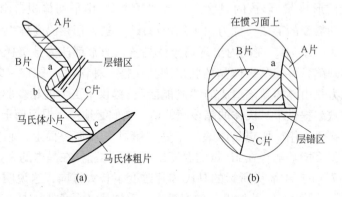

图 13 - 8　对图 13 - 7（b）箭头处马氏体片生长的图解

图 13 - 8（b）是图 13 - 8（a）中椭圆区的侧视放大图像。它的纸面是惯习面，A 片在层错区受阻后，在另外一个端面，位于同簇的另一个惯习面上生成具有孪晶界面的孪晶核 B 继续长大。当 B 片一旦越过"层错区"而停止长大时，便在原来的端面方位上形成孪晶晶核 C，生长成与 A 片平行的 C 片。

图 13 - 9（b）是在奥氏体孪晶界旁边生成一片马氏体，也不能用孪晶界提供了马氏体晶核胚或者能量高（孪晶面的界面能很低）来解释，而是由于在这个孪晶界旁边堆积了大量的位错，形成高能区。

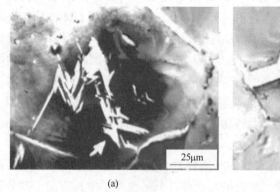
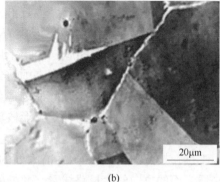

图 13 - 9　马氏体在晶内和孪晶界形核

图 13 - 10（a）可以作为"高能区"形核的力证。在粗大马氏体片旁边，

产生奥氏体点阵的严重畸变区提供了更大的形核驱动力。但是，所形成的马氏体新晶核不多，而且基本上是相互平行的。它充分证明：高能区只提供更大的驱动力，而能够"改组成马氏体晶核"者只能是"位于惯习面上"奥氏体点阵。图13-10（b）的两大片马氏体之间出现许多细小的、定向形成的马氏体片，也是"高能区"形核的证明。

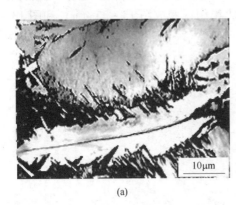 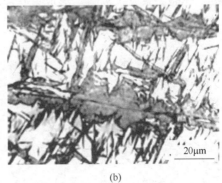

(a)　　　　　　　　　　　　　(b)

图 13-10　马氏体在点阵严重畸变区形核

冷却应力和相变应力促进马氏体相变，也是因为它们引起奥氏体点阵的储能升高，造成整体或局部增大了相变驱动力，并提供了令过冷奥氏体点阵发生弹性切变所需的切应力。

以上的论述表明，马氏体在 M_s 点的相变都不是"平均位形核"，而是"高能位形核"。一般测定的 M_s 点都是"$M_s^{高能}$"。有没有"平均位形核"呢？有！

因为束状马氏体只能在"平均自由能"下降到等于形核功的情况下才能够形成。束状马氏体要求根据相变的需要形成新晶核，其地点往往在高能区之外。只有"平均自由能"的下降等于形核功时，才能满足这个要求。所以，可以认为：$M_s^{平均}$ 是形成束状马氏体的最高温度。

一般钢在大约 1100~1200℃ 的高温淬火，是全部束状组织。准确地说，这时束状组织在光学显微镜下才显示出来。其实，在低温淬火时同样生成了束状马氏体。

图 13-11（a）所示为 T11 钢从 1150℃ 淬火后的光学显微组织，由粗大的马氏体片和束状细片马氏体（深色基体）组成。在扫描电镜下高倍放大，显示出显微组织基体是由相互平行的马氏体细片组成（见图 13-11（b））。图 13-11（b）中央部分的粗大马氏体片是首先在"$M_s^{高能}$"形成的马氏体的晶核，其余相互平行的马氏体细片才是束状马氏体。这种混合淬火组织产生的原因是：超过大约 1100℃ 淬火，奥氏体内的晶体缺陷（如位错、层错、点阵畸变等，但空位除

外）大减，碳化物等第二相基本溶解或者球化，奥氏体的化学成分显著均匀化等，引起奥氏体的平均自由能下降，使"平均位"的驱动力减小，导致"$M_s^{高能}$"点比较多的低于"$M_s^{高能}$"（"$M_s^{高能}$"一般是通常所测定的 M_s）。

在"$M_s^{高能}$"点，于"高能区"首先形成的马氏体晶核有了充分长大的时间，长成马氏体粗片，如图 13 - 11（a）中的白片。直到温度降至"$M_s^{平均}$"点，才按照"孪晶关系束状机制"形成束状淬火组织，变成图 13 - 11（a）和图 13 - 11（b）中的基体组织。

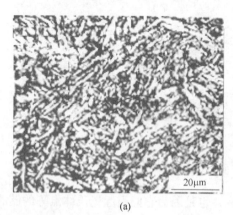
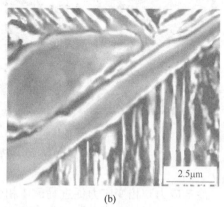

(a)　　　　　　　　　　　(b)

图 13 - 11　粗片马氏体 + 束状细片马氏体组织（T11 钢，1150 ℃淬火）

由此可见，束状马氏体的晶核都是属于"平均位形核"，完全由奥氏体的平均体积自由能降低来提供形核功，不再需要外援（如高能区）来协助形核。只有在这种情况下，马氏体晶核才能按照相变的需要，随时随地形成。"孪晶关系束状机制"要求在惯习面上按照需要随时形成伴生晶核，唯有"平均位形核"才可能保证。"高能区形核"虽然可以在"高能区"以外长大，但不能在"高能区"之外产生晶核，因而已产生的晶核只能长成单独的马氏体粗片，无法生成"马氏体束"。

这就是说，马氏体形核的温度有多种，按照形核功的来源，可以分成两种：$M_s^{平均}$ 和 $M_s^{高能}$，如图 13 - 12 所示。只有 $M_s^{平均}$ 和 $M_s^{高能}$ 之间的间隔足够大时，才能在光学显微镜下显示出马氏体

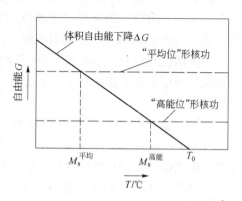

图 13 - 12　超高温淬火引起"$M_s^{平均}$"和"$M_s^{高能}$"的差距增大

粗片和束状组织共存。如果 $M_s^{平均}$ 和 $M_s^{高能}$ 的间隔小，在 $M_s^{高能}$ 点首先形成的马氏体单片没有足够长大的时间。因它们的尺寸较小，在光学显微镜的分辨率下往往看不出，从而呈现出"全部"束状淬火组织。只有采用高分辨率的扫描电镜才能够观察到首先生成的马氏体片稍厚，如图 13 - 13 所示。在平行的马氏体细片束中，夹着一些比较大的粗片。在光学显微镜下，即使全部是束状马氏体的淬火组织中往往也显出许多稍粗的马氏体平行细白片，如图 6 - 1 （a）、图 6 - 3 （a）、图 6 - 4 （b） 和图 8 - 6 （d） 等所示。它们在扫描电镜下都是在平行的马氏体细片中出现的比较粗的马氏体片 （见图 13 - 13）。

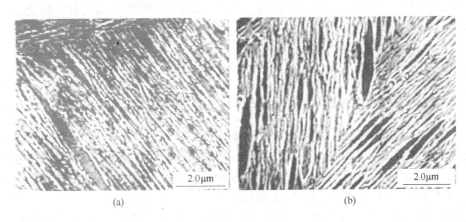

(a)   (b)

图 13 - 13　束状马氏体中的马氏体粗片
(a) 45 钢，1100℃淬火；(b) 9CrSi 钢，1100℃淬火

上面的分析充分表明：马氏体相变是一种形核和长大功很大的相变，不仅仅是因为它的体积应变能、力矩应变能和界面能高，更重要的是还需要相当高的激活迁移能，导致高碳马氏体的形核功非常大。凡是能够降低激活迁移能的因素，照样可以促进马氏体相变的发生。

根据这一要求，下列因素都可以促进马氏体自发晶核的出现：

（1） 晶界、夹杂物、孪晶面等造成位错堆积，尤其是形成高密度的位错缠结区。大量高密度位错缠结区 （位错密度 $\rho > 2.3 \times 10^{15}\,m^{-2}$） 可视为奥氏体点阵的局部激活区，为马氏体晶核的生成提供了所需要的"激活迁移能"。

（2） 在奥氏体惯习面附近的层错、位错壁等晶体缺陷，令奥氏体点阵中形成严重畸变区，使该区域的奥氏体自由能高于平均值较多。

（3） 由于冷却以及已经发生的马氏体相变，使母相产生强烈的塑性变形，导致出现局部点阵的严重畸变区、位错堆积和缠结等。

应注意：这些因素促进马氏体形核不是目前所共识的那样，即因为它们产生了马氏体晶核胚，而是因为它们增大了马氏体相变的驱动力。

对中碳和高碳钢，"$M_s^{平均}$"比M_s点低很多。在"$M_s^{平均}$"可以具有很大的相变驱动力ΔG_V，产生"无临界尺寸"晶核的相变，形核和核长大都容易（将在第13.4节中图13-20进一步论述）。凡是发生了"无临界晶核相变"，形核则容易，产物组织细微。

对奥氏体向马氏体点阵转化的深入研究后，本书作者发现固态相变的一条普遍规律是：必须存在平行于惯习面的切应力，引起母相点阵产生弹性应变，促使母相点阵中相距最远铁原子的距离缩短，形成"点阵活化区"，以保证新相晶核的形成。而且，此母相点阵所要求的应变量和铁原子迁移的最大允许距离随"相变驱动力"而改变。增大驱动力，可以"减少"母相产生新晶核时所必需的应变量和"放宽"对最大允许迁移距离的要求。

增大相变驱动力的办法有两个：（1）母相内出现高能区，令其自由能高于平均值；（2）增大过冷度，使$-\Delta G_V$值变大。

13.3.2　极高碳钢不形成束状细片马氏体

当碳的质量分数超过1.5%之后，无论在什么温度淬火，都看不到束状马氏体组织，如图13-7和图13-10所示。一般认为是因为它们的M_s点低，冷却到室温时，残余奥氏体很多。实际上，即使冷处理到它们的相变终点M_f点，也只是马氏体片变粗大和单片的马氏体数量增多，不会形成束状细片马氏体。主要原因是它们的应变能、界面能、激活迁移能很高，形核功很大，使$M_s^{平均}$点降到M_f点以下。

如上所述，形成束状马氏体的条件是：当温度降到$M_s^{平均}$时，完全依靠"平均体积自由能的下降"满足形核功的需要，因而在任何方位的惯习面上都可以形成马氏体点阵。当碳的质量分数大于1.5%之后，因$M_s^{平均}$已经低于M_f点，如图13-14所示，这就意味着它们的应变能、界面能、激活迁移能很高，形核功极大，"平均体积自由能的下降"永远达不到形核功的要求。图12-7、图13-10、图13-18（e）和图13-18（f）等图片正是本书作者提出的"$M_s^{平均}-M_s^{高能}$论"的实证。

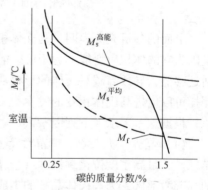

图13-14　高碳钢不形成束状马氏体的示意图

这时，马氏体相变只有通过下列3种方式发生：

（1）已经生成的马氏体片继续长大。

（2）因形成了许多马氏体粗片，促使奥氏体内出现显著塑性变形，产生缠结位错的堆积和层错，又形成新的"高能区"，补足了相变驱动力的缺额，达到了形核功的要求，从而形成新的晶核。但统统只能长大成马氏体单片，无法按照"孪晶关系束状机制"形成束状细马氏体作为基体组织，如图13-10（b）和图13-18（e）、图13-18（f）的淬火组织所示。

（3）因过冷度增大，使临界晶核尺寸变小，在尺寸较小的高能区内也形成新晶核。但是，都只能长大成马氏体单片。

由此可见，形成束状马氏体的温度条件是：

$$M_f < 相变温度 \leq M_s^{平均}$$

束状马氏体产生的热力学条件是：（1）体积自由能的下降大于体积应变能、界面能等的升高（见第13.3.3节中的讨论）；（2）惯习面的界面能高于孪晶界面能。

13.3.3　马氏体晶核尺寸的范围

马氏体晶核一共只有两种形状：薄板状和薄片状。图13-15（a）所示的薄板晶的尺寸以板厚h为基准。因三角形的两个边的长度之和大于斜边，如图13-15（b）所示，因此，按照薄板晶的尺寸可以近似计算薄片晶，只是薄片晶的体积和表面积都稍小于相同厚度的薄板晶。下面以晶核呈现一个薄板晶时为例，得出它的体积为：

$$V = n_1 h \cdot n_2 h \cdot h = n_1 n_2 h^3$$

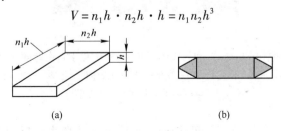

(a)　　　　　　　　　　　(b)

图13-15　马氏体晶核的尺寸

表面积为：

$$S = 2n_1 h \cdot n_2 h + 2n_1 h \cdot h + 2n_2 h \cdot h = 2(n_1 n_2 + n_1 + n_2)h^2$$

将它们分别代入方程式（13-1），得出：

$$\Delta G_{总} = (-\Delta G_V + E_v + E_D + E_M)(n_1 n_2)h^3 + E_\sigma \cdot 2(n_1 n_2 + n_1 + n_2)h^2$$

$$(13-3)$$

令　　　$n_1 n_2 = A_1$，$2(n_1 n_2 + n_1 + n_2) = A_2$

即　　　$\Delta G_{总} = (-\Delta G_V + E_v + E_D + E_M)A_1 h^3 + E_\sigma A_2 h^2$　　　　(13-4a)

由此可知：$-\Delta G_V$、E_v、E_D和E_M与晶核厚度h的3次方成正比，E_σ与晶核厚度的2次方成正比，绘图得出图13-16。

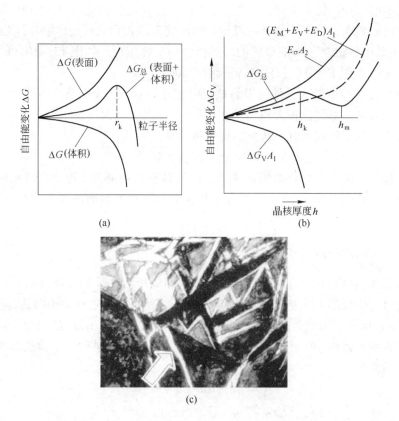

图 13 - 16　液体结晶 （a） 和马氏体相变 （b） 的化学自由能随晶核尺寸的变化

（a）液体结晶化学自由能变化；（b）马氏体相变化学自由能变化；

（c）120Cr4Mn2 钢，1100℃淬火 + 400℃回火

图 13 - 16 （a） 所示为金属液体结晶时的化学自由能随晶核半径的变化曲线，引起自由能升高的只有表面能一项。而图 13 - 16 （b） 所示为马氏体相变时化学自由能随晶核厚度的变化。此图中产生自由能升高的有 4 项：E_V、E_D、E_M和 E_σ。

由式 （13 - 4a） 得：

$$\Delta G_{总} = -A_1 \Delta G_V h^3 + A_1(E_V + E_D + E_M)h^3 + A_2 E_\sigma h^2 \qquad (13 - 4b)$$

令 $\partial \Delta G_{总}/\partial h = 0$，代入式 （13 - 4b），则：

$$-3A_1 \Delta G_V h_k^2 + 3A_1(E_V + E_D + E_M)h_k^2 + 2A_2 E_\sigma h = 0$$

$$h_k = 2A_2 E_\sigma / [3A_1(\Delta G_V - E_V - E_D - E_M)] \qquad (13 - 5)$$

即马氏体晶核的临界厚度 h_k 与界面能 E_σ 和 $E_V + E_D + E_M$ 成正比，与化学自由能下降 ΔG_V 成反比。ΔG_V、E_V、E_D、E_M、E_σ 晶核尺寸的变化如图 13 - 16 （b）

所示。

因 ΔG_V 不随 h 改变,但马氏体相变时,体积应变能 E_V、力矩应变能 E_M 和界面能 E_σ 却随晶核尺寸 h 而不断增加(见图12-12),是晶核尺寸 h 的函数,即 $E_V(h)$、$E_M(h)$、$E_\sigma(h)$ 代入式(13-4b),变成:

$$\Delta G_{\text{总}} = -A_1 \Delta G_V h^3 + A_1 (E_V(h) + E_D + E_M(h))h^3 + A_2 E_\sigma(h)h^2$$

即　　$$\Delta G_{\text{总}} = -A_1 \Delta G_V h^3 + A_1 (E_V + E_M + E_\sigma)h^4 + A_1 E_D h^3 \qquad (13-6)$$

在式(13-6)的条件下,因等式右边第一项(ΔG_V 项)的数值只随 h^3 增大,而第二项数值($E_V + E_M + E_\sigma$ 项)的数值与 h^4 成正比,因此,当厚度超过一定值后,($E_V + E_M + E_\sigma$)项将引起图13-16(b)的 $\Delta G_{\text{总}}$ 曲线上出现第一个谷值,对应于马氏体晶核的最大厚度 h_m。

由图13-16(b)可以得出三点重要结论:

(1)目前公认,马氏体片停止长大主要是共格界面被破坏。这种观点不符合实际。因为在晶界共格未达到破坏之前,由于过高的体积应变能逼使马氏体已经停止了生长。实际情况是:当体积应变能、界面能、相变力矩能和激活迁移能总值超过化学自由能的下降时,都会使晶核停止长大。

图13-16(c)是120Cr4Mn2钢在淬火和400℃回火再冷却时出现二次淬火。除了形成新的白色马氏体片外,回火成深色的马氏体片旁边也生成出白色的马氏体,呈现白色边缘。注意:马氏体片未长出白色边缘,并非它们的共格关系被破坏了,而是其长大功比较高。

(2)对应于每个马氏体的形成温度,不仅有一个晶核的临界厚度 h_k,而且还有一个马氏体片的最大厚度 h_m。这就是说,不像金属结晶那样,马氏体片可以无限制地长大,直到与相邻的晶核相遇。每个马氏体片当长大至一定厚度,达到 h_m 时,即使不碰到相邻的马氏体片,它也会自动停止生长,如图7-1、图7-4、图13-7、图13-10等所示。

(3)随温度降低,临界厚度 h_k 和最大厚度 h_m 都变小。这就表明:在较高温下首先出现的马氏体片如果达到了 h_m,在随后的降温过程中则不再继续长大、变宽。

13.4　马氏体相变动力学

13.4.1　马氏体形成的动力学曲线

对变温马氏体相变,目前公认其马氏体生成量 f 随温度下降而连续地增多,呈现下列关系[273]:

$$f = 1.230 - 8.650 \times 10^{-3} T$$

图13-17中实线是文献[284]中对碳的质量分数为1.1%的碳钢马氏体生

成量 f 随温度下降的测定结果。需要指出：这些实测结果同本书作者的大量观察结果存在不一致。

从图 13 – 18 的部分图片中可以明显看出：马氏体组织中白色马氏体粗片的厚度一般只有 2 ~ 4 种厚度范围；在厚度大小的变化上不存在连续性。需要注意的是：不能采用"低温下出现的马氏体因为位于高温已经形成的马氏体片之间，尺寸长大受到限制"来解释低温出现的马氏体片厚度变小。因为图 13 – 18 (e)中心区(黑色箭头左右)具有比较大

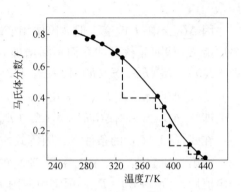

图 13 – 17   碳的质量分数为 1. 1% 钢的马氏体生成量随温度的变化

的空间，但是照样只生成细小的马氏体片。图 13 –18(f)中心区也是如此。

根据显微组织观察，本书作者得出的马氏体生成量 f 随温度变化的动力学曲线示意图如图 13 – 19 中实线所示，是不连续曲线；马氏体相变主要在两个温度区，即 $M_s^{\text{高能}}$ 和 $M_s^{\text{平均}}$，按照两种不同的机制进行。

第一种机制是：在"高能区"首先形成马氏体晶核，并长大成粗片，但不形成束状组织。这些马氏体片的长大引起周围奥氏体产生塑性变形，形成新的高能区，可以引起马氏体新晶核的出现。由于冷却温度的降低，过冷度增大，晶核临界尺寸 h_k 变小，促使尺寸较小的"高能区"也生成晶核。一般来说，后来形成的马氏体片都细。在温度位于 $M_s^{\text{平均}}$ 以上，都是按照这种机制进行相变，生成的都是单独的马氏体粗片。在"高能区"以外它们不能依靠伴生晶核来形成新晶核。因为平均相变驱动力达不到形核功的要求，需要"高能区"提供相变驱动力的缺额，才能满足新晶核的出现。所以，这个阶段形成的马氏体片及其转变量不是连续，而是断续出现的。

第二种机制是：温度不超过 $M_s^{\text{平均}}$，即平均化学自由能的下降能够满足形核功的需要时，便按照两种"束状机制"（即"小角界面束状机制"和"孪晶关系束状机制"）之一进行相变，形成束状淬火组织。这个阶段的马氏体形核不受"高能区"的限制，其马氏体转变量随温度的变化可以具有连续性。

在图 13 –19 中采用虚线画出了这两种相变机制的进行范围。

按照这一观点，审视图 13 –17 时，Harris 等人[226]的测定数据可以采取另外一种方法连接，如图中虚线的不连续曲线。马氏体主要在 3 个温度区形成。

当温度降到 M_s 点，因 ΔG_V 比较小，由式（13 –5）可知，马氏体晶核的临界厚度 h_k 比较大，过冷奥氏体内高能区尺寸能够超过 h_k 的地点少，因而只有少量的马氏体晶核生成，马氏体的转变量不多。由于温度下降，令 ΔG_V 增大，使

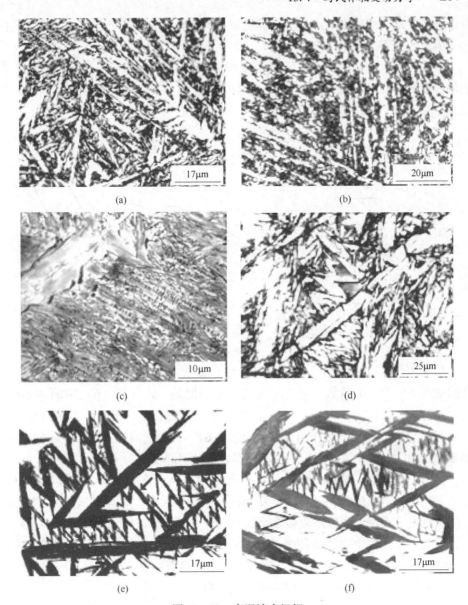

图 13 – 18   高温淬火组织

(a) T9 钢，1300℃淬火；(b) T10 钢，1000℃淬火；(c) CrWMn 钢，1050℃淬火；

(d) T11 钢，1300℃淬火；(e) 160CrMnTi 钢，1100℃淬火；(f) 160CrMnTi 钢，1200℃淬火

h_k 变小后，因高能区尺寸都大于了马氏体临界晶核尺寸，在相变力矩的作用下，爆发式的形成大量马氏体，出现图 13 – 19 中 M_s 点附近的第一个马氏体大量生成区。第二个马氏体大量生成区发生在 $M_s^{平均}$ 温度（大约320K 附近）。这时依靠平均化学自由能的下降 ΔG_V 提供全部马氏体形核功，从而发生第二次马氏体的大

量爆炸式相变，形成束状细片马氏体组织。这次转变最大的特点是：马氏体晶核的临界尺寸为零。

由式（13－6）可知：当 M_s 的温度较高时，因 ΔG_V 比较小，将导致 $\Delta G_{总}$ 为正值，使 $\Delta G_{总}$ 曲线位于 x 轴之上。在这种情况下，将出现临界厚度 h_k 和最大厚度 h_m，如图 13－20 中曲线 T_1 所示。

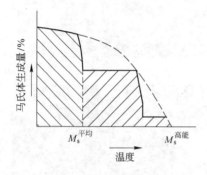
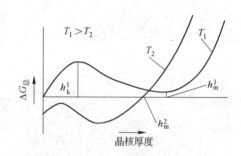

图 13－19　变温马氏体的生成量
随温度变化的示意图

图 13－20　没有临界厚度的
$\Delta G_{总}$ 曲线

当在 $M_s^{平均}$ 以下温度发生马氏体相变时，由于化学自由能 ΔG_V 显著变大，在这种情况下，当 h 的数值小时，$\Delta G_{总}$ 为负值，但是，式（13－6）中的"负项"与 h^3 成正比，而" $A_1(E_V+E_M+E_\sigma)h^4$ "项与 h^4 成正比，因此，当 h 的数值超过一定值后，$\Delta G_{总}$ 便变成正值。也就是说，$\Delta G_{总}$ 曲线的前面一段位于 x 轴之下，如图 13－20 中的 T_2 曲线所示，没有了晶核的临界厚度。

但是，一定会出现最大厚度 h_m。这就是说，当过冷度足够大，马氏体可以依靠平均化学自由能的下降形成自发晶核时，已经没有"临界晶核"。在惯习面上的激活区，无论铁原子组成多么小的马氏体点阵，都可以成为晶核，并进行长大；从而大大地减少铁原子的激活迁移能，使形核功变小。这就是在高温淬火时，一旦启动"束状相变机制"，就只生成细片马氏体，不再出现马氏体粗片的原因，如图 13－18（a）～图 13－18（c）所示。

上面已经提到，由于每个温度都存在一个最大厚度 h_m，而且随过冷度增大而变小，因而在随后的降温过程中，只有尺寸尚未达到 h_m^1 的马氏体片才能够继续长大，尺寸已经大于 h_m^2 的马氏体片则不再发生相变。这也是高温淬火组织中没有非常粗大马氏体片的原因。

因为奥氏体的高能区的尺寸相差不大，因此，在 M_s 点附近出现第一个爆发式大量生成区。Harris 等人的试验曲线（见图 13－17）可以连接成 3 个马氏体转变区，可能是奥氏体中高能区的尺寸相差比较大所引起的。

由此可见，马氏体相变呈现不连续发生主要是因为形核功的来源不同造成的。在 M_s 点附近，由奥氏体内的高能区尺寸和过冷度控制着第一至第三次马氏体的大量生成，它们都是依靠"高能区"提供化学驱动力不足的形核功；最后一次马氏体的大量生成是由"平均化学自由能下降"来提供全部形核功。

13.4.2　马氏体变温相变产生的原因

至今还不知道马氏体为什么会出现"变温相变"。Magee[197] 提出：因为奥氏体热稳定化，马氏体相变使附近的奥氏体发生协作形变，产生大量位错，导致马氏体晶核不能继续长大，也无法形成新的晶核。由于马氏体相变过程中产生相变阻力（如相变应力和晶体缺陷[42]），以致马氏体相变终止。

这种解释与塑性变形促进马氏体相变矛盾，本书作者认为：等温相变和变温相变的区别在于等温相变的形核和核长大在等温过程中可以不断发生，直至旧相完全消失；而变温相变的形核和核长大随停留时间的延长，会自动停止，不能继续进行相变。所以，只要能够找出马氏体相变自动停止的原因，就可以查明产生变温相变的根源。在研究中，本书作者观察到马氏体相变自动停止的情况有两种。

13.4.2.1　"高能区"的数量和形成

这是在马氏体形成温度区（即 $M_s \sim M_f$）上部出现马氏体生成量不随等温时间延长而增加的主要原因。如图 13－19 所示，由"高能区"提供部分形核功的马氏体相变，其晶核形成的数量取决于"高能区"的自由能大小、高能区的数量和尺寸。随着超过临界晶核尺寸的高能区数量的增多和高能区自由能的升高，马氏体生成晶核的数量增多，晶核尺寸变大。

在等温的情况下，"高能区"一旦消耗完毕，马氏体的新形核就不能产生。因马氏体晶核的长大，将引起周围奥氏体点阵产生畸变，由相变力矩引起的"高能区"只能补偿核长大功的缺额，保证晶核可以继续生长，这就是马氏体片的尺寸往往大于最初始"高能区"的原因。但是补偿不了形核功的缺额，因此不能在惯习面附近出现新晶核。由此可见，并非因马氏体相变使马氏体片周围奥氏体出现畸变、形成位错等晶体缺陷而产生"相变阻力"，导致马氏体相变停止；相反，马氏体相变令周围奥氏体产生点阵畸变和位错等缺陷，提高了母相奥氏体点阵的化学自由能，可以促进马氏体相变。

但是，因马氏体晶核的"尺寸效应"强烈，晶核一旦到达每个温度的最大尺寸 h_m，马氏体的长大便会停止。继续相变主要依靠因马氏体转变在奥氏体内产生新的"高能区"，形成新的马氏体晶核。如果不再生成新的马氏体晶核，那么在这个温度的马氏体相变便终止了。唯有降低温度，增大化学自由能的下降值

（ΔG_V），才能使所形成的马氏体片变大，以及因临界晶核尺寸的变小而产生新的晶核。这就是马氏体的生成量伴随等温时间的延长而不能继续增多，以及马氏体相变量因温度降低而出现不断增加的原因。

13.4.2.2　压应力引起体积应变能升高

由于马氏体相变的高"体积膨胀效应"，引起母相奥氏体承受着不断升高的压应力，导致体积应变能、力矩应变能和激活迁移能不断增高，以致形核功和核长大功连续变大，以及 M_s 点下降。当压应力足够大时，引起形核和核长大功超过了化学自由能的下降后，马氏体相变也会自动停止。

在马氏体形成温度区的下部，形成束状淬火组织或者粗片马氏体生成量超过大约一半之后，未转变的奥氏体因所受到的压应力不断升高而导致形核和核长大功增大，一旦超过因马氏体的新增量带来的化学自由能下降时，马氏体相变必将停止。

由此可见，出现变温相变的条件是：由晶核长大以及因体积膨胀产生的压应力两者导致形核和核长大功增加的速率超过由马氏体晶核因体积增大而带来化学自由能降低的速率时，必将导致形核和核长大自动停止，致使奥氏体在等温过程中不能全部转变成马氏体。所剩余的奥氏体数量由体积应变能、界面能和奥氏体所承受的压应力决定。

一些合金中的等温马氏体相变主要是新旧相的比体积差小，产生的体积应变能较小以及所形成的压应力也不大，不满足上面的变温相变的条件。同样，绝大部分珠光体和大部分贝氏体之所以可以发生等温相变，也是因为它们的体积应变能等显著低于铁合金中的大部分马氏体相变。

13.5　完全孪晶和部分孪晶

13.5.1　完全孪晶和穿晶孪晶线

马氏体中的孪晶有两种形态：完全孪晶和部分孪晶。目前的完全孪晶都是在铁镍和铁铬等高合金的透镜状马氏体和粗大薄片马氏体内观察到[94,130,341]。在透镜状马氏体中，还看到部分孪晶[115,122]。一般都认为，普通钢的马氏体都是"部分孪晶马氏体"[34,44,97,105]，只有碳的质量分数超过 1.4% 时，碳钢和低合金的粗大薄片马氏体才具有完全孪晶[87]。

本书作者在碳钢和低合金钢中既观察到部分孪晶，如图 3-3（a）、图 3-4（a）、图 3-7、图 5-2、图 5-3、图 11-13、图 12-8（c）所示，也看到许多完全孪晶图像，如图 2-1（a）和图 2-1（b）、图 3-4（b）、图 4-4（a）、图 6-2、图 8-2、图 8-3 等所示。并且分析指出，所有钢的内孪晶是在晶核初期长大过程中形成，全部是完全孪晶，只有相变潜热释放多的合金才生成部分孪晶（深入分析参见第 13.5.3 节）。

在普通钢中之所以往往观察到的是部分孪晶，完全是因为双喷腐蚀不均匀，导致孪晶面残缺造成的。详细的分析参见图 2 - 7。

本书作者新发现，一个马氏体束中具有相同的孪晶面取向，如图 3 - 4（b）、图 4 - 4（a）、图 5 - 3、图 6 - 2 所示，而且，相邻马氏体片中的内孪晶面是公共的，如图 4 - 4（a）和图 6 - 2（a）所示，现将它命名为"穿晶孪晶线"。

当本书作者确证了下列两种新现象：（1）在马氏体相变过程中生成的内孪晶（即相变孪晶）基本上是完全孪晶；（2）在一个马氏体束中，相互平行的马氏体单元具有同一取向的孪晶面，即具有"穿晶孪晶线"。之后再查阅现有文献，居然也见到了他人的相同观察，只是他们未专门提出来，探讨它们的形成原因以及它们对解读马氏体相变的作用。

图 12 - 11 所示为高碳钢（碳的质量分数为 0.7%）透射电镜照片[175]，完全验证了本书作者的试验结果。

13.5.2 完全孪晶和穿晶孪晶线的形成原因

目前，对这两种现象还没有提出解释。

在第 12.4 节已经探讨了完全孪晶形成的机制。马氏体晶核形成初期，通过"内孪晶型长大机制"产生具有孪晶界面的"内孪晶"来进行长大，所形成的"相变孪晶"都是完全孪晶。

"穿晶孪晶线"也是在以上的基础上产生的。下面结合图 13 - 21 和图 13 - 22 来说明"完全孪晶"和"穿晶孪晶线"的形成机理。

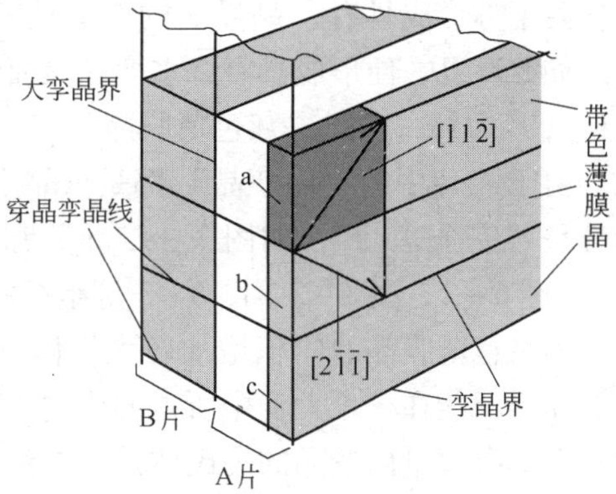

图 13 - 21　束状细片马氏体 A 的晶核长大

因马氏体晶核的最初尺寸小，界面能在消耗相变驱动力中所占的比例高，因此，最早形成的是薄膜状晶核 a。如图 13 - 21 中 A 片中的深色块 a 所示，只有几个原子层厚（随着四周端面的界面积和应变区变小，晶核的临界尺寸也减小），两个主要界面都平行于惯习面，以保持最低的界面能，因此呈现薄板状。

这时所产生的体积自由能下降小，无法增厚，因为增厚会导致四周的半共格界面积大增，主要是向其他两个二维方向生长，扩大和惯习面平行的主界面。当体积应变能和界面能等于驱动力时，晶核块 a 的长大停止，变成图 13 - 21 的深

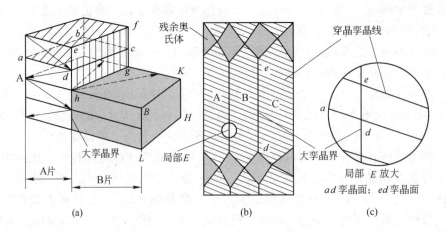

图 13 – 22　束状细片马氏体中的孪晶关系

色正方晶块 a。它要继续长大，只有通过"双改变"（即"改变"长大方向，由 $[11\bar{2}]_A$ 变成 $[2\bar{1}\bar{1}]_A$，以及"改变"平行于奥氏体的方向），在一个端面上形成"具有孪晶界面"的孪晶 b。因界面能降低了，从而促使深色正方晶块 a 获得横向生长的条件，变成一个孪晶长块（图中浅色）。当孪晶核 b 停止生长时，采取在其下方形成具有孪晶界面的孪晶核 c，促使孪晶核 b 也长成浅色的孪晶长块。如此反复，便形成具有许多孪晶界面的薄膜状晶块，变成薄膜晶，如图中马氏体 A 片内部右边的"灰色薄膜晶"。

由于 A 片中的"内孪晶"都是依靠孪晶核长大而产生的，所以它们生长成的都是"完全孪晶"，如图 2 – 1（a）和图 2 – 1（b）、图 3 – 4（b）、图 4 – 4（a）、图 6 – 2、图 8 – 2、图 8 – 3 等组织图像所示。

因带色薄膜晶的体积增加较大，体积自由能下降多，而且因体积应变能增大，使界面能在核长大功中所占的比例变小，为晶核的增厚创造了条件。最后长成一个具有大量内孪晶的马氏体片，如图 13 – 21 中的 A 片所示。可见，A 片是由"带色薄膜晶"通过增厚得来的。

当 A 片停止长大后，在它的每个"内孪晶"旁边通过"双改变"生成具有孪晶界面的伴生晶核，发展成与 A 片保持孪晶界面的 B 片。因 B 片中的孪晶块都是通过在 A 片的内孪晶晶块旁边形成具有孪晶界面的"伴生晶核"而产生的，因此，将 A 片中的孪晶界面都保留下来，成为共用的孪晶界面，即横穿两个马氏体片的"穿晶孪晶线"。现将 A 片和 B 片之间由"伴生晶核"而生成的孪晶界面称为"大孪晶界"。

图 13 – 22（a）左边的 4 个孪晶块（即内孪晶）位于"已经形成的马氏体片 A"中，它们的内孪晶面是 abcd；通过不断改变内孪晶的生长方向（如箭头所示），形成具有"内孪晶"的 A 片。

在其旁边生成的伴生晶核（图 13 - 22（a）中的 *hgKHLB* 灰色晶体——B 片）与 A 片也具有孪晶关系，但是孪晶面变成 *efcghde*（图中称"大孪晶界"），它们的镜面对称关系如图中粗虚线的箭头所示。由于这些伴生晶核是在原来 A 片的每个内孪晶块旁边生长出来的，因而保持原有的孪晶界面（或孪晶线）。当长大成为两个相邻的马氏体片 A 和 B 后，孪晶线共用，如图 13 - 22（b）所示。此图中有三片相互平行、互相为孪晶关系（具有大孪晶界）的马氏体片 A、B 和 C。它们的内孪晶面（图 13 - 22（b）中的斜线）的取向相同，即保持同一的"穿晶孪晶线"。

相邻的孪晶块都保持原生 A 片中的孪晶界面，这就是为什么一个束内的、相互平行的各马氏体细片都具有相同的"穿晶孪晶线"的原因，如图 3 - 4（b）、图 4 - 4（a）、图 5 - 3、图 6 - 2、图 8 - 3 和图 12 - 11 所示。

由"晶核长大"形成的"内孪晶面"同惯习面斜交，而且，所有"内孪晶面"和惯习面之间的夹角相同（见图 13 - 22（b））。由"伴生晶核"产生的孪晶关系，相邻两个晶核之间的"孪晶面"（即"大孪晶界"）与惯习面平行。

束状细片马氏体相变机理中，伴生晶核与已生晶核保持孪晶关系是首要的，否则相邻马氏体片（见图 13 - 22（b）中的伴生马氏体片 B 和 C）就不能生成，相变也就无法继续下去，从而也就形成不了"穿晶孪晶线"。至于伴生马氏体片内部所形成的各孪晶块之间是不是仍然具有孪晶关系，尚有待今后对每个孪晶块测定晶体取向后才能做出结论。但是，每一个束的马氏体片中，必定有一片马氏体的内部全部是孪晶关系。

图 13 - 22（c）所示为图 13 - 22（b）中圆圈"局部 *E*"的放大示意图，标出两种孪晶面：内孪晶面 *ad*（即穿晶孪晶线）和马氏体片 A、B、C 之间的大孪晶面 *ed*。图 13 - 22（b）中各片的"穿晶孪晶线"*ad* 保持直线的原因有两个：（1）每个孪晶长大过程中，与母相奥氏体维持着界面能最低的惯习面取向。如果其中一个孪晶超越相邻的孪晶独自伸进母相，就会在上下出现新的半共格侧界面，界面能将显著增高，而不能发生继续相变。（2）每个马氏体片的长大还受控于相变力矩矢[23]，它不能独自随意生长。这就导致相邻马氏体片呈现同步扩展的结果。

13.5.3 采用"相变力矩论"解释"部分孪晶"的形成

上面论述的是"完全孪晶马氏体"，碳钢和低合金钢的片状马氏体都是完全孪晶马氏体（见图 5 - 2、图 5 - 3、图 6 - 1、图 6 - 2 和图 12 - 11）。在高合金淬火组织中，有时出现部分孪晶马氏体，即内孪晶没有穿透整个马氏体片，而是位于马氏体片的中央区域。有中脊线时，则位于中脊线附近，如图 13 - 23 所示[122]。当合金进行马氏体相变，所释放出的相变潜热足够高时，便形成"部分孪晶"。至今的解释[42]是：因相变放热使局部温度升高，导致产生滑移过程。这种解释缺乏逻辑性，与常规知识不符。

上面解释的前提是，在 M_s 点以下一直发生马氏体片长大。这就是说，在 M_s 点以下形成马氏体片时，按照流行的理论，滑移临界分切应力已经高于孪生临界分切应力，因而形成完全孪晶亚结构。这样一来，就出现两个关键问题：

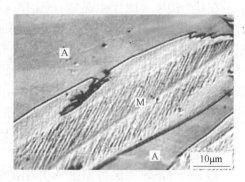

图 13-23 Fe-Ni-Co 合金中的局部孪晶

（1）由滑移生成的非孪晶区不是在 M_s 点以下生成的，因为温度低于 M_s 点时，滑移临界分切应力已经高于孪生临界分切应力，要生成非孪晶区，唯有温度超过 M_s 点。试问：没有驱动力，岂能进行马氏体相变？

（2）可见，马氏体片内的"非孪晶区"只能在 M_s 点以下形成。但是在 M_s 点以下，滑移临界分切应力一直高于孪生临界分切应力，怎么可能又进行滑移过程，生成非孪晶区呢？

所以，上述解释自相矛盾，并没有回答为什么会出现"部分孪晶马氏体"。采用本书作者提出的相变力矩理论，就能够给予很好的阐明。

如图 13-24（a）所示，马氏体片内是完全孪晶，薄板单晶 a 和 b 的取向差为孪晶角（70°32′），它俩所产生的力矩矢分别为：M_a 和 M_b，如图 13-24（b）所示。此合成力矩矢如图 13-24（c）中的 $M_正$ 所示。这个完全孪晶马氏体片的总力矩矢就是所有内孪晶的 $M_正$ 之和。

由于所生成的马氏体片大小各异，因此所释放的"相变热"造成各马氏体片温度的升高也不相同，必然令每个马氏体片因温升导致的长大速度减慢的程度各异，最后必将引起"正"、"负"总力矩矢不相等。现假说正总力矩矢多出了图 13-24（d）所示的 $M_正^1$ 数量。此多出的总力矩矢 $M_正^1$ 将制止"生成负力矩矢的马氏体片"中产生"正力矩矢孪晶 c"的长大；相反，则促进这些马氏体片内产生"负力矩矢孪晶 d"的生成，以求得总力矩矢 $M_负$ 获得增大，达到系统的合成力矩矢为零。由于"负力矩矢孪晶"的生长，令孪晶区外围形成一薄层的非孪晶区，如图 13-24（e）所示。最后实现非孪晶区产生的总力矩矢 $M_负$ 与 $M_正^1$ 相等，如图 13-24（f）所示。

因升温，减少了相变驱动力，降低了相变的总速度；当释放出的热量小于冷却介质带走的热量后，系统的温度会再次下降，具有非孪晶区的"部分孪晶马氏体片"的连续长大，导致总力矩矢 $M_负$ 变大，接近并后来超过"完全孪晶马氏体片"生成的总 $M_正$。为了维持系统的空间力矩系平衡，它则阻止"完全孪晶马氏体片"内产生"负力矩矢的孪晶 d"的生长，反过来则促进产生"正力矩

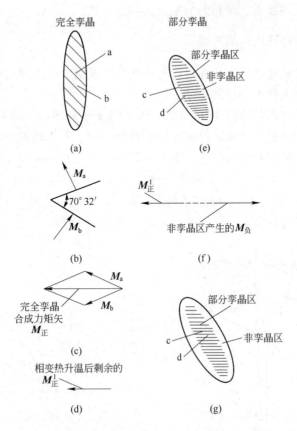

图 13 – 24　完全孪晶和部分孪晶形成的力矩矢图解

矢孪晶 c"的长大，而导致完全孪晶马氏体片也出现非孪晶区。以后，随着系统温度的降低，这两种马氏体片都进行非孪晶区的不断扩展，而形成如图 13 – 24（g）所示的部分孪晶马氏体片。

　　由此可见，正负合成力矩矢不仅控制着马氏体晶核的产生、马氏体晶核的外形和马氏体相变的继续发生，而且还相互影响马氏体片的亚结构。部分孪晶马氏体就是因为"相变热"造成总力矩矢不相等而通过上述途径出现的。

13.6　马氏体组织的形成机制综述

　　大部分马氏体组织属于两大类：束状马氏体和片状马氏体。马氏体的组织类型取决于化学成分和淬火工艺等。束状马氏体因化学成分（主要是碳的质量分数）的不同又分为两大类：束状薄板马氏体和束状细片马氏体。前面几章已经详细讨论了这些马氏体组织的形貌、特性和形成条件。本节将总结性阐明这三类马氏体组织是如何生成的。它们的一个共同特点是：在形核和核长大过程中，必须满足相变力矩的要求，维持总力矩矢为零。

13.6.1 束状细片马氏体的形成

经过上面的论述之后，现在可以对中碳和高碳钢中束状细片马氏体形成的原理和机制做出全面性的阐述和总结。

首先要了解奥氏体点阵中 $\{225\}_\gamma$ 和 $\{111\}_\gamma$ 晶面的空间关系，图 13-25 所示为碳的质量分数为 1.4% 的奥氏体的晶胞尺寸，3 个轴的点阵常数都相同。图 13-25（a）所示为空间关系。图 13-25（b）所示为晶面 $(\bar{1}10)_\gamma$（纸面）同 $(111)_\gamma$ 和 $(225)_\gamma$ 两个晶面的交线分别为 AB 和 BC，显示出这两个晶面在空间的夹角为约 23°。而且 AB 线正好是方向 $[11\bar{2}]_\gamma$，也是 $[01\bar{1}]_{\alpha'}$（在 N-W 关系中，两者平行）。

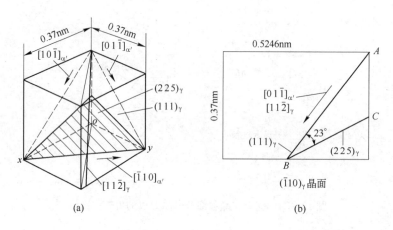

图 13-25　奥氏体点阵中 $\{225\}$ 和 $\{111\}$ 晶面的空间关系

图 13-26（a）所示为 4 个晶胞组成的奥氏体点阵，在晶胞 abca 中位于 $(111)_A$ 面（灰色三角形）上的 $[11\bar{2}]_A$ 方向，同时也在大的虚线三角形 abcde 面上，仍然可以与方向 $[2\bar{1}\bar{1}]_A$ 成夹角 60°。除此以外，在所有的晶面簇 $\{111\}$ 的各晶面上，都会出现 $[11\bar{2}]_A$ 和 $[2\bar{1}\bar{1}]_A$ 相交。

在图 13-26（b）中，首先在惯习面 $(225)_A$ 上形成晶核 a，长大方向为 $[11\bar{2}]_A$；当它停止生成后，长大方向变成 $[2\bar{1}\bar{1}]_A$，并变化为平行于奥氏体的方向；因晶核 a 的长大方向改变，形成孪晶核 b。它与晶核 a 是孪晶关系，以此类推。最后生成具有许多内孪晶的马氏体片，如图 13-26（c）所示。这是马氏体粗片形成的基本机制，因此，将它命名为"内孪晶型长大机制"。

现在可以对束状细片马氏体的形成机构简述如下。

图 13-27 所示为两种束状马氏体形成过程的总示意图。其中，图 13-27

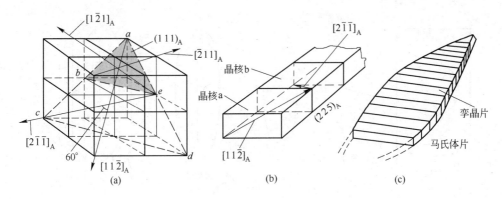

图 13 - 26　马氏体片的"内孪晶型长大机制"示意图

（a）所示为束状细片马氏体的形成总图，最小单元的外形相似于"铁饼"，如图 13 - 27（a）中的"1"所示。依靠改变晶核长大的方向来实现最初晶核的纵向长大，最后长成细片状，从而内部形成许多内孪晶，如图 13 - 27（a）中的"2"所示。这种马氏体细片（见图 13 - 27（a）中的"3"）中具有大量内孪晶。对 T11 钢，其完全孪晶面的平均间距为 0.011μm。

当马氏体细片长至最大尺寸 h_m 而停止生长时，在两个弧形的主界面上形成具有孪晶界面的伴生晶核，如图 13 - 27（a）中的"4"所示。最后发展成由许多平行的马氏体细片组成的马氏体束，如图 13 - 27（a）中的"5"所示。它与上下相邻马氏体束接触后，在顶端的交接处留下浅灰色的残余奥氏体，如图 13 - 27（a）中的"5"和图 5 - 7 所示。

图 13 - 27 中的透射电镜图像（d）为 T9 钢从 1000℃淬火的淬火组织，相互平行的马氏体薄片中的完全孪晶具有相同的取向，显出"穿晶孪晶线"，其示意图如图 13 - 22（b）所示。

如果有些马氏体晶核位于取向不同的惯习面上，那么各自生成的马氏体束便构成具有交叉马氏体束的淬火组织。中碳和高碳钢的淬火组织就是由具有内孪晶结构的、不同取向的马氏体细片束所组成的。

13.6.2　束状薄板马氏体的形成

图 13 - 27（b）所示为双色束状马氏体（低碳马氏体）形成过程的简要示意图。

在低碳低合金的情况下，因马氏体为立方点阵，在惯习面上铁原子的间距与奥氏体点阵相差很小，造成与"惯习面"平行的、两个主界面的全共格界面能低于小角界面和孪晶界面。同时，导致平行于惯习面的两个主界面都保持平面状

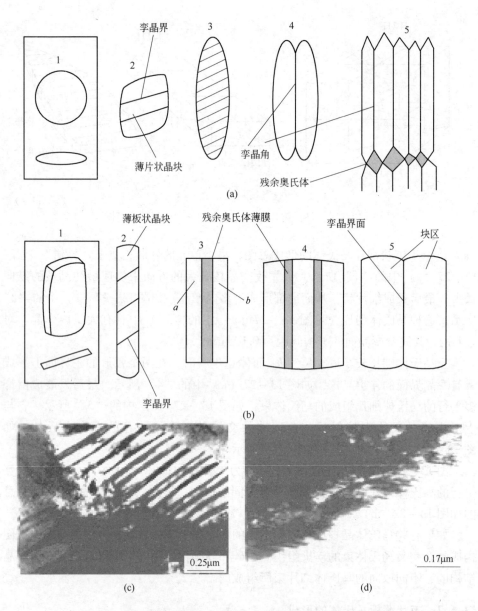

图 13 – 27 束状细片马氏体和束状薄板马氏体的形成过程的
总示意图和它们的透射电镜图像

（a）束状细片马氏体形成过程；（b）束状薄板马氏体形成过程；

（c）20 钢从 1200℃淬火；（d）T9 钢从 1000℃淬火

态（即直线界面），从而呈现薄板状的形貌，如图 13 – 27（b）中的"1"所示。

因晶核形成初期体积比较小，化学自由能 ΔG_v 下降值不大，界面能和体积应变能很快达到自由能的下降值而使晶核停止生长。这时，继续相变唯有依靠改变晶核长大的方向，按照"内孪晶型长大机制"（即通过同时改变奥氏体的均匀切变方向和平行于奥氏体方向的"双改变"），不断生成"内孪晶"，促使初生晶核长成具有一定数量内孪晶的"薄板状晶"，如图 13-27（b）中的"2"所示。这就是低碳马氏体内观察到内孪晶的原因，如图 13-27 中的透射电镜图像（c）所示。只是孪晶面的间距比较大，平均间距为 $0.227\mu m$。

因多次形成内孪晶，令薄板晶沿纵向不断生长，引起更多的化学自由能的下降，促使它通过增厚来长大。由于增厚而使它两边奥氏体内碳的质量分数升高，导致由较高碳的质量分数的奥氏体转变成马氏体，因而产生更大的应变能和界面能。这将引起核长大功随之增加，致使薄板晶增厚速度不断减慢。当因薄板晶的排碳引起两边奥氏体的碳的质量分数超过低碳钢的范围时，它的增厚会生成中碳或高碳马氏体，造成核长大功显著变大，特别是四周奥氏体的畸变区扩大，使体积应变能剧增。虽然通过随后的排碳可以降低薄板晶的比体积，但四周奥氏体畸变区内铁原子的储能没有大的减少。因为它们由畸变获得的势能增高会转变成动能（令热振动频率、振幅和速度等变大，使谐振子的能量等级升高），引起它们的储能没有多大的变化，所以体积应变能仍然很高。一旦超过化学自由能的下降，此薄板晶的增厚便终止。继续相变需要改变取向，形成新晶核，以便使体积应变能的新增量变小，降低形核功。这就是块区内的各薄板晶都是小角差取向的原因。

这时，唯有通过改变薄板晶 b 的取向，令它的取向与原薄板晶 a 之间是小角取向差。由于平行于惯习面的全共格界面能低于小角界面的界面能，因此，这些具有不同取向的马氏体新晶核不能在薄板晶 a 与奥氏体之间的全共格界面上形核，只能在奥氏体薄膜旁边的贫碳区中生成。这再次表明薄板晶之间出现奥氏体薄膜的条件是：全共格界面能低于小角界和孪晶界的界面能，从而导致新薄板晶 b 与原生的薄板晶 a 之间形成奥氏体薄膜（见图 13-27（b）中"3"和"4"的深灰色条）。

重复上述过程，许多具有小角取向差的薄板晶平行地堆垛在一起，如图 13-27（b）中的"4"所示，它们之间以残余奥氏体薄膜相隔，最后形成一个"块区"，产生"块区结构"。这就是一个块区内各薄板晶的 K-S 关系和 N-W 关系轮番出现[18]以及块区内各薄板晶之间的取向在 1°~10°之间变化[10,20]的原因。

块区中各薄板晶的增厚和排碳也同时引起它们之间的奥氏体薄膜（见图 13-27（b）中"3"和"4"的深灰色长条）的碳的质量分数增加，导致 M_s 点下降。再加上两边薄板晶对奥氏体薄膜产生的压应力，促使 M_s 点低于室温后，薄板晶之间的奥氏体薄膜便稳定下来。

当小角取向差形核无法降低"体积应变能"的新增量时，块区的尺寸便达到了最大值。只有在已有块区旁边的贫碳区中，通过"双改变"的方式形核并长大，形成具有孪晶取向关系的新块区的晶核。重复上面的长大过程，由这个新晶核将生长成另外一个块区，它与原来的块区之间的取向为孪晶关系[44,50,59,60,97]。最后产物是由许多具有孪晶取向关系的块区组成一个双色马氏体束状，如图 13-27（b）中"5"和显微组织图 3-1（a）~图 3-1（c）所示。低碳钢的淬火组织就是由相互交叉的、具有块区结构的薄板状马氏体束构成。

13.6.3　粗片状马氏体的形成

在光学显微镜下观察到片状外形者，称为"马氏体粗片"。它主要在高合金（尤其是碳的质量分数高）高温淬火情况下出现。由于这些马氏体的比体积与奥氏体相差大，正比度高，体积应变能、界面能和激活迁移能都很高，导致形核功大，新晶核形成困难，因而使首先形成的晶核具有充分长大的时间。因此，马氏体晶核往往如图 12-13 所示的步骤，按照"内孪晶型长大机制"生长成具有大量内孪晶的马氏体粗片。

13.6.4　低碳马氏体单晶外形改变和内孪晶增多的解释

在第 4 章中得出，当低碳钢中合金元素总的质量分数超过约 5% 之后，淬火组织将出现变化，由双色束状马氏体全部变成单色束状马氏体，块区结构消失，马氏体单晶由薄板状变成薄片状，而且内孪晶的数量明显增多。但是，这种低碳高合金钢中马氏体的塑性指标（伸长率和断面收缩率）仍旧不低，可以满足结构件的性能要求。

碳的质量分数升高（大于约 0.4%），也会引起淬火组织由双色束状薄板马氏体变成单色束状细片马氏体，块区结构消失，马氏体单晶由薄板状变成细片状。

低碳马氏体具有双色束状组织的基本原因是：惯习面界面能最低，小于孪晶界面能，而且，它们的体积应变能和界面能都低，界面能在形核功中所占的比例小，以致新出现的晶核只需要"单改变"，即改变晶体学关系或者马氏体平行于奥氏体的方向等，形成马氏体单晶之间"小角差"，即产生 1°~10° 的取向差，就可以继续进行马氏体相变，从而形成薄板状单晶和块区结构。

碳原子引起比体积增大，点阵类型由体心立方变成体心正方，以及置换原子在点阵中产生点阵畸变。两者不仅引起平行于惯习面的"全共格界面能"升高，特别是较多地增大了其他界面（晶核四周界面）的"半共格界面能"，导致总界面能在形核功中所占的比例增大。一旦超过了临界值，现在命名为"形状改变值"——$D_{形状}$，便会引起单晶外形、相邻关系、亚结构等发生一系列变化，相邻马氏体单晶之间形成"孪晶界面"，以致淬火组织将由束状薄板马氏体变成束状细片马氏体，进一步变成其他马氏体的形貌。

按照第 13.3 节的论述，碳的质量分数大于约 0.4% 后，因为惯习面的界面能已经大于孪晶界面能，可以在晶核的两个主界面上直接生成伴生晶核，从而取消了奥氏体薄膜的形成。

当首先生成的马氏体晶核停止长大后，依靠"双改变"（即改变奥氏体的均匀切变方向和平行于奥氏体的方向），在两个主界面上生成具有孪晶界的伴生晶核并长大，从而导致束状马氏体中相邻马氏体片之间也具有孪晶界面，结果块区结构消失，变成单色束状淬火组织。单晶的外形也因界面能高，为了降低界面能而使端面呈现锐角，显示出薄片状、片状，以致透镜状的外观。

由于碳原子显著恶化马氏体的塑韧性，因此，高强度金属材料向低碳、微碳高合金的方向发展。但是，当合金元素总的质量分数超过约 5% 后，因置换原子在点阵中引起的畸变增大，改变了铁原子之间的间距，其效果与碳原子相似，将产生两个结果：

（1）改变新旧相的比体积差，增大了体积应变能；

（2）由于引起铁原子之间的间距改变，使平行于惯习面的全共格界面能升高，一旦高于孪晶界面能，便促使马氏体新晶核在奥氏体和马氏体单晶之间的主界面上直接形核，同样也取消了"块区结构"的产生，导致淬火组织也由双色的束状薄板马氏体变成单色的束状细片马氏体。

这就是碳的质量分数低于 0.25% 的低碳高合金马氏体呈现束状细片马氏体、块区结构消失、马氏体单晶变成细片状的原因。从它们的形成原因中可以充分看出：组织形貌的改变未直接涉及马氏体的力学性能。主要是在马氏体相变过程中，晶核长大的方式发生了变化，以实现形核和核长大功的降低。完全没有出现滑移临界分切应力升高，以致超过孪生临界分切应力。

低碳高合金马氏体的塑性指标较低，伸长率仅仅大于 10%，这主要是它的高强度，以及合金元素改变了原子结合力所引起的，与塑性变形机制无关。

13.6.5 其他类型马氏体的形成

如上所述，在铁基合金中，目前所观察到的马氏体有：双色束状马氏体（束状薄板马氏体）、单色束状马氏体（束状细片马氏体）、粗片状马氏体、透镜状马氏体、蝶状马氏体、粗大薄片马氏体和枝干状马氏体。上面已经对双色束状马氏体、单色束状马氏体、粗片状马氏体、蝶状马氏体（见第 11.4 节）和枝干状马氏体（见第 7.7 节）的组织特征和形成机理做了详细论述。现在讨论透镜状马氏体（见图 13 – 28（a））和粗大薄片马氏体（见图 13 – 28（b），铝的质量分数为 8.3%）的形成机理。

上面已经得出，共格相变产物的最小单元只可能是两种形态：板状和片状。随着碳的质量分数进一步升高，碳的质量分数超过约 0.4% 后，因点阵产生

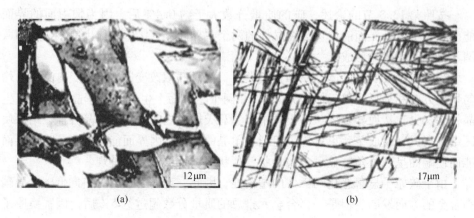

图 13 – 28　铁合金中不同马氏体类型的光学显微镜图像

（a）130Cr2Ni4 钢，1200℃淬火；（b）190Al 8 钢，1100℃淬火

正方度而使体积应变能和界面能较多增大，且界面能在形核功中所占的比例也连续增加，导致马氏体出现片状的形貌。如图 13 – 29 所示，示出了不同碳的质量分数范围马氏体单元的形状、马氏体相变后的产物名称和惯习面。对束状薄板马氏体和枝干状马氏体，界面能在形核功中所占的比例起着决定性的作用。

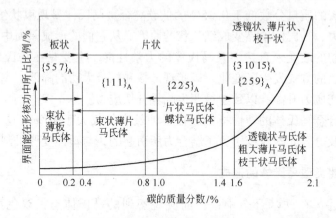

图 13 – 29　碳的质量分数和界面能对马氏体形态和类型的影响

当碳的质量分数大于约 1.5% 后，因界面能所占的比例急剧增大，马氏体单晶为了降低总界面能，首先变成透镜状马氏体（见图 13 – 28 （a））。这是马氏体片的厚度较大时降低界面能的方式。界面能的比例如果再增加，唯有通过减薄马氏体片的厚度，增大平行于惯习面界面的面积来降低界面能，因此呈现厚度薄、二维面积大的 "粗大薄片状马氏体"（见图 13 – 28 （b））。再增大界面能的比例，则形成 "枝干状马氏体"，令所有界面都平行于低能的惯习面。

透镜状马氏体、粗大薄片马氏体和枝干状马氏体等的形成都相似于第12.4.2节中粗片状马氏体的形成机制（见图12-13），产生"孪晶亚结构"。

由此可以看出，马氏体在相变后形成上述的各种形貌，并没有涉及材料的力学性能，而是主要由形核功和核长大功来决定。之所以界面出现圆弧形，呈现片状形貌，是为了降低界面能和体积应变能。马氏体片中之所以会出现大量内孪晶，是因为它们是马氏体晶核长大方向发生改变所造成的。这些孪晶都是"相变孪晶"。自始至终，在相变过程中根本就没有发生马氏体的不均匀塑性切变，通过马氏体的孪生塑性变形来产生"形变孪晶"。由此可见，片状马氏体中具有内孪晶并不意味着滑移的临界分切应力超过了孪生临界分切应力。从这些论述中可以清楚地看出："马氏体切变理论"不符合马氏体相变的实际，将马氏体的片状外形和内孪晶视为马氏体高脆性的根源纯粹是"马氏体切变说"造成的人为偏见。

13.7　决定马氏体相变机制和形态的核心因素

13.7.1　马氏体形核长大的种类

从上面各种马氏体的形成机理看，其形核长大的方式只有两类：（1）小角差形核长大；（2）孪晶关系形核长大。

低碳马氏体、束状薄板马氏体等首先通过"小角差形核长大"形成块区，再依靠"孪晶关系束状机制"（属于"孪晶关系形核长大"类）生成束状组织，因而它们组织的显著特征是具有"块区结构"。

中碳和高碳片状马氏体、透镜状马氏体、蝶状马氏体、粗大薄片马氏体和枝干状马氏体等是首先依靠"内孪晶型长大机制"（即"孪晶关系形核长大"）大量产生内孪晶来形成淬火组织的最小单元，生成各种形状的马氏体片。不少资料报道，蝶状马氏体没有或者仅有少量内孪晶，实际上，本书作者在第11.4.3节中已经证实，这种马氏体同样存在大量的内孪晶。

高温淬火的中碳和高碳马氏体、束状细片马氏体等首先通过"内孪晶型长大机制"产生大量内孪晶，再依靠"孪晶关系束状机制"（属于"孪晶关系形核长大"类）而生成许多相互平行的、具有大量孪晶的细片晶，由它们构成束状组织。按照它们显微组织的突出特征，本书作者命名：中碳和高碳马氏体具有"内孪晶亚结构"，而低碳马氏体具有"块区结构"（并不否定低碳马氏体薄板晶中具有少量内孪晶）。

ε马氏体、3R马氏体等，是奥氏体转变成α马氏体的过渡相，体积应变能和界面能都低，因此，在透射电镜下呈现出马氏体的薄板或细片。因为各马氏体薄板晶之间为小角界面，通过"小角差形核长大"的机制形成，类似于低碳马氏体的"块区"（可以没有奥氏体薄膜）；再由不同位向的块区构成其淬火组织，也可以依靠"小角界面束状机制"形成束状组织。文献［58］中在透射电镜下观察，未发现 ε 马氏体任何亚结构，是因为它们的亚结构是层错。而显示层错存在的干涉条纹是有条件的，由于没有达到层错产生干涉条纹的条件而未显像，并非是没有任何亚结构。

可见，形核功和核长大功是决定马氏体相变机制的核心因素。而形核功和核长大功的大小主要取决于：

（1）合金的化学成分和奥氏体化温度。化学成分是最基本的决定性因素，奥氏体化温度是发挥化学元素作用的关键，而且它还直接影响淬火组织的晶粒大小、组织粗细和韧性。

（2）置换和间隙原子大小与铁原子之间的差异，直接影响半共格界面能，甚至共格界面能，对点阵改组时的激活迁移能也起决定性作用，进而改变形核和长大功。

（3）马氏体和奥氏体之间的比体积差。随马氏体与奥氏体之间的比体积差的增大，形核和长大功显著变大。这是决定形核功中体积应变能、界面能和相变力矩能的关键因素。

（4）杨氏模量直接影响新相形成时所产生的体积应变能、界面能和相变力矩的大小。随马氏体形成温度的降低，杨氏模量显著升高，将导致形核功剧增。

（5）碳原子的扩散速度。低碳马氏体的形核和长大的过程中，需要碳原子的相内分解，尤其是碳原子的上坡浓度扩散，从而影响形核功和核长大功。

（6）相变驱动力。增大相变驱动力，有利于形核和核长大。

（7）铁原子和合金元素的扩散大系数，通过改变激活迁移能来对形核功和核长大起作用。

其他因素对马氏体相变及其产物类型的影响都是通过改变上述基本因素而发挥作用。

例如：（1）M_s 点对马氏体产物类型的作用主要是通过"增大"相变驱动力，"体现"合金成分的作用，"改变"碳和铁原子的扩散速度和杨氏模量而起作用的。（2）增加合金元素的质量分数，尤其是碳质量分数所产生的作用，是通过提高点阵正方度、改变碳和铁原子的扩散速度和增大杨氏模量等而导致形核功和核长大功增大，抑制了"小角界面束状机制"，促使按照"孪晶关系束状机制"进行相变，从而导致马氏体相变产物变成"片状马氏体"类型的淬火组织。

对铁镍等高合金，决定马氏体相变产物类型的主要因素也是上面的 7 大因素。当形核功超过一定数值后，马氏体的相变产物便由束状细片马氏体变成粗片状马氏体、透镜状马氏体、粗大薄片马氏体或枝状马氏体。至今报道的铁镍等高合金中生成"板条状马氏体"，都是单色束状组织，没有块区结构（见图 4-6

和图 4 - 7），因此，都是属于束状细片马氏体的范畴。

总之，马氏体相变产物的类型是由马氏体的相变机制决定的，而相变机制直接取决于形核功和核长大功。由它们确定到底采用哪一类（是小角差形核长大，还是孪晶关系形核长大"两类"之一）进行相变。具体进行机制有"五种"：小角差形核长大机制、孪晶关系形核长大机制、小角差束状机制、孪晶关系束状机制和内孪晶型长大机制。各种因素对相变产物形态的影响是通过改变"形核功和核长大功的控制因素"而发挥作用的。

13.7.2　固态相变形核和核长大的基本规律

由上面的讨论，本书作者得出马氏体等无扩散相变在形核和核长大时所遵循的基本准则为：

（1）相变机制分"两类五种"。新晶核的初期长大都采用"内孪晶型长大机制"，形成内孪晶，来进行晶核的纵向长大。

（2）通过改变相邻晶核之间的取向差，可以缩小四周奥氏体的畸变区的范围，使新增的体积应变能降低，以孪晶取向所造成的体积应变能和界面能增量最小。

（3）伴生晶核之间的取向差保持小角（≤10°）和孪晶角（70°32′），可以显著减少界面能和应变能，所以，这是固态相变产物的两种最常见界面。

（4）孪晶界面与小角界面相比，可以具有更低的界面能和更大地缩小周围奥氏体畸变区的范围，使体积应变能的增量更小，不过孪晶自身所引起的应变能比小角差晶体本身所引起的要大。但是，孪晶在"缩小周围奥氏体畸变区的范围"上的功效大于"小角差"晶体，所以孪晶界面与小角界面相比，既可减少界面能，又能降低总体积应变能的增量。

（5）是否形成"块区结构"，主要取决于惯习面界面能的大小。只有它的数值小于孪晶界和小角界的界面能时，才出现低碳马氏体所特有的块区结构。

利用以上的形核和核长大的基本规律可以很好地解释马氏体相变的形核、核长大、亚结构形成和显微组织的形貌，不需要马氏体的"切变理论"，从而再次证实目前有关马氏体是"切变式相变"的理论与马氏体的实际相变不符。

13.7.3　对马氏体相变"形状应变"和"浮凸效应"的新见解

在马氏体相变理论中，之所以普遍认同"马氏体相变属于切变式相变"，是为了解释马氏体相变过程中的形状应变。它引起表面切变，其平均角约10°45′。

从马氏体晶体学（参见第 10.4 节）中可以看出，当奥氏体转变成马氏体时，只需要马氏体单晶平行于奥氏体方向发生改变，就可以产生10°32′的取向角差。这就是说，在马氏体相变过程中，因铁原子的迁移或者堆积的方向改变，也可以产生形状改变，使表面出现角度为 10°32′的切变。

这就是说，马氏体的形状应变并非一定要利用"点阵切变理论"的观点来解释。采用在相变过程中马氏体在惯习面形成时，因取向的改变，照样可以使马氏体同奥氏体之间出现形状改变；再加上比体积不同而呈现出表面浮凸。即通过铁原子位移距离小于一个原子间距的共格单相转变同样可以造成形状应变，使表面出现浮凸变形。最近刘宗昌等人[299]在珠光体相变的表面上也观察到与马氏体相变相同的"浮凸现象"，使由"点阵切变"产生表面"浮凸变形"的立论完全失效。

13.7.4 对粗片马氏体加束状马氏体淬火组织的全面解释

第8.2节概述了奥氏体化温度对各种钢淬火组织形态的影响。在 800～1300℃奥氏体化 1h 后，3 种钢的淬火组织的形貌见表 13－1，部分图片如图 8－5、图 8－6、图 13－12 所示。

产生表 13－1 所示的形貌主要取决于：

（1）奥氏体的晶粒大小，这是最主要的影响因素，它主要决定马氏体组织的粗细，使马氏体单元的尺寸（主要是单晶长度或宽度）超过光学显微镜的分辨率而显现出来；

（2）游离相的溶解情况；

（3）碳和合金元素的不均匀分布程度；

（4）奥氏体点阵的完整程度、晶体缺陷的种类和数量；

（5）奥氏体化的保温时间，随时间延长，在高温下生成马氏体粗片的温度降低。

表 13－1　3 种钢在不同淬火温度下保温 1h 的显微组织

钢种	800～820℃	900℃	1000℃	1100℃	1200℃	1300℃
45 钢	隐针马氏体	极细针马氏体＋细小束状马氏体	束状马氏体	束状马氏体	束状马氏体	少量细片马氏体＋束状马氏体
T9 钢	碳化物＋隐针马氏体＋细片马氏体	碳化物＋细片马氏体＋细小束状马氏体	细小碳化物＋束状马氏体	束状马氏体	束状马氏体	较多粗片马氏体＋束状马氏体
T11 钢	碳化物＋隐针马氏体＋细片马氏体	碳化物＋细片马氏体＋细小束状马氏体	细小碳化物＋细片马氏体＋束状马氏体	束状马氏体	粗片马氏体＋束状马氏体	粗片马氏体＋束状马氏体＋残余奥氏体

对 45 钢，在常规淬火温度下，淬火组织都是隐针马氏体。在光学显微镜下，分辨不出组织的细节。当在透射电镜下观察时，隐针马氏体由异形的片状马氏体

+极细马氏体片+细小束状细片马氏体组成。这种马氏体片的多种形态是由于化学成分的分布非常不均匀引起的。因尚未完全溶解的碳化物细小颗粒和碳的质量分数的极度不均匀，以及大量存在晶体缺陷等因素，促使马氏体片呈现规则分布的空间非常小，光学显微镜分辨不出来，甚至可以变成不规则的异形，如图8－10（b）所示。

在900℃，因过热而生成马氏体细片（针）＋微细束状细片马氏体（见图8－5（a））组织，是因为较高的加热温度，碳原子在细小范围内部分均匀化，使首先形成的马氏体细片的尺寸增大，超过光学显微镜的分辨率而显示出来，呈现取向杂乱的马氏体细片，即过热的针状淬火组织。注意：这些在各处分散分布的马氏体细片在900℃以下的温度就已经形成，只是尺寸太小，光学显微镜分辨不出来。余下的奥氏体转变成细小的束状细片马氏体。这时，马氏体束的尺寸（指长度、宽度）依然小于光学显微镜的分辨率。

1000～1200℃加热时，因为奥氏体晶粒变粗，并且成分显著均匀化，晶体缺陷减少，奥氏体点阵越来越完整，保证了马氏体束的长和宽两个方向的尺寸显著增大（因马氏体的片厚基本上不受奥氏体化温度的影响[70,93,210]），以致大于光学显微镜的分辨率，因而在光学显微镜下呈现出尺寸粗大的束状马氏体。必须强调的是：束状马氏体在低温淬火时就已经大量形成，之所以在高温淬火后才被观察到，完全是由于这些束状马氏体的长、宽尺寸小于光学显微镜的分辨率造成的。绝对不是目前共识的那样：奥氏体转变成一种低温淬火时没有的新形态，形成所谓的"板条状马氏体"。

1300℃高温加热后，促使奥氏体内夹杂物和晶体缺陷（空位除外）大量减少，因高能区数量大减，在 M_s 点附近形成的马氏体晶核数量少，如图8－5（d）、图8－6（d）、图13－11（a）、图13－18（a）、图13－18（b）和图13－18（c）所示。它们首先形成独立的马氏体细片，并长大成粗片。余下的奥氏体在显著过冷的情况（即 $M_s^{平均}$ 温度）下转变成束状细片马氏体。

高碳钢 T9 在 A_{c_1} 奥氏体化，保存较多的过剩碳化物颗粒，低温加热造成化学成分不均匀分布、晶体缺陷大量存在，因而产生了隐针马氏体、极细的马氏体片和细微的束状马氏体。900℃加热，化学成分均匀化的范围增大，导致马氏体细片和细微束状细片马氏体出现。1000～1200℃淬火时形成尺寸较大的束状细片马氏体。只有在1300℃淬火，在束状细片马氏体中才出现较多的马氏体粗片。

高碳钢 T11 在常规淬火后，显微组织与上述的 T9 钢相似。在900℃淬火，是过热组织：马氏体细片＋微细束状马氏体。在1000℃淬火后，束状细片马氏体中仍然具有少量马氏体细片。只有在1100℃淬火才基本上是束状细片马氏体组织。更高温度淬火时，又出现粗片马氏体。在1300℃加热，因碳化物全部溶解，使奥氏体的稳定性增高较大，导致淬火组织中保存较多的残余奥氏体。

在上面的分析中可以看出，所有钢的高温淬火，都会出现马氏体粗片与束状细片马氏体共存，如图 13 – 18（a）~ 图 13 – 18（c）所示。目前，还不能很好地解释这种现象。在第 6.5.2 节介绍了 Изотов 等人[232]提出的看法，并指出他们的解释自相矛盾。

根据"无扩散点阵类型改组理论"，上面已经对马氏体粗片 + 束状细片马氏体混合组织的产生做出了较好的阐明。

淬火组织中粗片马氏体和束状细片马氏体共存正是本书作者提出的"无扩散点阵类型改组理论"的证明，也是马氏体相变采取"自发形核"，而不是按照"非自发形核"进行相变等新观点的力证。

可见，超高温下形成的马氏体粗片与因过热生成的马氏体细片的性质不同。过热时产生的可以观察到的细片马氏体，其碳的质量分数低于合金的平均碳的质量分数，即在合金中的低碳区最先开始形核，长大成细片。所以，细片马氏体的碳的质量分数都低于合金的平均成分。随着温度的升高，碳的质量分数均匀化，使单独形成的马氏体细片和细小束状马氏体的形成温度越来越接近，以致它们的长大尺寸超过光学显微镜分辨率的数量减少，从而使淬火组织中马氏体细片的数量变少。最后，因与束状马氏体混合在一起（见图 13 – 13），它们的长大尺寸都未大于光学显微镜的分辨率而显现不出来。

在超高温下形成的马氏体粗片，其碳的质量分数基本上是合金的平均成分，和周围束状细片马氏体的成分相同。如上所述，它们的出现完全是奥氏体中的"高能区"造成。同时可以看出，过热马氏体片比高温马氏体片的脆性要小。

13.8 "新马氏体相变理论"小结

本书作者对马氏体形成理论的新看法简称为"无扩散点阵类型改组理论"，其中的新观点有：

（1）在马氏体相变时，系统能量变化 $\Delta G_{总}$ 的表达式中需要新增三项，即铁原子的无扩散激活迁移能、力矩应变能和新相的晶核数目 n。则有：

$$\Delta G_{总} = n(-\Delta G_{\gamma \rightarrow \alpha'} \Delta G_V + E_\sigma + E_V + E_D + E_M)$$

$$nM = 0$$

式中　$-\Delta G_{\gamma \rightarrow \alpha'}$——奥氏体和马氏体的自由能差；

　　　　E_σ——表面能；

　　　　E_V——体积应变能；

　　　　E_D——铁原子的无扩散激活迁移能；

　　　　E_M——力矩应变能；

　　　　n——母相中同时生成的新相晶核数目，n 最少为 2。

（2）在计算晶核体积应变能时，还需考虑两项体积应变能：1）不光是新旧相因比体积不同引起体积应变能,另外因新旧相比体积差,随着晶核尺寸变大,将导致晶核附近的母相点阵出现更大的应变,和使畸变区范围扩大,引起母相的应变能进一步增高,即出现晶核的"尺寸效应"(见图 12 – 12)。2)由于界面的错配,随着晶核的长大也将导致母相中的应变区扩大,带来母相应变能升高更大。这两项应变能是造成共格晶核在相变过程中停止长大的主要原因,也是马氏体呈现变温相变的重要根源之一。所以继续冷却,因驱动力的增大,已经停止成长的晶核可以再次长大。同时,由"尺寸效应"引起的母相体积应变能增大也是马氏体晶核通过改变长大方向,以减少体积应变能的新增量来实现继续相变的原因。

(3) 马氏体相变不是切变式相变,而是铁原子小于一个原子间距的、点阵类型改组的共格单相转变。

(4) 马氏体形核方式只有自发形核一种,没有非自发形核。

(5) 马氏体相变分"有临界尺寸"和"无临界尺寸"两种,两者取决于体积自由能、体积应变能和界面能的相对大小。"有临界尺寸"相变在 $\Delta G_{总}$ 随晶核尺寸变化的曲线上有临界尺寸 h_k 和最大尺寸 h_m;"无临界尺寸"相变在 $\Delta G_{总}$ 随晶核尺寸变化的曲线上没有临界尺寸 h_k,只有最大尺寸 h_m。

(6) M_s 点分两种:$M_s^{高能}$ 和 $M_s^{平均}$。所有钢测出的 M_s 点一般是 $M_s^{高能}$。因合金成分和热处理工艺不同,$M_s^{平均}$ 可以接近 M_s 点,或低于 M_f。

(7) 在 $M_s^{高能}$ 点上,依靠冷却应力或者高能区的点阵畸变,使惯习面附近的奥氏体出现弹性切变,同时,由高能区提供相变驱动力的不足,来促进马氏体晶核的生成。但是,所生成的晶核通常只能长大成马氏体单片。在 $M_s^{平均}$ 点形成的晶核,因平均体积自由能下降已经达到形核功的要求,而且没有晶核的临界尺寸,因而晶核可以根据相变的需要随时随地形成,从而生成束状马氏体。

(8) 马氏体相变的惯习面是铁原子由奥氏体向马氏体迁移时这两个点阵中"相距最远铁原子"移动距离最短的晶面。马氏体晶核的产生需要惯习面附近的奥氏体点阵发生弹性切变,但不一定是奥氏体沿 $[\bar{2}11]_A$ 方向产生弹性均匀切变 19°28′。只要奥氏体在弹性切变之后出现铁原子最大迁移距离最短的"晶面",就可以发生马氏体相变。增大相变驱动力,可以减少母相产生新晶核时所必需的应变量和放宽对"最大迁移距离"的要求。

增大相变驱动力的办法有两个:1)母相内出现高能区,令其自由能高于平均值;2)增大过冷度,使平均 $-\Delta G_V$ 值变大。

(9) 无扩散相变的核心问题是:如何在母相点阵中出现点阵"活化区",令母相原子自发进行点阵类型改组,形成新相的点阵。具体来说,就是使母相点阵的"惯习面"附近产生适当的弹性切变,一方面使惯习面附近的铁原子被激活,另一方面令距离最远的铁原子所移动的间距缩短。一旦达到形核功的要求,便在点阵激活区内发生母相点阵类型改组,自动由旧相点阵变成新相点阵。

（10）马氏体晶核长大所需要的奥氏体弹性切变是由"相变力矩"来提供。因在惯习面上形成的马氏体晶核使"惯习面"附近的奥氏体点阵产生相变力矩，促使奥氏体点阵发生弹性切变，降低了铁原子激活迁移能，不断形成"点阵活化区"，是马氏体晶核长大的必需条件，所以"相变力矩"控制着马氏体的形核和核长大。

（11）马氏体形核长大的方式有两大类（即"小角差形核长大"和"孪晶关系形核长大"）和五种，由它们决定着马氏体的形态、亚结构和相变机制。

（12）在"无扩散点阵类型改组理论"中提出"五种"具体的相变机制：小角差形核长大机制、孪晶关系形核长大机制、小角差束状机制、孪晶关系束状机制和内孪晶型长大机制。

（13）低碳马氏体中"块区结构"产生的条件是：惯习面界面能小于小角界和孪晶界的界面能。

（14）束状细片马氏体形成的温度条件是：$M_f <$ 相变温度 $\leq M_s^{平均}$。$M_s^{平均}$ 是束状细片马氏体生成的最高温度。它的热力学条件是：1）体积自由能的下降大于应变能和界面能的升高；2）惯习面的界面能高于孪晶界面能。

（15）孪晶生成的机制有两种："形变孪晶"是由塑性切变产生，而"相变孪晶"是为了降低核长大功，通过按照"内孪晶型长大机制"而生成的，它与孪生切变无关。

（16）"内孪晶型长大机制"是马氏体晶核初期长大的重要方式。"马氏体晶核长大机制"的进一步抽象化是：在惯习面的奥氏体点阵活化区内，按照降低体积自由能的原则，铁原子迁移的方向是以"孪晶角"为夹角反复改变着，来实现一个马氏体单元的纵向扩展，从而导致许多内孪晶产生。

（17）亚结构是因晶核长大的方向发生变化引起的。因"单改变"（改变晶体学取向或者平行于奥氏体的方向）可以获得 $1° \sim 10°$ 的取向差，从而形成亚结构"嵌镶块"或"单晶胞"；因"双改变"（改变奥氏体均匀切变方向和平行于奥氏体的方向）可以产生孪晶取向差，形成亚结构"内孪晶"。

（18）由晶核长大产生的"内孪晶"，各"孪晶面"与惯习面之间的夹角相同，它属于"亚结构"。由伴生晶核形成的孪晶关系，相邻马氏体片之间的孪晶面与惯习面平行，它属于晶粒组织。

（19）相变过程中马氏体晶体取向的改变和新旧相的比体积差，同样可以产生"形状应变"和"表面浮凸"。

（20）本书作者对"无扩散相变理论"的高度概括是：母相点阵因弹性形变而出现的、两种点阵中"相距最远原子"间距最短的晶面就是"惯习面"。一旦达到了形核功的要求，在惯习面上通过置换原子的改组，便自动形成新相的自发晶核。晶核首先采用"内孪晶型长大机制"生成具有"嵌镶块"、"单晶胞"和"内孪晶"的、显微组织的最小单元（或单晶）。然后，再通过"小角差形核长大"或者"孪晶关系形核长大"的机制，产生伴生晶核，来完成全部相变过程。因形核功和核长大功的不同，由"单晶"组成各种形貌的相变产物。

无扩散相变的普遍机理是：

1）在惯习面附近的点阵"活化区"内，依靠小于一个原子间距的迁移，由旧相点阵自动改组成新相点阵，产生自发晶核。形核分有临界尺寸晶核和无临界尺寸晶核两种。

2）核长大的方式有两种：一种是在化学驱动力下，置换原子自动向新相点阵黏结，但迁移距离小于一个原子间距；另一种是不断改变长大方向，通过生成具有孪晶界面或小角界面的"亚结构"来进行相变。

3）晶核形成后，晶核的纵向长大往往采取上面的第二种方式（即内孪晶型长大机制形成嵌镶块、单晶胞和内孪晶）进行，其横向生长和增厚则依靠上面第一种方式完成。

4）改变新晶核和伴生晶核的晶体取向可以降低系统体积应变能的新增量，以形成孪晶关系的效果最大，其次是小角差取向。

5）相变产物是通过许多晶核按照一定的方式组合而成。组合方式分"小角差形核长大"和"孪晶关系形核长大"两大类。但是，相变过程都要保证总力矩矢为零。

马氏体相变的基本情况见表 13-2。

表 13-2　马氏体相变的形成机制、惯习面和相变产物

序号	形成机制	惯习面	相变产物
1	小角差束状机制	$\{557\}_A$	低碳马氏体、束状薄板马氏体
2	孪晶关系束状机制	$\{111\}_A$，$\{225\}_A$	中碳和高碳马氏体、束状细片马氏体
3	内孪晶型长大机制	$\{225\}_A$，$\{259\}_A$，$\{213\}_A$	内孪晶、片状马氏体、透镜状马氏体、蝶状马氏体、粗薄片马氏体、枝干状马氏体
4	小角差形核长大机制	$\{111\}_A$	ε 马氏体、3R 马氏体、9R 马氏体、48R 马氏体

表 13-2 详细地列出 4 种机制，实际上是属于两大类型。"小角差束状机制"属于"小角差形核长大"类；"孪晶关系束状机制"和"内孪晶型长大机制"属于"孪晶关系形核长大"类。

13.9　马氏体相变和塑性切变的区别

13.9.1　塑性切变的新观点

因为"位错"比经典的"滑移"可以显著降低晶体产生滑移的临界分切应

力，使它接近屈服强度的理论估算值，因此"位错理论"取代了"经典滑移理论"，成为材料塑性形变的公认理论。本书作者认为：材料的实际塑性变形主要不是通过位错运动，而是依靠晶体在滑移面上整体滑动来实现的；位错的功能只是降低了晶体整体滑移所必需的切应力，"活化"了滑移面，促使晶体在滑移面上进行整体同步位移时所必需的机械驱动力变小。

通常都是用图 13 - 30 来示意说明位错运动引起晶体形状的改变。按照这种观念，当位错扫过整个晶体后，点阵便恢复原貌（见图 13 - 30（b）），变形功将全部以热量的形式释放。本书作者认为，这是一个重大的失误。

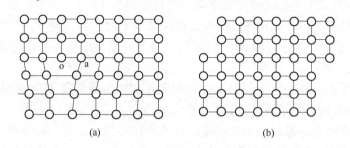

(a)   (b)

图 13 - 30　公认的位错运动前（a）和运动后（b）

由于位错下部缺少一排原子，将引起其附近的原子脱离平衡位置，而导致原子储能升高。位错中心 o 在切应力的推动下，将其前面的原子 a 推出点阵的平衡位置（见图 13 - 30（a）），它的储能便到达了可以在点阵中位移的水平，如图 13 - 31 所示。原子要恢复到原来的低能位置，必须释放出全部储能，但需要时间，不可能瞬间完成。

图 13 - 31 示意地说明点阵上的原子的位置及其性能。原子处在图 13 - 31 中的点阵平衡位置 a 点时，自由能最低。若因点阵畸变，使原子偏离平衡位置时，将导致它的势能升高，图中 b 点示出势能最大的原子偏离位置。位错扫过滑移面，不可避免地会引起点阵上原子的储能增大，达到图 13 - 31 中所示的 c 点。它们具备了在点阵中位移的储能。当位错扫过晶体后，通常都认为点阵都恢复正常，如图 13 - 30（b）所示，但是，即使

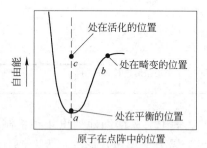

图 13 - 31　位错运动引起
铁原子储能的变化

原子间距回到原来的位置，它们的储能实际上并未减少多少。

也就是说，虽然它们的热震动中心可以在点阵的平衡位置上，但是其热运动能（热运动速度、热震动频率和热震动的振幅）会显著增大，谐振子的能量等

级移向高能级。位错每扫过一次，所有谐振子的能量便升高一次，很快使这些原子的储能达到最大值，从而保持了在点阵上移动的能力。这时，令它们离开平衡中心所需要的能量会变得非常低，不再需要激活能，只需要迁移能。为了区别，将原子脱离平衡位置，令储能达到最大值，称之为"激活能"；具有最高储能的原子移动，克服相邻原子作用力所做的功，称为"迁移能"。

图 13 – 32 示意地说明位错扫过晶体之后点阵上原子的储能变化。在位错线上下至少有 5 排以上的原子因曾经离开平衡位置而提高了储能，如图 13 – 32 中的深色或浅色原子。其中有三层原子储能最高，使移动前的"激活能"接近于零，从而具备了在点阵中沿滑移面迁移的能力，如图 13 – 32 中的深色原子。这时，它们在滑移面上的移动只需要"迁移能"，不再需要"激活能"。这一点被"位错论"者忽视了。

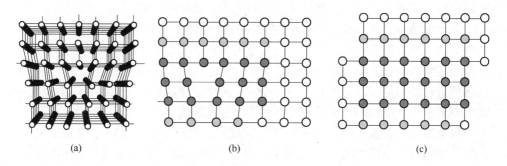

(a)　　　　　　　　　　(b)　　　　　　　　　　(c)

图 13 – 32　位错的立体模型（a）、位错线周围原子的储能（b）和
位错扫过晶体后原子的储能（c）

图 13 – 33 示出 3 种塑性切变的情况。当第一条位错扫过晶体后，使滑移面上的铁原子储能达到可以位移的水平，如图 13 – 31 中的 c 点和图 13 – 32（b）所示。推动第一条位错运动所需要的能量是：使滑移面附近的原子都被激活，并保证位错在滑移面运动。

在这种情况下，位错源因切应力的作用，不断产生新的位错。这时，同一"切应力"就可以推动几条，甚至十几条位错运动，如图 13 – 33（b）所示，因为激活原子所需要的能量大减。随着扫过同一滑移面的位错数量增多，最终必然会出现不太增大切应力就可以推动整个晶体沿滑移面移动，变成"整体滑移"，如图 13 – 33（c）所示。

这就是说，位错只是为晶体的"整体滑移"变形创造条件。它是晶体"整体滑动"的"先锋"，使滑移面上下原子"活化"，令移动"激活能"为零。而材料的实际加工变形主要是依靠晶体的"整体滑移"来完成的。所以，金属材料的塑性变形机制应该是位错、滑移和孪生三种，而不只是位错和孪生两种。对

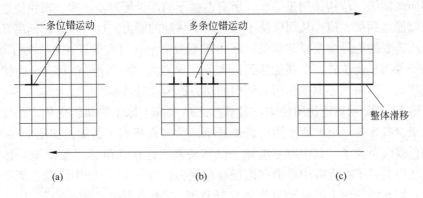

一条位错运动　　　　多条位错运动

整体滑移

(a)　　　　　　　　　(b)　　　　　　　　　(c)

图 13-33　在相同切应力下由"位错运动"演变成"整体滑移"

金属材料的工业加工而言，塑性变形的机制主要是整体滑移。

　　以上就是金属材料在加工形变时可以在滑移面上出现晶体"整体滑动"的原理。这一推测被金属材料可以进行大量而又迅速塑性变形所证实。通过一条条位错扫过滑移面，依靠一个个晶格常数的位移量来实现工业生产中进行大压下量的高速塑性加工是难以想象的，何况晶体点阵中位错源有限，依靠有限的位错源来实现工业生产中瞬间、大量的塑性变形，更是与实际不符。

　　采取本书作者提出的"整体滑移"的观点，更符合实际生产上的加工成形，而且，对塑性变形可以细化（或破碎）显微组织（由"整体滑移"来切割材料内部的晶粒）可以做出更容易理解和切合实际的解释。

　　在多晶体的"整体滑移观点"中，虽然大部分的"整体滑动面"是该点阵类型的滑移面（如面心立方点阵是 {1 1 1} 面，但并不排斥有其他非滑移晶面）。因为当大部分晶粒在同一方向的"滑移面"上进行整体滑动的情况下，"整体滑动面"前面的一个晶粒因其"滑移面"与整体滑动的方向不同，会产生局部"应力集中"。当该晶面上的分切应力超过一定数值时，将促使位错在该晶面上移动，导致附近的置换原子被激活，储能升高，使新位错运动所需要的切应力降低。随着在该晶面上扫过的位错数量增多，这些"非滑移面"便变成"整体滑动面"。可见，"整体滑动面"中可以有"非滑移面"。

　　由于位错运动对实际塑性形变只是起辅助作用，因而，材料在实际塑性形变过程中的方式与目前的共识也就不同。其基本过程是：

　　（1）首先产生位错密度的增多，出现位错堆积、缠结位错（见图 13-34（a））、位错网等（见图 13-34（b））。

　　（2）因晶体的整体滑移而产生变形带（见图 13-34（c））和形变纤维组织（见图 13-34（d））。这些变形带和纤维组织，因外力是单向、双向和多向，分别由板状、条状或多边形的"单晶块区"构成（见图 13-34（e））。"单晶块

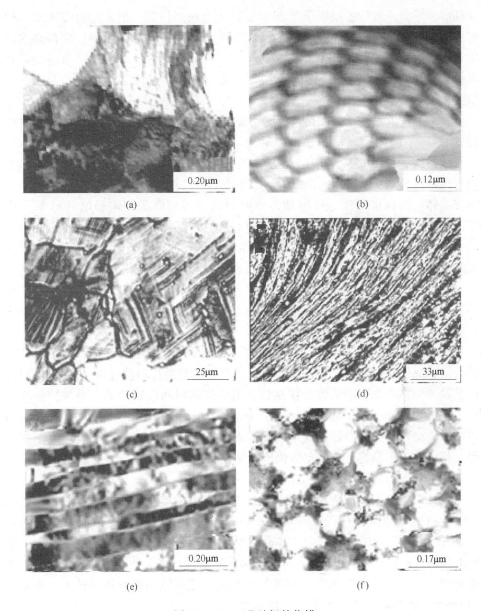

图 13 - 34 工业纯铝的位错
(a) 位错缠结；(b) 位错网；(c) 变形带；(d) 形变纤维组织；(e) 单晶块区；(f) 单晶胞

区"的边界是位错网或位错壁。

（3）深度塑性变形时，变形组织由板状单晶块或条状单晶块或多边形单晶块构成，现将它们简称为"单晶块"（注意：不是"单晶块区"）。各"单晶块"之间的界面已经是高能量的"准晶界面"。"准晶界"由没有位错的微小理想晶体和脱离平衡位置的置换原子（即非晶态）组成。目前，把多边形晶胞称为位错胞不够准确，因为"单晶块"的出现不是来自位错网和位错壁，它们是多晶体被不同滑移面的整体"切割"或者"破碎"而产生的。可见，"单晶块"是晶体"整体滑移"的产物。换句话说，由晶体"整体滑移"产生"单晶块"和"准晶界"。

在单晶块内存在亚晶——单晶胞（见图 13 - 34 (f)），它们之间的界面是位错壁。

位错网（见图 13 - 34 (b)）是二维的，其中的白色六边形只是二维小块。通过位错网的堆积，可以组成具有一定厚度的位错壁，但仍旧属于界面，而不是三维晶体。因深度加工，可以使位错壁内的位错密度达到饱和值（对 Fe，为 $65 \times 10^{16} \text{m}^{-2[121]}$；对 Ni，为约 10^{18}m^{-2}）。这时，铁原子会通过自动改组而形成微小的理想晶体，以降低被位错高度饱和的位错壁的自由能，但理想晶体的尺寸仅几个原子体积。在这种情况下，因高化学自由能的驱动，被位错饱和的位错壁将发生本质变化。自发产生动态回复，促使高度饱和的位错壁演变成"准晶界"，变成"细小的理想晶体" + 非晶态，释放出过剩的储能，以降低化学自由能。

（4）变形带是晶体"整体滑移"产生的。纤维状形变组织中，除了新开辟的滑移系统外，都是采取"整体滑动"的形变机制进行塑性变形。在晶体内部，各晶块"整体滑动"的边缘往往是位错群、位错网和位错壁等。当深度加工产生"单晶块"和"准晶界"后，各"单晶块"之间便沿"准晶界"展开相对的滑动和转动，以实现强塑性变形。随着深度塑性变形的进行，单晶块逐渐被破碎，其中各"单晶胞"之间的界面不断扩大，由"位错壁"演变成"准晶界"。即"单晶块"分裂和演变成"单晶胞" + "准晶界"。

一旦"单晶胞"成为沿"准晶界"相对滑动的单元，便开始形成超细晶粒（平均直径在 $0.5\mu\text{m}$ 以下）。深度加工所产生的大角晶界主要是依靠各"单晶胞"相对转动造成的，称之为"单晶胞滑动和旋转机制"。等值应变量（equivalent strain）ε 大于 6（相当于压缩率 99.5%）的深度加工所产生的大角晶界"等轴超细晶粒"就是"单晶胞"在准晶界上相对滑动转动和滑移的结果，不发生"单晶胞"的转动，产生不了"大角晶界"。

（5）当滑移面上下的原子"活化区"（即高储能原子区）变大和"体积自由能"足够高时，将发生原子重新改组，组成具有平衡状态新点阵的"微晶"理想晶体，里面既没有位错等晶体缺陷，原子又处在自由能最低的平衡位置，如图 13 - 31 中 a 点所示。因它们是理想晶体，强度和弹性模量显著高于周围的晶体，因而在继续塑性变形中，不产生形状改变和点阵畸变。这些属于理想晶体的"微晶"（含准晶界中的"微晶"），将成为以后静态再结晶的晶核，以及在塑性加工过程中发生动态再结晶时的晶核。

（6）当发生再结晶时，随着这些微细的理想"小晶体"尺寸的长大，因与周围晶体的位向不同，而产生体积应变能和界面能。为了继续快速生长，"小晶体"会不断改变长大的方向（往往采取"小角差形核长大机制"），导致新生成的再结晶晶粒内出现亚晶和各种晶体缺陷，从而变成实际的晶体。

（7）再结晶晶核不是上面的所述变形组织中的"单晶块"和"单晶胞"，原因是这些"单晶块"和"单晶胞"在形成过程中，点阵中所有原子的储能都出现不同程度的升高（至少发生了弹性变形）。但是，在高度变形区内生成的、属于理想晶体的"微晶"的储能是最低的平衡值。

13.9.2 马氏体相变和塑性切变比较

现在将马氏体相变和塑性形变之间的差异列入表13-3。

表13-3 马氏体相变和塑性切变对比

序号	比较项目	马 氏 体 相 变	塑 性 切 变
1	本质差异	属于点阵类型的转变，即相变，它是一个热力学自发过程	点阵类型不变，只是点阵产生畸变或错位，即不是相变，它不是一个热力学自发过程
2	驱动力	化学驱动力	机械驱动力
3	点阵变化	全部点阵类型改组	点阵局部变形
4	发生的地点	惯习面	滑移面
5	过程初期	在惯习面上，依靠母相点阵切变，产生"点阵活化区"，降低铁原子迁移和点阵类型改组激活能	在滑移面上，依靠位错运动，使位错过的滑移面上下点阵中铁原子的储能升高，形成"点阵活化区"，降低了铁原子集体在滑移面上同时定向位移的激活能
6	在全过程中	马氏体没有发生塑性变形	所有组织组成都产生不同程度的塑性变形
7	新状态的最小单元	板状单晶、片状单晶（为低能态）	板状单晶、条状单晶或多面体晶（为高能态）
8	孪晶种类	相变孪晶（为降低形核和核长大功而形成）	形变孪晶（为改变形状而产生）
9	新状态的最终产物	束状薄板马氏体、束状细片马氏体、片状马氏体、蝶状马氏体、透镜状马氏体、粗大薄片状马氏体、枝干状马氏体	具有滑移线、形变带或形变孪晶的变形组织或纤维状变形组织

14 主要结论汇总

14.1 新发现

新发现和新观点主要有：

（1）首次提出，目前鉴别两种常见马氏体——板条状马氏体和片状马氏体的方法（即透射电镜法和光学金相法）无法准确区分这两种马氏体组织，从而出现许多错判，给马氏体相变的研究和热处理实践造成混乱。

（2）透射电镜是衍衬像，存在可变性。因孪晶面的取向、孪晶面间距、所观测的薄箔试片厚度、试样表面同电子束的夹角等不同，孪晶的成像情况会发生改变。由于孪晶面未达到衍射的条件或者所形成的衍衬像相互重叠，都观察不到马氏体中的内孪晶，转动薄箔试样，有助于孪晶的显现。

（3）通过"双改变"（改变奥氏体均匀切变方向和平行于奥氏体的方向）而形成"内孪晶"是马氏体晶核初期长大的一种方式，因而无论低碳或中碳、高碳马氏体都具有内孪晶，随体积应变能和界面能的增加，内孪晶密度变大，所以，透射电镜失去了鉴别板条状马氏体和片状马氏体的能力。

（4）首次发现和论证了束状马氏体分两类三种：束状薄板马氏体（即板条状马氏体）和束状细片马氏体（属于片状马氏体），束状薄板马氏体在低碳钢和低合金钢中形成，束状细片马氏体在中碳和高碳钢、低碳高合金钢、各种高合金钢中出现。束状细片马氏体又可分成两种：$\{111\}_A$束状细片马氏体和$\{225\}_A$束状细片马氏体。因此，以是否呈现束状组织作为判据的光学金相鉴别法也区分不了马氏体的类型。本书作者提出马氏体类型"综合鉴别法"，来辨别生产中常见的两种马氏体。

（5）采用扫描电镜观察淬火组织，本书作者首次发现：

1）低碳淬火钢中的束状组织与中碳、高碳钢完全不同。低碳马氏体是由许多厚度相近、具有直线分界面的薄板平行组合在一起，而中碳、高碳束状马氏体是由大小不同、具有曲线分界面的细片平行组合在一起。

2）在碳的质量分数为0.4%~1.0%的淬火钢的等边三角形中观察到马氏体宽片，这证明这些钢的马氏体惯习面是$\{111\}_A$。

3）在低碳马氏体的等边三角形内只看到平行于一个边的薄板窄条，但在等腰三角形内也看到马氏体宽片，这证明其惯习面为 $\{557\}_A$。

4）碳的质量分数为 1.1% ~1.5% 的等边三角形内只观察到马氏体粗窄片 + 束状细片马氏体，或者马氏体粗片等边三角形内只有残余奥氏体，没有马氏体窄片，这证明它们的惯习面是 $\{225\}_A$。

5）超高温淬火时，在低碳钢中出现的粗长白条是由 5 ~8 片薄板晶组成。

6）在淬火 40、45、40Cr 等钢中看到马氏体细片的中脊线，这说明马氏体片具有中脊线是普遍现象，不是透镜状马氏体的独有特性。

（6）首次采用透射电镜使用的薄箔试样置于扫描电镜下观察马氏体的超微观空间形貌，证实低碳马氏体不是板条状，而是薄板状，因而提出将"板条状马氏体"更名为"束状薄板马氏体"或"板状马氏体"，把中碳和高碳钢中的束状马氏体称为"束状细片马氏体"或"纤维状马氏体"。并提出这两种束状马氏体的立体模型。详细论证了它们的形成机理，分别是"小角界面束状机制"和"孪晶关系束状机制"。同时，采用"相内分解"的观点解释了低碳钢淬火组织里高碳残余奥氏体薄膜的形成原理。

（7）当合金元素总质量分数超过约 5% 后，因平行于惯习面的、马氏体和奥氏体之间的"界面能"超过了孪晶界面能，低碳马氏体便由双色"束状薄板马氏体"（即板条状马氏体）变成单色"束状细片马氏体"（属于片状马氏体）组织。

（8）一直以来，各国都公认片状马氏体在空间是杂乱分布，本书作者首次提出并论证了无论是细片还是粗片马氏体在空间都是有规则分布的，可以相互平行、构成束状、呈现等边三角形和等边六面体。

（9）在马氏体晶体学独特的研究中，首次发现存在 4 条重要的取向规律。在相变过程中，各单晶的取向关系变化（称为"单改变"）的 4 条重要的"变化规律"是：

1）当马氏体相变时，如果奥氏体的均匀切变方向改变一个 α_1 角的话，马氏体单晶的取向也会改变相同的角度，导致两个单晶产生 α_1 角差。

2）在马氏体相变过程中，当两个晶核形成时，尽管奥氏体均匀切变方向未变，但是，假如两个马氏体晶核所平行的奥氏体方向发生了改变的话，那么这两个单晶将出现 10°32′ 的取向差。

3）如果马氏体单晶由 K-S 关系变成 T-G 关系，前后两个单晶将出现 1° ~ 2.5° 的取向差；由 K-S 关系变成 N-W 关系的话，两者的取向差将变成 5°16′；由 T-G 关系变成 N-W 关系的话，它们之间的取向差为 2°46′ ~ 4°16′。

4）马氏体相变完毕后，马氏体单晶之间的取向差就是上述取向差之总和。

采用这些规律，可以很好地解释各类马氏体组织形成的原因。

马氏体相变过程中，晶核取向关系改变的通用表达式是：相邻两个晶核平行于惯习面上的两个"龟壳"上，矩形对角线改变 60°的话，会使两个晶核产生 10°32′的取向差；若"龟壳矩形"的长边（即晶胞面的对角线）改变 60°的话，两个晶核便出现 60°的取向差；如果两个晶核的"晶体学取向关系"发生了改变，将产生 1°~5°16′的取向差。

（10）至今所测出的马氏体惯习面的资料很混乱，本书作者提出采用光学金相法来进行标定。即凡是在夹角为 60°的马氏体窄片之间观察到马氏体宽片者，即可断定其惯习面是 $\{111\}_\gamma$。没有马氏体宽片，只有窄片者，惯习面则是 $\{225\}_A$ 或者 $\{557\}_\gamma$。在光学显微镜下，等边三角形的马氏体窄片位于大量残余奥氏体或束状细片马氏体之中者，惯习面为 $\{225\}_\gamma$。

按照上述标定原则，所获得的结果是：碳的质量分数不超过 0.25%时，为 $\{557\}_\gamma$ 型束状薄板马氏体；碳的质量分数为 0.4%~0.8%时，为 $\{111\}_\gamma$ 束状细片马氏体或 $\{111\}_\gamma$ 型粗片马氏体；碳的质量分数为 1.0%~1.4%时，为 $\{225\}_\gamma$ 束状细片马氏体或者 $\{225\}_\gamma$ 型粗片马氏体；碳的质量分数为 1.6%~2.0%时，为 $\{269\}_\gamma$ 粗片马氏体。其余碳的质量分数的合金，则是两种类型的马氏体混合组织。

（11）本书作者首次提出"马氏体相变力矩理论"，否定了马氏体单个形核和长大的传统观点，并证明了马氏体相变是多晶核形核。相变力矩不仅控制着马氏体的形核和组织形态，而且是马氏体晶核长大的保证。没有晶核产生的相变力矩，马氏体相变不能进行。

（12）首次提出无论是无扩散相变还是扩散固态相变，它们的热力学表达式应该是多个晶核的能量计算，如下：

$$\Delta G_{总} = n(-\Delta G_V + E_V + E_D + E_M)V + nE_\sigma S \qquad (14-1)$$

$$\sum M_n = 0 \qquad (14-2)$$

新增三项内容：力矩应变能 E_M、铁原子的无扩散激活迁移能 E_D 和同时生成的新相晶核数目 n。

（13）在无扩散相变热力学分析中，首次得出存在临界晶核尺寸 h_k 为零的相变，以及晶核的最大尺寸 h_m。并且发现束状细片马氏体是"临界晶核尺寸 h_k"为零的相变。无论淬火温度有多高，都无法出现非常粗大的马氏体片是因为在相变中存在"晶核最大尺寸 h_m"的限制。

（14）本书全面分析和否定了至今国内外有关马氏体相变的"切变论"，指出当前的马氏体相变"切变理论"背离了马氏体相变的实际，大量的数学推导和论证、位错模型、形核和核长大理论属于与实际马氏体相变无关。

（15）首次明确马氏体的内孪晶分两种，即相变孪晶和形变孪晶，并提出"相变孪晶"形成的新机理。在相变过程中，为了降低核长大功，通过改变奥氏体的均匀切变方向和所平行的奥氏体方向，产生孪晶关系取向差而形成"相变孪晶"。它与相变过程中生成的大角晶界是一个性质，同今后材料的塑性形变性质和机制无关。这种相变孪晶不是因为位错的临界分切应力大于孪生的临界分切应力后才出现的，而是为了降低马氏体形核功的需要而产生。所以相变孪晶不改变形变孪晶的产生条件和孪生形变机制，更不标志材料的位错临界分切应力已经大于了孪晶临界分切应力。

（16）本书作者提出"相变孪晶"是新相晶核长大的一种不可缺少的方式（或者说"内孪晶型长大机制是马氏体晶核长大的一种方式"），不仅对无扩散相变非常重要，而且在扩散形变中也起作用。例如，奥氏体晶粒因通过"内孪晶型长大机制"进行长大而使其晶粒内生成"相变孪晶"。也就是说，"内孪晶"或"相变孪晶"是因为晶核的长大方向发生改变而产生的。

（17）本书作者提出并论证了马氏体相变新理论："无扩散点阵类型改组理论"，认为马氏体相变不是切变式相变，而是无扩散点阵类型改组的共格单相转变。首次指出惯习面是铁原子由奥氏体向马氏体转变时这两个点阵中"相距最远铁原子移动距离"最短的晶面。决定"激活迁移能"大小的，主要是这两个点阵中相距最远的铁原子之间的距离。因此，形核功不是主要取决于马氏体和奥氏体点阵相似的程度，而是取决于相距最远的铁原子迁移的距离。在惯习面上进行点阵类型改组时，铁原子最大的移动距离越短，所需要的形核功则越小。

在马氏体相变过程中，不存在"不变平面"，在惯习面上将出现置换原子多方向和不同位移量的移动。

当惯习面附近的"点阵活化区"出现后，依靠铁原子在"点阵活化区"中重新改组或者奥氏体点阵上的铁原子向马氏体点阵对应的位置迁移，迅速构成马氏体的新点阵，致使系统自由能降低到一个新水平。马氏体点阵在惯习面上形成的机制就是奥氏体点阵上的铁原子在"降低化学自由能"的驱使下重组成新点阵而形成马氏体晶核，并发生置换原子一个个迅速移动到马氏体晶核上，形成马氏体单晶，就像扩散相变的置换原子在化学驱动力下向新相点阵迁移一样。两者的区别只是无扩散相变时，点阵原子迁移的距离不能大于一个原子间距。

（18）马氏体相变具有多种惯习面揭示出一条重要的规律：促进马氏体形核的奥氏体弹性切变不一定都是奥氏体在滑移面 $\{111\}_A$ 上沿 $[\bar{2}11]_A$ 方向产生弹性均匀切变19°28′。因为当惯习面为 $\{225\}_A$ 和 $\{259\}_A$ 时，距离 $\{111\}_A$ 晶面的夹角已经大于23°，因而，引起奥氏体点阵中出现"相距最远铁原子"的迁移距离最短的晶面所需要的"奥氏体弹性切变"必定是其他的方向。这就是说，只要能够促使奥氏体点阵中出现铁原子最大迁移距离最短的弹性切变，都可以加速马氏体晶核的生成。即只要惯习面附近的奥氏体点阵因弹性切变将相距最远铁原子的位移距离缩短，一旦满足了形核功的要求，铁原子就会通过自动迁移、重新改组成马氏体点阵，形成自发晶核。奥氏体点阵上铁原子的迁移改组过程就是马氏体自发晶核的形成机制。

（19）要求惯习面附近的奥氏体点阵发生一定量的弹性切变目的有两个：1）令惯习面附近奥氏体点阵上相距马氏体点阵最远的铁原子缩至最短，以保证相变驱动力满足形核功的要求；2）令惯习面附近的奥氏体铁原子脱离平衡位置，储能升高，以降低激活迁移能。两者都有助于减小形核功。

（20）对奥氏体向马氏体点阵转化的深入研究后，本书作者发现固态相变的一条普遍规律是：在惯习面引起母相点阵产生弹性应变，促使两相点阵中相距最远铁原子的距离缩短，并形成"点阵活化区"，保证新相晶核的形成。同时，此母相点阵所要求的应变量和铁原子迁移的最大允许距离随"相变驱动力"而改变。增大驱动力，可以减少母相产生新晶核时所必需的应变量和放宽对最大允许迁移距离的要求。

增大相变驱动力的办法有两个：1）母相内出现高能区，令其自由能高于平均值；2）增大过冷度，使 $-\Delta G_V$ 值变大。

（21）首次证明了马氏体晶核只有两种形态：板状和片状，主要取决于界面能。马氏体形核和长大的基本原则是增大同惯习面平行的界面，尽量减少其他界面。因此，在无扩散相变中，不可能形成板条状、条片状和扁针状等形貌，因为它们违反自由能最低的原则。当界面能在形核功中所占的比例增大时，马氏体晶核便由薄板状变成薄片状、片状或透镜状。

（22）首次发现：马氏体惯习面的界面能与孪晶的界面能之间的相对大小决定着束状薄板马氏体向束状细片马氏体的转变。当惯习面界面能大于孪晶界面能时，马氏体便转变成束状细片马氏体组织，不管碳的质量分数是多少。

（23）首次提出马氏体形核长大的方式只有两种类型：1）小角差形核长大；2）孪晶关系形核长大。

低碳马氏体、束状薄板马氏体等首先通过"小角差形核长大"形成块区，再依靠"孪晶关系形核长大"生成由许多平行的"块区"构成的束状组织，因而其显微组织的突出特征是具有"块区结构"。

片状马氏体、透镜状马氏体、蝶状马氏体、粗大薄片马氏体等依靠"孪晶关系形核长大"，首先形成"内孪晶亚结构"。

高温淬火的中碳和高碳马氏体、束状细片马氏体等首先通过"孪晶关系形核长大"，产生大量内孪晶，再依靠"孪晶关系形核长大"而生成许多相互平行的、具有孪晶界面的细片，由它们构成束状组织。它们的显著特征是具有大量内孪晶亚结构。

ε 马氏体、3R 马氏体等，是奥氏体转变成 α 马氏体的过渡相，体积应变能和界面能都低，因此，在透射电镜下呈现出马氏体薄板或细片。它们之间为小角界面，通过"小角差形核长大的机制"形成。

（24）总的来说，马氏体形成的具体机制可分成 5 种：小角差形核长大机制、孪晶关系形核长大机制、小角差束状机制、孪晶关系束状机制和内孪晶型长大机制。"小角差束状机制"是"小角差形核长大"一类；最后两种机制属于"孪晶关系形核长大"一类。

（25）"马氏体晶核内孪晶型长大机制"的进一步抽象化是：在惯习面附近的奥氏体点阵活化区内，按照降低体积自由能的原则，铁原子迁移的方向是以"孪晶角"为夹角反复改变着，来完成由奥氏体转变成马氏体。实际相变时很简单，不必考虑什么"奥氏体均匀切变方向"，或"平行于奥氏体的方向"，或"晶体学关系"等是如何变化的，本书作者提出"单改变"和"双改变"只是为了阐明马氏体形核和核长大的原理。

当实际相变时，马氏体片一旦停止向一个方向生长后，便通过改变生长方向，沿"核长大功最小"的方向继续长大。这个"核长大功最小"的方向正好与原来的生长方向成"孪晶角"，可以获得最小的体积应变能增量。一片马氏体就是晶核在惯习面上反复改变生长方向（夹角为孪晶角）而形成的。本书作者将这种依靠形成"内孪晶"的晶核长大方式称为"内孪晶型长大机制"。

（26）"内孪晶型长大机制"是所有无扩散相变晶核初期的重要长大方式。因此，马氏体具有内孪晶是它的一种特性。所形成的内孪晶一般都是"完全孪晶"。

（27）本书作者首次证明蝶状马氏体也具有大量内孪晶，全面论证了蝶状马氏体是片状马氏体的一种形态。

（28）大部分钢的马氏体是变温转变，但其转变量不是随温度下降而连续增多，它们主要在两个温度区形成：$M_s^{高能}$ 和 $M_s^{平均}$。$M_s^{高能}$ 接近 M_s 点，形成单片的粗大薄板或粗片；$M_s^{平均}$ 是生成束状马氏体的最高温度。形成束状马氏体的温度条件是：

$$M_f < 相变温度 \leqslant M_s^{平均}$$

束状细片马氏体产生的热力学条件是：1）体积自由能的下降大于界面能的增高；2）惯习面的界面能高于孪晶界面能。束状薄板马氏体（板条状马氏体）只能在"惯习面的界面能低于小角和孪晶界面能"的条件下才产生。

（29）发现"相内分解"在低碳马氏体形成"块区结构"上具有决定性作用。它不仅仅表现在马氏体薄板晶两边生成高碳奥氏体薄膜和贫碳区，而且更重要的是：因铁素体的相内分解促使马氏体变成无碳，而两旁奥氏体则增碳，使两者的点阵间距差异进一步变小，以致造成惯习面的界面能最低，从而不在惯习面的主界面上生成伴生晶核。低碳马氏体的块区结构完全是因为惯习面的界面能低于孪晶面能才产生的。由此可以看出，相内分解对形成低碳马氏体的块区结构，生成双色束状组织起了决定性作用。

（30）首次找到了低碳马氏体中奥氏体薄膜的碳的质量分数不很高的原因。当薄板晶的排碳引起两边奥氏体的碳的质量分数升高超过低碳钢的范围时，因其 M_s 点低于该处温度而不能继续发生马氏体相变，导致块区中薄板晶的生长停止。奥氏体薄膜两旁的薄板晶所产生的压应力超过一定时，M_s 点将低于室温，奥氏体薄膜的厚度便固定下来。可见，薄板晶旁边奥氏体的碳的质量分数控制着低碳马氏体块区中薄板晶的最大宽度。同时，也限制着奥氏体薄膜中碳的质量分数的增高。这就是为什么残余奥氏体薄膜中的碳的质量分数仅 0.41% ~ 1.03%，而不一直升至很高的原因。

（31）找到铁合金中出现马氏体变温相变的原因，得出产生"变温相变"的条件是：由晶核长大以及体积膨胀产生的压应力导致形核和核长大功增加的速率超过由马氏体相变带来的化学自由能降低的速率时，会引起形核和核长大自动停止。所剩余的奥氏体数量由体积应变能、界面能和奥氏体所承受的压应力决定。

14.2 主要新观点

主要新观点有：

（1）本书对"无扩散相变理论"提出的普遍模式是：母相点阵因弹性形变而出现非常靠近于新相的点阵时，两种点阵中"距离最远原子"间距最短的晶面便是惯习面。一旦达到了形核功的要求，在惯习面上便产生新相的自发晶核，晶核采用"内孪晶型长大机制"，通过生成内孪晶来实现纵向长大，形成显微组织的最小单元（或单晶）。然后，再通过"小角差形核长大"或者"孪晶关系形核长大"的机制，产生伴生晶核，完成全部相变过程。因形核功和核长大功的不同，再由"单晶"组成各种形貌的相变产物。

无扩散相变的普遍机理是：

1）在惯习面的原子活化区，依靠小于一个原子间距的迁移，由旧相点阵类型改组成新相点阵，产生自发晶核。形核分"有临界尺寸"晶核和"无临界尺寸"晶核两种。

2）核长大的方式有两种：一种是在化学驱动力下，置换原子自动向新相点阵黏结，但迁移距离小于一个原子间距；另一种是不断改变长大方向，通过"内孪晶型长大机制"生成内孪晶来进行相变。

3）晶核形成后，晶核的纵向长大往往采取上面的第二种方式（即由内孪晶型长大机制形成内孪晶）进行，其横向生长和增厚则依靠上面第一种方式完成。

4）改变新晶核或者伴生晶核的晶体取向可以降低系统体积应变能的增量，以形成孪晶关系的效果最大，其次是小角差取向。

5）相变产物是通过许多晶核按照一定的方式组合而成。组合方式分"小角差形核长大"和"孪晶关系形核长大"两大类。

6）单晶的亚结构是由晶核长大方向改变产生的。因晶核长大方向的"单改变"（改变晶体学取向或者平行于奥氏体的方向）可以获得 $1° \sim 10°$ 的取向差，从而形成亚结构"单晶胞"或"嵌镶块"。因"双改变"（改变奥氏体均匀切变方向和平行于奥氏体的方向）可以产生孪晶取向差，形成亚结构"内孪晶"。

7）由晶核长大产生的"内孪晶"，它的"内孪晶面"与惯习面之间的夹角相同，它属于"亚结构"。由伴生晶核形成的孪晶关系，相邻马氏体片之间的孪晶面与惯习面平行，它属于晶粒组织。

（2）本书首次提出马氏体等固态相变形核和核长大时所遵循的基本准则：

1）相变机制的基本方式有两大类五种。"两大类"是小角差形核长大和孪晶关系形核长大。"五种"是小角差形核长大机制、孪晶关系形核长大机制、小角差束状机制、孪晶关系束状机制和内孪晶型长大机制。

2）通过改变相邻晶核之间的取向差，可以缩小四周奥氏体的畸变区的范围，使新增的体积应变能降低，以孪晶取向所造成的体积应变能和界面能增量最小。

3）伴生晶核之间的取向差保持小角（$\leqslant 10°$）和孪晶角（$70°32'$）可以显著减少界面能和应变能。

4）孪晶界面与小角界面相比，可以具有更低的界面能和更大地缩小周围奥氏体畸变区的范围，使体积应变能的增量更小，不过孪晶自身所引起的应变能比小角差晶体本身所引起的要大。所以，在形核初期，孪晶界在"缩小周围奥氏体畸变区范围"上的作用小于小角界面，但晶核长大之后，尤其是尺寸较大时，孪晶界则可以显著减少应变能的增量。孪晶关系在晶核长大后期，既可减少界面能，又能较大地降低总体积应变能的增量。这就是为什么晶核长大初期是采取长大方向出现"小角差改变"来维持快速生长，因而形成嵌镶块的单晶胞；最后则依靠长大方向出现"孪晶角差改变"来保证快速生长，从而形成内孪晶。马氏体晶核的长大机制就是通过其长大方向交替出现"小角差"和"孪晶角差"改变来完成的。

因各孪晶面相互平行，因此，两个孪晶面之间的嵌镶块和单晶胞的生长方向不是都向同一个方向偏离；而是采取向左右交替的方式进行，如同"蛇行"。可见，每个单晶的亚结构是因为晶核长大方向不断出现改变而产生的。

5）是否形成"块区结构"，主要取决于惯习面界面能的大小。只有它的数值小于孪晶界面能时，才出现低碳马氏体所特有的块区结构。

（3）各种马氏体单晶的厚度尺寸都是亚微米级（$0.1 \sim 0.3 \mu m$），内孪晶是纳米级（最小为9nm），位错密度也有 $1 \times 10^{15} \ m^{-2}$，但是却只具有普通的强度水平。其根源是奥氏体的晶粒在 $5 \mu m$ 以上，导致马氏体单晶的宽度和长度尺寸都比较大，未达到亚微米以下，即马氏体单晶的平均尺寸太粗。因此提出采取在

M_s 点以上进行强塑性变形加工，使奥氏体的晶粒达到 $1\mu m$ 以下，是发挥马氏体单晶超细化尺寸效果的关键。这是今后铁合金超细化和显著提高力学性能的重要途径，也是新型形变热处理的发展方向。

（4）本书作者重新论述了"滑移经典理论"，提出"位错"只是为晶体的"整体滑动"变形创造条件。它是晶体"整体滑动"的"先锋"，使滑移面上下原子"活化"，令"移动激活能"为零。材料的实际加工变形主要是依靠晶体的"整体滑动"来完成。所以，金属材料的塑性变形机制应该是位错、滑移和孪生三种，而不只是位错和孪生两种。对金属材料的工业加工而言，塑性变形的机制主要是整体滑动。

（5）在多晶体的"整体滑动"中，虽然大部分的"整体滑动面"是该点阵类型的"滑移面"，但是并不排斥有其他"非滑移面"。因此，晶体的"整体滑动"可以在"滑移面"、"非滑移面"和"准晶界"上发生。

（6）本书作者提出深度加工所产生的大角晶界主要是依靠各"单晶胞"相对转动产生的，称为"单晶胞滑动和旋转机制"。等值应变量大于6的深度加工所产生的大角晶界"等轴超细晶粒"就是依靠"单晶胞"在准晶界上相对转动和滑动的结果。

（7）指出惯习面的晶体学关系不一定是 K-S 关系。碳的质量分数为 1.4% 的淬火钢中马氏体和母相奥氏体之间存在下列 K-S 晶体学关系：$\{111\}_A//\{011\}_M$；$<101>_A//<111>_M$。但此淬火钢的惯习面是 $\{225\}_A$。在这个惯习面的界面上，马氏体与奥氏体之间的晶体学关系是什么？即与奥氏体的 $\{225\}_A$ 平行的马氏体是什么晶面呢？Kurdjumov 等并没有测定。他们仅仅测出：$\{111\}_A//\{011\}_M$。将 K-S 关系看成是所有惯习面的晶体学关系是目前马氏体研究的一个误解。

（8）至今有关马氏体的研究和生产资料比较混乱，不一致，甚至相互矛盾，主要是两个原因引起的：在技术上，鉴别马氏体类型的方法失误；在理论上，虚构了马氏体相变的"切变理论"。凡是与"马氏体切变论"或者位错有关的相变观念、理论、数学推导、模型等都不是真正的马氏体相变知识。

（9）目前，鉴别马氏体类型的方法有两种：透射电镜法和光学显微镜法。透射电镜法是以是否观察到内孪晶为判据，由于形成相变孪晶是马氏体晶核长大的不可缺少的一种方式，所有马氏体都具有内孪晶，因此，采用透射电镜无法准确分辨马氏体的类型。光学显微镜法以是否呈现束状组织为判据，而束状马氏体实际上有3种：低碳淬火钢中的束状薄板马氏体，以及中碳、高碳淬火钢中的 $\{111\}_A$ 和 $\{225\}_A$ 束状细片马氏体。所以这一判据也失效。

（10）透射电镜的薄箔试样在进行双喷腐蚀时，因浸蚀不均匀，经常改变透射电镜下衍衬像的形貌，令其面目全非，完全孪晶往往都变成部分孪晶。

（11）如果一个试样磨面都是单色束状淬火组织，基本上可以确定是"束状细片马氏体"；"板条状马氏体"的大部分光学显微组织通常都是双色束状组织或块区结构。低碳钢淬火后，如果很少或者没有双色束状组织，说明没有淬上火。

（12）中碳和高碳钢中的束状马氏体是由许多大小马氏体细片沿同一惯习面生成的束状组织，在本质上都是片状马氏体，而绝对不是目前所公认的"板条状马氏体"。所以，提高淬火加热温度时，中碳、高碳钢组织改变的规律是：隐针马氏体 + 极细片马氏体 + 微细束状马氏体→细片马氏体 + 微细束状细片马氏体→束状细片马氏体→粗片马氏体 + 束状细片马氏体→粗大马氏体片 + 大量残余奥氏体。其中，都不出现板状（板条）马氏体。对中碳淬火钢，不产生最末一项。

（13）奥氏体化温度只能改变片状马氏体的组合形貌和组织粗细，不改变马氏体相变产物的类型。依靠增大奥氏体晶粒，促使马氏体单晶的长宽二维尺寸变大，超过光学显微镜的分辨率，使马氏体单晶的形貌显示出来，令人们观察到束状组织。

（14）淬火温度对马氏体组织的作用取决于：1）游离相的溶解情况；2）碳和合金元素的不均匀分布程度；3）奥氏体点阵的完整程度、晶体缺陷的种类和数量；4）奥氏体的晶粒大小；5）奥氏体化的保温时间。随时间延长，在高温下生成马氏体粗片的温度降低。

对 45 钢，在常规淬火温度下，淬火组织都是隐针马氏体；在光学显微镜下，分辨不出组织的细节。当在透射电镜下观察时，"隐针马氏体"由异形的片状马氏体 + 极细马氏体片 + 细微束状细片马氏体组成。这种马氏体片的多种形态是由于化学成分非常不均匀所引起的。因尚未完全溶解的碳化物细小颗粒和碳的质量分数的分布极度不均匀，以及大量存在晶体缺陷等因素，促使马氏体片变成不规则的异形。另外，都是在很小的范围内形成极细马氏体片和微细的束状细片马氏体。因尺寸低于光学显微镜的分辨率，因此往往分辨和观察不出束状细片马氏体。

在 900℃，因过热而生成马氏体细片（针） + 细微束状细片马氏体，是因为较高的加热温度，碳原子在细小的范围部分均匀化，低碳和低合金区稍变大，使首先形成的马氏体细片尺寸超过光学显微镜的分辨率而显示出来，呈现取向杂乱的马氏体细片，即针状淬火组织。余下的奥氏体转变成细微束状细片马氏体。这些近似细针的组织不是马氏体单晶，而是多个单晶的组合物。

1000 ~ 1200℃加热时，因为奥氏体晶粒变粗，化学成分显著均匀化，晶体缺陷减少，奥氏体点阵越来越完整，保证了马氏体束的长度和宽度尺寸显著扩大（但马氏体的片厚基本上不受奥氏体化温度的影响），因而都显示出束状细片马氏体。

1300℃高温加热后，促使奥氏体内夹杂物和晶体缺陷（空位除外）大量减少，在 M_s 点附近形成的马氏体晶核大减，使首先形成的单独马氏体细片不断长大成粗片。余下的奥氏体在显著过冷的情况（即 $M_s^{平均}$ 点）下转变成束状细片马氏体。

高碳钢 T9 在 A_{c_1} 奥氏体化，保存较多的过剩碳化物颗粒，低温加热造成化学成分不均匀分布、晶体缺陷大量存在，因而产生了隐针马氏体组织。900℃加热，化学成分均匀化的微小范围增多和尺寸稍大，导致类似细片马氏体组织显现出来。1000～1200℃淬火都是尺寸粗大的束状细片马氏体。只有在约1300℃淬火，在束状细片马氏体中才现出较多的马氏体粗片。

高碳钢 T11 在常规淬火后，显微组织与上述的 T9 钢相似。在900℃淬火，是过热组织：马氏体细片＋微细束状细片马氏体。在1000℃淬火后，束状马氏体中仍然具有少量马氏体细片。只有在1100℃淬火才基本上是粗大的束状细片马氏体组织。更高温度淬火时，出现粗片马氏体。在1300℃加热，因奥氏体的稳定性增高较大，使淬火组织中保存较多的残余奥氏体。

（15）评论了 Изотов 等人提出的看法，并指出他们的解释自相矛盾。

（16）按照"无扩散点阵类型改组理论"，对马氏体粗片＋束状细片马氏体混合组织的产生做出了较好的阐明。淬火组织中粗片马氏体和束状细片马氏体共存正是本书作者提出的"无扩散点阵类型改组理论"的证明，也是马氏体相变采取"自发形核"，而不是按照"非自发形核"进行相变等新观点的力证。

（17）超高温下形成的马氏体粗片与因过热生成的马氏体细片的性质不同。过热时产生的细片马氏体，其碳的质量分数低于合金的平均碳的质量分数，即在合金中的低碳区最先开始形核，长大成细片，所以，细片马氏体的碳的质量分数都低于合金的平均成分。超高温下形成的马氏体粗片，其碳的质量分数基本上是合金的平均成分，与周围的束状细片马氏体相同。

（18）无论是中碳钢还是低碳钢，高温淬火都会严重危害材料的一次冲击功，所以，对低合金和碳素结构钢，采取提高加热进行淬火的工艺都是不可取的。同时，中碳钢低温淬火时，虽然获得的是隐针马氏体，但由于奥氏体晶粒和马氏体组织都细小，其韧性都高于高温淬火组织。

（19）对比低碳钢和中碳钢淬火后的断口形貌，得出两者的显微组织完全不同的结论。低碳钢在高温淬火后主要是束状薄板马氏体，断裂单元是板状晶，直线状撕裂棱是板状晶之间的残余奥氏体薄膜引起的。中碳、高碳钢高温淬火后全部是细片，即束状细片马氏体，因而断裂单元是马氏体细片，树根状的撕裂棱是各马氏体片四周的残余奥氏体所造成的。

（20）产生残余奥氏体薄膜和块区结构的条件是：1）平行于惯习面的全共格界面能低于孪晶界面和小角界面的界面能；2）奥氏体和铁素体都发生了相内

分解。

（21）对马氏体相变，通过改变新相与母相的取向关系，可以使产物各单元直接产生小角取向差、孪晶取向差、180°取向差和零取向差（即取向完全相同）。

（22）块区是依靠新薄板晶与原有的薄板晶产生小角取向差而产生的，每个薄板晶之间的取向差在1°～10°之间。因此，块区中的薄板晶的位置实际上在发生转动，但是薄板晶的取向没有旋转180°。本书作者对 Rao 的试验结果进行了合理的解释。

（23）"惯习面"是铁原子从奥氏体点阵迁移到马氏体点阵上时距离相差最大的铁原子所移动的间距最短的晶面，因为它决定着点阵重组时铁原子所需激活迁移能的大小，从而可以使形核和核长大功最低。由于 $\{111\}_A$ 的原子密度大，自然会使向马氏体点阵迁移的间距大部分缩短，但铁原子从奥氏体点阵上的 $\{111\}_A$ 移动到马氏体点阵时，所有位移距离最短的晶面并非都是 $\{111\}_A$。实际测定结果，只有碳的质量分数为 0.4%～0.8% 时，$\{111\}_A$ 上奥氏体铁原子迁移到马氏体点阵上时才具有最短的移动距离，因而形核和核长大功最小，它便成为这些钢的惯习面。当碳的质量分数比这个范围低或者高时，相距最远的铁原子所移动的间距在 $\{111\}_A$ 上都不是最短的，所以它们的惯习面变成 $\{557\}_A$、$\{225\}_A$ 或 $\{269\}_A$，而不是 $\{111\}_A$。

（24）马氏体相变首先在晶界、晶体缺陷、点阵严重畸变区、奥氏体的孪晶面等上形核不是因为它们形成了马氏体晶核胚，而是由于这些地方的储能高于平均值，提供了"高能区"，使形核功得到满足，从而促进惯习面附近母相的改组，形成新相晶核。这种在高能区的形核称为"高能位形核"，形核的温度命名为"$M_s^{高能}$"。由平均体积自由能"下降"满足了形核功需要的形核，称为"平均位形核"，这种形核温度称为"$M_s^{平均}$"。

（25）对中碳和高碳钢，"$M_s^{平均}$"比 M_s 点低很多。在"$M_s^{平均}$"可以具有很大的相变驱动力 ΔG_V，这时，相变的临界晶核尺寸为零，产生"无临界晶核相变"，形核容易，产物组织细微。

（26）当形核困难时，尤其是在压力场下，"伴生核"相变比"普通核"相变更容易发生。

（27）对低碳马氏体束而言，块区之间形成孪晶取向关系的事实充分证明：通过改变薄板单晶相互间的取向可以减慢系统应变能的升高。这是因为，新相产生的应变能除了因新旧相的比体积差所带来的体积应变能外，对共格相变，还出现两项体积应变能：1）因新旧相存在比体积差，随着晶核尺寸变大，将引起晶核附近的母相点阵出现更大的应变，使母相的应变能增高，即晶核的"尺寸效应"。2）由于界面的错配，随着晶核的长大也将导致母相中的应变区扩大，带来母相应变能升高。改变晶核长大的方向，可以使这两项应变能显著降低。所以，改变相邻马氏体单晶之间的取向，使之具有小角差或孪晶关系可以降低系统的总体积应变能。

这两项应变能是造成共格晶核在相变过程中停止长大的主要原因，也是马氏体呈现变温相变的重要根源之一。所以继续冷却，因驱动力的增大，已经停止成长的晶核可以再次长大。同时，由"尺寸效应"引起的母相体积应变能增大"也是"马氏体晶核通过改变长大方向，以减少体积应变能的新增量来实现继续相变的"原因"。

（28）低碳马氏体由马氏体薄板单晶组成块区的形成机理揭示出无扩散相变的两条重要的规律：

1）块区结构的形成条件是全共格界面能必须最低，不但低于小角界面能，而且也低于孪晶界面能；

2）凡是新旧相的比体积、外形或原子间距等存在差异时，体积应变能将使新相不可能沿同一方向长大成一个属于理想晶体的大单晶，因为体积应变能会使长大速度越来越低。在长大过程中，通过不断改变长大方向，减少新增的体积应变能来提高长大速度，从而形成亚晶和各种晶体缺陷。新相只可能是由许多具有一定取向差（最小约1°，最大为孪晶角）的亚晶组成。注意：这一点既是块区结构生成的原因，也是薄板单晶或薄片单晶内出现微小亚晶（嵌镶块等）的原因。

（29）碳原子使比体积增大，点阵类型由体心立方变成体心正方，置换原子在点阵中产生点阵畸变，两者都引起平行于惯习面的"全共格界面能"升高，一旦超过了孪晶面的界面能，束状马氏体的类型将发生改变，淬火组织将由束状薄板马氏体变成束状细片马氏体。

（30）由于碳原子显著恶化马氏体的塑韧性，因此高强度金属材料向低碳、微碳高合金的方向发展。但是，当合金元素总的质量分数超过约5%后，因置换原子在点阵中引起畸变，改变了铁原子之间的间距，其效果与碳原子相似，将产生两个效果：

1）改变新旧相的比体积差，增大了体积应变能；

2）由于引起铁原子之间的间距变化，使平行于惯习面的全共格界面能升高，以致高于孪晶界面能。从而促使马氏体新晶核在奥氏体和马氏体薄板晶之间的两个主界面上形核，取消了块区结构的产生，导致淬火组织由束状薄板马氏体变成束状细片马氏体。

这就是低碳高合金马氏体呈现束状细片马氏体、块区结构消失、马氏体单晶变成细片状的原因。从它们的形成原因中可以充分看出：组织形貌的改变未直接涉及马氏体的力学性能。主要是在马氏体相变过程中晶核长大的方向不断发生变化，以实现形核和核长大功降低，完全没有促使滑移临界分切应力超过孪生临界分切应力。

（31）低碳高合金马氏体的塑性指标较低，伸长率只大于10%，主要是它的高强度，以及合金元素改变了原子结合力所引起的，与塑性变形机制无关。

（32）粗片马氏体只有在理想的条件下，即奥氏体的化学成分均匀、完整的晶体点阵、没有第二相质点的存在等时，才显示出有规则分布。在实际热处理时，因下列原因，片状马氏体在空间有规则组合被抑制或者破坏，再加上随机磨制试件，导致传统观念产生误解，认为马氏体是无规则混乱分布的。这些影响马氏体形貌的因子，本书作者称之为"形态控制因素"，如：化学成分及其均匀性、马氏体的正方度和比体积、晶体缺陷、第二相和奥氏体的孪晶面等。

（33）当实际热处理时，因奥氏体化温度较低，"形态控制因素"的作用增强，因而在试样的随机磨制面上，马氏体片的分布呈现无序状态。但是，应该看到：马氏体片的空间结构一直是有规则的，仅仅是马氏体有规则组合的空间变小，有规则组合的程度变弱，所以在普通的试样观察面上显现不出马氏体的有规则的空间结构。当然，光学显微镜的分辨率较低也是原因之一。

（34）马氏体相变产物的类型是由马氏体的相变机制决定的，而"相变机制"直接取决于形核功和核长大功。各种因素对相变产物形态的影响是通过改变"形核功和核长大功的控制因素"而发挥作用的。

（35）形核功和核长大功的控制因素主要有：合金的化学成分和奥氏体化温度、马氏体和奥氏体之间的比体积差、杨氏模量、碳原子的扩散速度、相变驱动力、铁和合金原子的自扩散系数等。其他因素对马氏体相变及其产物类型的影响都是通过改变这些控制因素而发挥作用。

（36）由上面可以看出，马氏体在相变后形成各种形貌，并没有涉及材料的力学性能，主要由形核功和核长大功来决定。自始至终，根本就没有发生马氏体的不均匀切变，通过马氏体的孪生塑性变形来产生"形变孪晶"。由此可见，片状马氏体中具有内孪晶并不意味着滑移的临界分切应力超过了孪生临界分切应力，这些孪晶是相变孪晶，而不是形变孪晶。在这里可以清楚地看出："马氏体切变理论"不符合马氏体相变的实际，将马氏体的片状外形和内孪晶视为马氏体高脆性的根源纯粹是"马氏体切变说"造成的人为偏见。中碳和高碳马氏体的高脆性完全是由于马氏体的正方度和碳原子定向分布（有序化）所造成的。

（37）高碳马氏体之所以可以进行滑移塑性变形是因为相变孪晶的滑移临界分切应力（CRSS）通常都低于孪生的临界分切应力。

（38）对碳的质量分数大于1.0%的淬火钢，在两个惯习面交界线上形核，同时向两个不同的惯习面长大，比在一个惯习面长大引起的体积应变能和相变力矩要小，有利于马氏体相变的进行。当惯习面为 $\{225\}_A$ 时，经常出现这种相变方式，形成蝶状马氏体；或者在马氏体粗片旁边沿另外一组惯习面生长出许多马氏体分支。

（39）目前对粗大薄片马氏体惯习面的测定有两种，即 $\{259\}_A$ 和 $\{3\,10\,15\}_A$，它们在空间的交角都不是直角。本书作者按照金相组织推测，碳的质量分数大于 1.6% 后，惯习面应该是 $\{269\}_A$。这时，它们的空间夹角才是 90°。

（40）当界面能非常高时，$\{269\}$ 型马氏体片则呈现枝干状，它们的横截面呈现长方形或正方形，可以使晶核的 4 个晶面（主干和枝干）都保持惯习面的取向，从而显著减少了半共格界面的面积，以致获得显著低的界面能。其实，$\{225\}_A$ 惯习面的空间交角中也有 90°，但是这些马氏体基本上不生成枝干状形貌。这一点有力地证实本书作者提出的观点，界面能在形核功中所占的比例控制着马氏体晶核生长的外形。当碳的质量分数小于 1.4% 时，由于界面能在形核功中所占的比例较小，通过减薄晶核的厚度等办法来降低半共格界面能，因此不生成透镜状和枝干状的形貌。

（41）目前测定出的大部分晶界角数据都不真实，要准确测定晶界角，必须：1）晶界面垂直于试样观测面；2）晶界两边产生衍射的晶面应该具有相同的晶面指数。

（42）相变孪晶通常都是完全孪晶，束状马氏体中的内孪晶具有相同的取向，即具有"穿晶孪晶线"。碳钢和低合金钢中马氏体的内孪晶都是完全孪晶，因双喷腐蚀的不均匀往往导致孪晶面不完整，从而呈现"部分孪晶"。只有相变潜热大的合金，在相变过程中才形成真正的"部分孪晶"。

（43）本书作者在碳钢和低合金钢中既观察到部分孪晶，也看到许多完全孪晶图像。并且得出所有钢的内孪晶是在晶核初期长大过程中形成，全部是完全孪晶；只有相变潜热释放多的合金才生成部分孪晶。实际上，碳钢和低合金钢的片状马氏体都是完全孪晶马氏体。在普通钢中之所以往往观察到的是部分孪晶，完全是因为双喷腐蚀不均匀，导致孪晶面残缺所造成的。

（44）出现变温相变的条件是：由晶核长大以及因体积膨胀产生的压应力两者导致形核和核长大功增加的速率超过由马氏体晶核因体积增大而带来化学自由能降低的速率时，必将导致形核和核长大自动停止，致使奥氏体在等温过程中不能全部转变成马氏体。一些合金中的等温马氏体相变主要是新旧相的比体积差小，产生的体积应变能较小以及所形成的压应力也不大，不满足上面的变温相变的条件。同样，绝大部分珠光体和大部分贝氏体之所以可以发生等温相变，也是因为它们的体积应变能等显著低于铁合金中的大部分马氏体相变。

14.3   次要新观点

细节结论主要有：

　　（1）目前的相变热力学计算中，未考虑到应变能 E_V 和界面能 E_σ 的大小与晶核尺寸有关。实际上，随着马氏体晶核尺寸的变大，在奥氏体点阵中造成的点阵畸变区范围也变大，因界面错配增加（尤其是四周端面），从而导致应变能和界面能新增量越来越高。因此，尽管晶核的厚度未达到引起界面上共格关系破坏，甚至尚未达到 $\Delta G_\text{总}$ 曲线上的最大值 h_m，马氏体晶核也会停止生长。通过改变马氏体的生长方向，形成"内孪晶"，使应变能和界面能新增量变小，也可以使马氏体继续进行相变。当马氏体片的厚度达到了该温的最大厚度 h_m 时，便不能依靠"改变马氏体生长方向"来继续相变。这就是单独的马氏体片不能长成非常粗大的原因。

　　（2）晶体缺陷可以改变马氏体的生长方向，但很难形成马氏体晶核。原因是它们往往不"躺在"惯习面上，而且，如果"层错"所缺少的不是奥氏体 $\{111\}_A$ 面上堆垛顺序中的 C 层原子，它们也不能成为晶核。

　　（3）从马氏体相变热力学分析可以得出：

　　1）目前公认，马氏体片停止长大主要是共格界面被破坏。这种观点不符合实际，因为通常马氏体片在晶界共格未达到破坏之前，由于过高的体积应变能，已经逼使它们停止生长。本书证实：马氏体相变往往因体积应变能、界面能、相变力矩和激活迁移能超过化学自由能的下降而使晶核无法再生长。

　　2）对应于每个马氏体形成温度，不仅有一个晶核的临界厚度 h_k，而且还有一个马氏体片的最大厚度 h_m。这就是说，不像金属结晶那样，马氏体片可以无限制地长大，直到与相邻的晶核相遇。每个马氏体片当长大至一定厚度（达到 h_m）后，即使不碰到相邻的马氏体片，它也会自动停止生长。

　　3）随温度降低，临界厚度 h_k 和最大厚度 h_m 都变小。这就是在高温下首先出现的马氏体在随后的降温过程中不会长成特别粗大的原因。

　　（4）一般认为，$\{259\}$ 马氏体都具有中脊线，而 $\{225\}$ 马氏体则没有中脊线，这一结论在本书作者的观察中未得到证实。在 40 钢、45 钢、40Cr 钢中，部分马氏体片内都带中脊线，可见，中脊线不是 $\{259\}$ 马氏体的特征。

　　（5）马氏体的形状应变并非一定要利用"点阵切变"的观点来解释，采用在相变过程中马氏体取向的改变，照样可以使马氏体同奥氏体之间出现形状改变，加上比体积不同而呈现出表面浮凸。即通过铁原子位移距离小于一个原子间距的共格单相转变同样可以造成形状应变，使表面出现浮凸变形。

　　（6）蝶状马氏体之所以呈现出对称的两个翅膀是因为惯习面在空间相交，晶核向相邻惯习面生长的结果，而不是由于两个翅膀的交界面是孪晶面。因此，两个翅膀的形状和尺寸可以出现差异。

　　（7）片状马氏体形核方式有两种：普通核和伴生核。惯习面为 $\{111\}_\gamma$、$\{225\}_\gamma$ 和 $\{259\}_\gamma$ 的粗片状马氏体都是按照其中一种形核方式进行相变的。

（8）蝶状马氏体只是片状马氏体的一种形态，它是采取"伴生核"的方式在相邻两个惯习面上形核和长大而成。一般所说的片状马氏体或"传统的片状马氏体"则是通过"普通核"方式相变而成。

（9）蝶状马氏体属于"伴生核"相变，其形成机理是：在一个惯习面上形成一个"普通晶核"后，在它长大的过程中，在其一旁通过3种"改变"（平行于奥氏体的方向、奥氏体均匀切向和马氏体－奥氏体之间的晶体学取向关系都产生改变）而产生一个"伴生晶核"，依靠"普通晶核"和"伴生晶核"的长大，在相邻的惯习面上形成蝶状马氏体的两个翅膀。这两个翅膀之间有没有内界面，取决于"伴生核"在形成时发生了什么样的"改变"。

（10）当形核困难时，尤其是在压力场下，"伴生核"相变比"普通核"相变更容易发生。

（11）"伴生核"相变所需的形核功和核长大功比"普通晶核"相变的低，因此，当粗大马氏体片停止形成后，可以通过两种方式继续相变：1）在粗马氏体片一侧沿另一个惯习面长出分支；2）依靠"伴生核"相变在余下的奥氏体中形成蝶状马氏体。

对碳的质量分数大于1.0%的淬火钢，在两个惯习面交界线上形核，同时向两个不同的惯习面长大，比在一个惯习面长大引起的体积应变能和相变力矩要小，有利于马氏体相变的进行。

（12）蝶状马氏体大部分没有内界面，少部分的两个叶片之间存在分界面，但分界面不是孪晶面。{2 2 5} 蝶状马氏体的内界面角差与两个叶片之间的交角不同，而且，惯习面在空间的交角中都没有孪晶角70°32′。

（13）"伴生核"相变产生的"无内界面蝶状马氏体"的两个叶片具有相同的晶体取向，因此可以通过每个叶片长出分支，最后合并成一个大的马氏体整块。真正的马氏体块是通过这种机制形成的。

（14）应用本书作者提出的蝶状马氏体新机理可以满意地解释在翅膀夹角为45°、60°、90°和135°的蝶状马氏体上为什么会形成晶体取向相同的两个翅膀，以及蝶状马氏体的其他特性。

（15）蝶状马氏体只发生在马氏体比体积大，因体积应变能高而导致形核困难的合金里。应力和应变将促进蝶状马氏体的形成。

（16）对铁碳合金而言，由于奥氏体的屈服点显著低于马氏体，因此在相变过程中，自始至终都未达到令马氏体产生塑性切变的应力。只有相变末期，残余奥氏体的数量很少时，新的马氏体相变才可能令试样内部出现很高的内应力，促使马氏体发生塑性形变，形成"形变孪晶"。

（17）高铁镍合金马氏体具有一定的塑性，冷却马氏体可以进行15%以上的压缩，因此，它与碳钢和低合金钢中的马氏体完全不同，在高铁镍合金中的马氏体行为和规律不适用于后者。

（18）对低碳钢，随奥氏体晶粒度增至 2 级时，低碳马氏体的室温冲击功已接近于零。若增至超过 0.5 级时，即使在 202℃ 冲击，其数值也是零。可见，当晶粒尺寸超过一定值后，因奥氏体晶粒度粗化以及它带来的组织变粗大将极大损害淬火＋低温回火钢冲击韧性。中碳钢低温淬火时，虽然是获得隐针马氏体，但由于奥氏体晶粒和马氏体组织都细小，其韧性都高于高温淬火组织。

（19）高温淬火组织就是由许多不同取向的、具有各向异性的马氏体束相互编织而成。束状细片马氏体在微观上的各向异性强烈地改变裂纹传播的途径，很大地增加裂纹传播的阻力，使裂纹传播的途径变曲折，从而显著增大淬火组织的抗裂性，使断裂韧性获得不断的提高。但是，当束状细片马氏体尺寸过大，马氏体束中的残余奥氏体数量增多并使它们的分布扩大后，将会引起马氏体束的各向异性减弱，进而削弱了对裂纹传播途径的改变，因而将导致断裂韧性降低。所以，出现淬火加热温度过高时，材料的 K_{1C} 值又下降。

（20）因多种原因，如非金属夹杂、未溶的第二相、晶体缺陷、化学成分不均匀、孪晶面、晶界等都可以改变马氏体片的典型外貌，而变成不是典型的片状，甚至呈现出异形。

（21）马氏体单晶的外形对马氏体的力学性能并没有决定性的作用。马氏体单晶成片状，组成单色束状细片马氏体的 20Cr2Ni4A 钢，其综合力学性能可以优于具有相同碳的质量分数的碳素淬火钢，尽管低碳的碳素钢的马氏体单晶是薄板状，内孪晶的数量比 20Cr2Ni4A 少，且组成具有"块区结构"的双色束状马氏体。也就是说，束状细片马氏体的力学性能可以高于束状薄板马氏体（即板条状马氏体）。

（22）对铁合金中这两种孪晶的鉴别提出下列原则：

1）孪晶的均匀程度。凡是许多孪晶平行出现，且间距基本相同者，为相变孪晶，尤其是具有相同取向的"穿晶孪晶线"者，是相变孪晶；孪晶之间的间距不等者，为形变孪晶。

2）孪晶面间距的大小。碳钢的相变孪晶一般只有在透射电镜下才观察到，少量可以在扫描电镜下看到。在光学显微镜下观察不到碳钢和低合金钢中的相变孪晶，只能够看见形变孪晶。高合金中才可能在光学显微镜下出现相变孪晶。

（23）因各块区之间存在孪晶角的取向差，造成被浸蚀的程度存在差异，因而在光学显微镜下，呈现出双色束状组织。

（24）在马氏体相变过程中，的确存在"相内分解"，碳原子自发进行着上坡浓度的扩散。相内分解对钢中相变作用的最大功效是使依靠热运动形成的、不稳定的"成分起伏"变成稳定的热力学状态，促使碳原子通过上坡浓度扩散，扩大低碳区和高碳区，为合金中马氏体等相变准备了充分的"成分起伏"条件。

低碳马氏体的块区结构完全是惯习面的界面能低于孪晶界面产生的，而惯习面这种最低界面能是依靠铁素体的相内分解得到，所以相内分解对形成低碳马氏体的块区结构，生成双色束状组织起了非常重要的作用。

（25）马氏体中的高位错密度不是马氏体产生了塑性变形的证明，马氏体内的位错来自两个方面：1）由界面错配位错而来；2）来自奥氏体内部位错的遗传。

（26）马氏体相变分"有临界尺寸"和"无临界尺寸"两种，它们取决于体积自由能和界面能的相对大小。"有临界尺寸"相变在 $\Delta G_{总}$ 随晶核尺寸变化的曲线上有临界尺寸 h_k 和最大尺寸 h_m；"无临界尺寸"相变在 $\Delta G_{总}$ 随晶核尺寸变化的曲线上没有临界尺寸 h_k，只有最大尺寸 h_m。

（27）引起"扩散相变不完全转变"的原因与马氏体的"变温相变"基本相同。只是扩散相变时，新旧相的电体积差值比较小，且所处的温度较高，由晶核尺寸变大所造成的体积应变能和界面能的增值小；尤其是新相对母相产生的压应力很弱，从而使新相压力对扩散相变过程的作用很小。

参 考 文 献

［1］ Tan Y H（谭玉华），Zeng D C，Dong X C，et al. Metall. Trans.，1992，23A：1413～1421.

［2］ 谭玉华，等. 材料とブロセス，1991，4（6）：1905～1906.

［3］ 谭玉华，等. 湘潭大学学报（自然科学版），1992，14（1）：93～103.

［4］ Dong X C，Tan Y H，Tan M L，et al. J. Iron Steel. Res. Inst.，2002，22～26：352～356.

［5］ 谭玉华，等. 材料とブロセス，1991，5（6）：1919～1921.

［6］ 谭玉华，等. 湘潭大学学报（自然科学版），1991（增刊）：90～102.

［7］ 谭玉华，等. 材料とブロセス，1992，5（6）：1920～1922.

［8］ Zeng D C，Tan Y H，Qiao G W，et al. Z. Metallkd.，1994，75：203～212.

［9］ 谭玉华，等. 中碳钢中纤维状组织本质的探讨［J］. 材料とブロセス，1990，4（6）：1906～1911.

［10］ 刘跃军，黄伯云，李益民. 材料热处理学报，2005，26（1）：48～52.

［11］ Liu Yuejun，Tan Manling，Fan Shuhong，et al. ISIJ International，2004，44（4）：725～730.

［12］ 谭玉华，等. 材料とブロセス，1990，4（6）：1907～1909.

［13］ 刘跃军，黄伯云，谭玉华. 材料热处理学报，2005，26（1）：48～52.

［14］ Liu Yuejun，Li Yimin，Tan Yuhua，et al. Journal of Iron and Steel Research，International，2006，13（3）：40～46.

［15］ 谭玉华，谭曼玲，苏旭平，等. 第八次全国热处理大会论文集，2003：391～394.

［16］ Liu Yuejun，Huang Baiyun，Tan Yuhua，et al. 2005，12（3）：46～50.

［17］ 谭玉华，等. 马氏体类型的综合鉴别法［J］. 材料とブロセス，1992，5（6）：1918～1923.

［18］ 谭玉华，谭曼玲，苏旭平，等. 第八次全国热处理大会论文集，2003：437～440.

［19］ 谭玉华. 1964 年全国金属学会议，1964.

［20］ Ma Yuexin，Wu Yu，Yang Shaokui，et al. Applied Mechanics and Materials，2010：97～101，695～698.

［21］ Ma Yuexin，Wang Long，Yang Shaokui，et al. Applied Mechanics and Materials，2011：44～47，894～899.

［22］ Ma Yuexin，Liu Yuejun，Zeng Dechang，et al. Applied Mechanics and Materials，2011：121～126，231～238.

［23］ 马跃新，谭玉华. 第十次全国热处理大会宣读论文，2011：209～215.

［24］ 谭玉华，袁明. 鉄と鋼，1989，75：1378～1385.

［25］ 马跃新，曾德长，董希淳. 材料热处理学报，2012，33（1）：145～151.

［26］ 马跃新，吴煜，曾德长，等. 蝶状马氏体形成机理的探讨［J］. 金属热处理，待发表.

［27］ 马跃新，吴煜，曾德长，谭玉华. 马氏体类型及其形成原因的探讨［J］. 材料热处理学报，待发表.

［28］马跃新，吴煜，曾德长，刘跃军，谭玉华. 低碳马氏体的研究：一、形态和晶体学［J］. 金属热处理，待发表.

［29］马跃新，吴煜，曾德长，刘跃军，谭玉华. 低碳马氏体的研究：二、形成机理的探讨［J］. 金属热处理，待发表.

［30］Tan Y H, Dong X C. Wire Industry, 1993, 1：41～46.

［31］Christian J W, Olson G B, Cohen M. J. de Phys., Ⅳ, Sup., 1995, 5：3～8.

［32］北京钢铁学院中国冶金史编写小组. 中国冶金简史［M］. 北京：科学出版社，1972：62～63.

［33］Osmond F. Bull. Soc. Encour. Ind. Nat. 1895, 10：480～487.

［34］Bowles J S. Acta Cryst., 1951, 4：162～171.

［35］Mehl R E. Trans. AIME, 1933, 105：215～221.

［36］Kelly P M, Nutting J. J. Inst. Met., 1958～1959, 87：385～391.

［37］Kelly P M, Nutting J. Proc. R. Soc. (A), 1960, 259：45～58.

［38］Owen W S, Wilon E A, Bell L L. High strength marterials (A), V F Zackay, Ed. J. Wiley & Sous. New York, 1965：167～173.

［39］Marder A R, Krauss G. Trans. ASM, 1967, 60：651～660.

［40］Barrett C S. John Wiley & Sone. New York, 1951, 343.

［41］Lieberman D S. London the Inst. Metals, 1969：168～174.

［42］徐祖跃. 马氏体相变与马氏体［M］. 北京：科学出版社，1999.

［43］Tan Yu hua. Hot water quenching of wire from a lower austenitising temperature［J］. Wire Industry, 1993, 1：41～47.

［44］Krauss G, Marder A R. Metall. Trans., 1971, 2A：2343～2357.

［45］牧正志，田村今男. 鉄と鋼, 1982, 67 (7)：825～866.

［46］Rao B V N, Thomas G. Proc. of 3rd Int. Conf. on Martensitic Transformation (ICOMAT-79), Borton, 1979：12～21.

［47］Bell T, Owen W S. J I S I, 1967, 205：428～435.

［48］Owen W S, et al. High Strength Materials, New York, 1965：169～177.

［49］Resnina N, Belyaev S. Journal of Alloys and Compounds, 2009, 486：304～308.

［50］Maki T, Tsuzaki K, Tamura I. J. Iron Steel Inst. Jpn., 1979, 65 (5)：515～519.

［51］Maki T, Umemoto M. J. Iron Steel Inst Jpn., 1974, 13：321～334.

［52］Marder J M, Marder A R. Trans. ASM, 1969, 63：1～12.

［53］Bonadé R, Spätig P, Schäublin R, Victoria M. Materials Science and Engineering, 2004, A387～389：16～21.

［54］Sandvik B P J, Waymant C M. Metall. Trans., 1983, 14：809～822, 823～824, 835～841.

［55］Nishiyama Z. Martensitic transformation［A］. Academic Press, New York, 1978.

［56］Maki T, Tsuzaki K, Tamura I. J. Iron Steel Inst. Jpn., 1979, 65 (5)：515～519.

［57］Schoen F J, Nilles T L, Owen W S. Metall. Trans., 1971, 2A：2489～2496.

[58] Speich G R. Metals Handbook, 8th Ed. , Vol. 8, John Wiley & Sone, New York, 1973: 197.

[59] Hidaka H, Tsuchigama T, Takasi S. Mater. Sci. Forum . 2003, 426~432: 27~35.

[60] Lai G V. Nature Phys. Sci. , 1972, 236 (68): 108~117.

[61] Sarikaya M, Thomas G. J. De Physique, 1983, 43 (12): 563~568.

[62] Састивсв B M. Metal-Physics & Metallurgy, 1974, 38: 793.

[63] Rao B V N. Metall. Trans. , 1979, 10 A: 645~658.

[64] Davies R G, Lagee M C. Metall. Trans. , 1971, 2 A: 1939~1944.

[65] Tatehiva K, et al. Heat Treatment (Japan), 1991, 4 (6): 1906~1918.

[66] Еатер M E. М и Т О М, 1957, 5: 7~13.

[67] Swarr T, Krauss G. Metall. Trans. , 1976, 7A: 41~48.

[68] Kehoe M, Kelly P M. Scripta Met. , 1970, 4: 473~482.

[69] Speich G R. Trans. Met. Soc. AIME. , 1969, 245: 2553.

[70] Masahide Natori, Yuichi Futamura, Toshihiro Tsuchiyama, Setsuo Takaki. Scripta Materialia, 2005, 53: 603~608.

[71] Shtansdy D V, Nakai K, Ohmor Y. Acta Mater, 2000, 48 (8): 1679~1686.

[72] Bay B, Hansen N, Hughes D A, Kuhlmann Wilsdolf D. Acta Metall Mater, 1992, 40: 205~219.

[73] Maki T, Tamura I. Tetsu-to-Hagane . 1981, 67: 852~856.

[74] Mebarki N, Delagnes D, Lamesle P, Delmas F, Levaillant C. Materials Science and Engineering, 2004, A387~389: 171~175.

[75] Das S K, Thomas G. Met. Trans. , 1970, 1: 325.

[76] Kurdjumov G. J I S I, 1960, 195: 26~34.

[77] Гридневц B H, Летров Ю H. М и Т О М, 1967, 8: 29~33.

[78] Tamura I. Heat Treatment (Japan), 1983, 23: 131~142.

[79] Wasserman G. Miff. Kaiser-Wilhelm-Inst. Eseinforch, Dusseldorf, 1935, 17: 149~155.

[80] Wakasa K, Wayman C M. Acta Metall. , 1981, 29: 373~386.

[81] Van Gent A, Van Doorn F C, Mittemeijer E J. Metall. Trans. , 1985, 16A: 1371~1388.

[82] Sarma D S, et al. Metal. Sic. , 1976, 10: 347~391.

[83] Kelly P M, Jostsons A G, Blak R G. Acta Metall. Mater. , 1990, 38 (6): 1075~1085.

[84] Marder A R, Krauss G. Trans. ASM, 1969, 62: 957~964.

[85] Jsandvik B P, Wayman C M. Metall. Trans. , 1983, 14A: 809~821.

[86] Zhang X M, Li D, Xing Z S, Gautier E. Acta Metall. , 1933, 41: 1683~1697.

[87] Greninger A B, Triano A R. Trans. AIME, 1940, 140: 30~44.

[88] Zhang X M, Qi Y, Zhong J X, Guo Y Y. Chin. J. Metals Sci. Technol. , 1990, 6: 348~351.

[89] Pasko A, Kolomytsev V, Vermaut P. Journal of Non-Crystalline Solids, 2007, 353: 3062~3068.

［90］ Speich G R, Swann P R. J. I. S. I, 1965, 203: 480~485.

［91］ Marder A R, Benscter A O. Trans. ASM, 1968, 61: 293~299.

［92］ Morito S, Yoshida H, Maki T, Huang X. Materials Science and Engineering 2006, A438~440: 237~240.

［93］ Marder A R, Krauss G. Proc. of 2nd Int. Conf. on Strength of Metals and Alloy, ASM, 1970, 636~822.

［94］ 牧正志, 田村今男. 日本金属学会会报, 1974, 13 (5): 329~339.

［95］ Krauss G, Pitsch W. Trans. TMS-ALME, 1956, 233: 919~926.

［96］ Williamson D L, Nakazawa K, Krauss G. Metall. Trans., 1979, 10A: 1351~1363.

［97］ Speich G R. Metall. Trans., 1972, 3A: 1043~1050.

［98］ Umemoto M, Yoshitake E, Tamura I. J. Mater. Sci., 1983, 18: 2893~2904.

［99］ 贡海, 苏东升. 金属热处理, 1983, 3: 32~43.

［100］ Hongxing Zheng, Jian Liu, Mingxu Xia, Jianguo Li. Materials Science and Engineering. 2006, A 432: 1011~1014.

［101］ Klostermann J A, Buegers W G. Acta Met., 1964, 12: 342~355.

［102］ Hisashi Satoa, Stefan Zaeferer. Acta Materialia, 2009, 57: 1931~1937.

［103］ 田村今男, 牧正志, 波户浩. 日本金属学会志, 1969, 33: 1376~1384.

［104］ 牧正志, 下冈贞正, 梅本实, 等. 日本金属学会志, 1971, 35 (11): 1073~1081.

［105］ Chen Qizhi, Xingfang W U, Jun K J. Science in China (Series A), 1997, 40 (6): 632~636.

［106］ 梅本实, 渡井康之, 田村今男. 日本金属学会志, 1980, 44 (4): 453~458.

［107］ Klostermann J A, Buegers W G. Acta Met., 1964, 12: 355~361.

［108］ 田村今男, 牧正志, 波户浩. 日本金属学会志, 1969, 33: 1376~1384.

［109］ 牧正志, 下冈贞正, 梅本实, 等. 日本金属学会志, 1971, 35 (11): 1073~1081.

［110］ Chilton J W, Barton C G, Spech G R. J. I. S. I, 1970, 209: 184~192.

［111］ 牧正志, 田村今男. 日本金属学会会报, 1974, 13 (3): 329~339.

［112］ Krauss G. Mater. Sci. Eng., 1999, A273~275: 40~51.

［113］ 姬晓利, 武艳萍, 智传锁. 河北冶金, 2006, 5: 18~25.

［114］ Shimizu K, Nishoyama Z. Metall. Trans., 1972, 2A: 1055~1068.

［115］ Seo S B, Jun J H, Coi C S. Scripta Mater, 2000, 42: 123~127.

［116］ Huo J G. J. Alloys and Compounds, 2009, 485: 300~303.

［117］ Wang Shidao, Hei Zukun. Scripta Materialia, 1999, 40 (10): 1157~1164.

［118］ Schumann H. Acta Met. 1967, 38: 647~655.

［119］ Speich G R. Trans. Met. Soc. AIME., 1960, 218: 1050~1065.

［120］ 西山善次, 清水谦一. J. Phys Soc. Japan, 1960, 15: 131~139.

［121］ Révész A, Ungár T, Borbély A, Lendvai J. Nanostruct. Mater., 1996, 7: 779~786.

［122］ Shibata A, Yonezawa H, Yabuuchi K. Materials Science and Engineering, 2006, A 438~440: 241~245.

[123] Taylor A. J. Inst. Metals, 1952, 81: 169~177.

[124] Zhang M X, Kelly P M. Scripta Mater. , 2001, 44: 2575~2581.

[125] Seo S B, Jun J H, Coi C S. Scripta Mater. , 2000, 42: 123~127.

[126] Olson G B, Cohen M. J. Less Common Metals, 1972, 28: 107~112.

[127] Thang I. Metals Sci. , 1982, 16: 245.

[128] Tadaki T, Sawara T, Shimizu K. J. Japan Inst. Metals, 1971, 35: 609~617.

[129] Maki T, Shimooka S, Umemoto T, Tamura I. Trans. Japan Inst. Metals, 1972, 13: 400~412.

[130] Li D F, Zhang X M, Gautier E, Zhang J S. Acta Met. , 1998, 46 (13): 4827~4834.

[131] Howell P R, Bee J V, Honeycombe R W K. Metall. Trans. , 1979, 10A: 1213~1228.

[132] Pascover J S, Radecliffe S V. Metall. Trans. 1968, 242: 673~781.

[133] 立平和树, 淀川正进, 铃木朝夫. 热处理, 1984, 24 (2): 79~85.

[134] Magee C L, Davies R G . Acta Metall. , 1971, 19: 335~342.

[135] Vahnal R F, Radcliffe S V. Acta Met. , 1967, 15: 1475~1485.

[136] Annell. Metall. Trans. , 1971, 2A: 2443~2458.

[137] Boniszewaki T. Iron Steel Inst. , Spe. Rep. 1965, 93: 20~32.

[138] Donachie R G, Anell C L. Metall, Trans. , 1972, 2A: 183~194.

[139] Каминнский И С. Проб. Мет. и Физ. Мет. , 1949, 1: 211~222.

[140] Kelly O M, Nutting J. J. Iron Steel Inst. , 1961, 197: 124~199.

[141] Dautovich D P, Bowies J S. Acta Met. , 1972, 20: 1137~1147.

[142] Bell T, Owen W S. Trans. Met. Saoc. AIME, 1967, 239: 1940~1958.

[143] Wayman C M. Introduction to Crystall. Matensite Trans. Mater. , Series Material Science, 1964: 443~456.

[144] Jana S, Bowies C M. Acta Met. 1969, 17: 1~13 .

[145] Nishiyama Z, Shimizu K. Acta Met. , 1961, 9: 980~993.

[146] Thomas G. Metall. Trans. , 1972, 2A: 2373~2388.

[147] Olson G B. Prog. in Martensite. ASM International, 1992: 1~14.

[148] Bain E C. Trans. AIME, 1924, 70: 25~36.

[149] Kurdjumov G, Sachs G. Z. Physik. , (in German) 1930, 64: 325~332.

[150] Greninger A B, Toiano A R. Trans. AIME, 1949, 1: 216~223.

[151] Knapp H, Dehlinger U. Acta Metall, 1956, 4: 289~292.

[152] 藤田英一. 日本金属学会志, 1975, 39: 1062~1087.

[153] Kaufman L, Cohen M. Prugress in Metals Phys, 1958, 7: 165~168.

[154] Raghavan V, Cohen M. Acta Metall, 1972, 20: 333~341.

[155] Venables J A. Phil. Mag. 1962, 7: 35~43.

[156] 藤田英一. 日本金属学会会报, 1974, 13: 713~727.

[157] 徐祖跃. 金属学报, 1991, 27: A179n~A185n.

[158] Hoshino Y, Nakamura S, Ishikawa N. A. Sato. Mater. Sci. Forum, 1999, 56~58: 643~

656.

[159] Li J, Wayma C M. Scripta Metall. Mater. , 1992, 27: 185 ~ 279.

[160] Olson G B, Cohen M. Metall. Trans. , 1977, 8A: 1905 ~ 1912.

[161] Kajiwara S. Proc. ICOMAT – 79, MTT, Cambridge, Mass. , 1979: 362 ~ 363.

[162] Fujita F E. Metall. Trans. , 1977, 8A: 1727 ~ 1738.

[163] Inagaki H. Z. M. , 1992, 83: 97 ~ 102.

[164] Talonen J, Hanninen H. Acta Materialia, 2007, 55: 6108 ~ 6118 .

[165] Testardi L R, Bateman T B. Phys. Rev. , 1964, 135: 482 ~ 494.

[166] Keller K R, Hanak J J. Phys. Rev. , 1967, 154: 628 ~ 635.

[167] Guenin G, Gobin P F. Metall. Trans. , 1982, 13A: 1127 ~ 1133.

[168] Clapp P C. Phys. Stat. Sol. , 1973, 57: 561 ~ 577.

[169] Clapp P C. Metall. Trans. , 1981, 12A: 589 ~ 596.

[170] Olson G B, Cohen M. Ann. Rev. Mater. Sci. 1981, 11: 1 ~ 15.

[171] Olson G B, Cohen M. Metall. Trans. , 1976, 7A: 1915 ~ 1926.

[172] Salams K, Alers G A. J. Appl. Phys. 1968, 39: 4857 ~ 4864.

[173] Чаус А С, Ридницкий О М. М и Т О М, 2003, 5: 3 ~ 12 .

[174] Waterschoot T, Brunn C. Z. Metallkd, 2003, 94 (4): 424 ~ 437.

[175] 西山善次, 清水谦一. 日本金属学会会报, 1963, 2: 153 ~ 159.

[176] Chilton J M, Barton A R, Speich G R. J. I. S. I. , 1973, 208: 184 ~ 195.

[177] 牧正志, 田村今男. 鉄と鋼, 1982, 67 (7): 852 ~ 866.

[178] Hayakawa M, Matsuoka S, Tsuzak K. Mater. Trans. , 2002, 43 (2): 1758 ~ 1766 .

[179] Ma Y P . Acta Metall. Sinica, 2002, 15 (4): 328 ~ 334 .

[180] Ohmura T, Tsuzaki K, Matsuoka S. Scrip. Mater. , 2001, 45 (8): 889 ~ 897 .

[181] Лившиц Б Г. ДАН СССР, 1953, 93: 1033 ~ 1046.

[182] Maki T. Tamura I, 1974, I3 (5): 329 ~ 339.

[183] Thomas G. Proc. Solid-Solid Phase Transformation Conf. , Pittsburgh, P. A, August, 1981.

[184] Zhang M X, Kelly P M. Scripta Mater. , 2001, 44: 2575 ~ 2581.

[185] 徐祖跃. 科学记录, 1957, 1 (3): 59 ~ 65.

[186] Ohmori Y, June Y C, Nakai K. Acta Mater. , 2001, 49: 3149 ~ 3162.

[187] Kelly P M. Jostsans A. Blake R G. Acta Metall Mater, 1990, 38 (6): 1075 ~ 1081.

[188] 肖上工. 凿岩机械气动工具, 2009, 3: 28 ~ 32.

[189] 李春胜, 黄德斌. 金属材料手册 [M]. 北京: 化学工业出版社, 2005.

[190] 方旭东, 张寿禄, 杨常春, 夏焱. 太原科技, 2007, 1: 26 ~ 30.

[191] Dronhofer A, Pesicka J, Dlouhy A, Eggeler G. Z. Metallkd. , 2003, 94 (5): 511 ~ 524.

[192] Thomas G, Rao B V N. Proc Int. Conf. on Martensite, ICOMAT – 77, Kiev, VSSR, 1978: 57 ~ 68.

[193] 刘宗昌, 袁长军, 计云萍, 任慧平. 热处理, 2011, 26 (1): 20 ~ 25.

［194］ Misraa R D K, Zhanga Z, Venkatasuryaa P K C, Somani M C, Karjalainenb L P. Materials Science and Engineering, 2010, A 527: 7779 ~ 7792.

［195］ Shtansky D V, Nakai K, Ohumori Y. Acta Mater. , 2000, 48（8）: 1679 ~ 1689.

［196］ Hamakewa G T. J. De Physi, JP. Ⅳ, 2009, 112: 143 ~ 146.

［197］ Magee C L, Phase Transformation, ASM, 1970: 115 ~ 127.

［198］ Zhu Jiewua, Xu Yanb, Yongning Liua. Materials Science and Engineering A, 2004, 385: 440 ~ 444.

［199］ Li Yesheng, Wu Ziping, Zhu Yinlu, Chen Huihuang. Transactions of materials of materials and heat-treatment proceedings of 14th ifhtse congress, 2004, 25（5）: 105 ~ 109.

［200］ 才鸿年, 赵宝荣. 金属材料手册［M］. 北京: 化学工业出版社, 2011.

［201］ Муравъев В И, Черновай С М. МиОТМ, 2003, 5: 8 ~ 15.

［202］ Агасьяярц Г А, Сембратов Г Г. МиОТМ, 2003, 8: 24 ~ 33.

［203］ Serajzadeh S, Karim A. Z. Metallkd. , 2003, 94（8）: 16 ~ 19.

［204］ 张铈霖. 金属学报, 1957, 2（4）: 367 ~ 377.

［205］ Saxena A, Aetae R, Sinha S N. J. Mater. Eng. and Performance, 2003, 12（4）: 321 ~ 329.

［206］ 杉本公一, 菊池淋, 经泽道高. 鉄と鋼, 2003, 89（10）: 1065 ~ 1068.

［207］ Воросищев В И, Деменшьев В П. Изв Черная Мемалурлия, 2003, 4: 48 ~ 54.

［208］ Padmanabhan A. J. Mater. Proce. Tech. , 2003, 139: 642 ~ 647.

［209］ 早川正夫, 松冈三郎, 津崎兼彰. 热处理, 2002, 42（3）: 161 ~ 178.

［210］ Furhera T, Sate E, Mizoognchi T. Mater. Trans. , 2002, 43（10）: 2455 ~ 2460.

［211］ 刘昌泽. 金属学报, 1985, 31: A259 ~ A265.

［212］ Цивиинсккиий С В. Сб " Проблемы Мемаалловеедение и Физики Мемаллов". 1955, 4: 277 ~ 289.

［213］ Энмии Р И. Ibid, 1955, 4: 368 ~ 376.

［214］ Ohmori Y, Jung Y C, Naral K, Shioin H. Acta Mater. , 2001, 49: 3149 ~ 3162.

［215］ Shtansky D V, Nakai K, Ohumori Y. Acta Mater. , 2000, 48（8）: 1679 ~ 1689.

［216］ Morito S, Tanaka, Konishi R, Furuhara T, Maki T. Acta Mater. , 2003, 51: 1789 ~ 1792.

［217］ Иваанов Ю Ф и др. МиОТМ, 1989, 2: 2 ~ 11.

［218］ Lai G Y, Christain J W. Metall. Trans. , 1974, 5A: 1663 ~ 1678.

［219］ Tamura I. Heat Treatment（Japan）, 1983, 23: 131 ~ 144.

［220］ Bao B V N, et al. Metall, Trans. , 1980, 11A: 441 ~ 456.

［221］ Khau K H, et al. Metall, Trans. , 1972, 2A: 1939 ~ 1951.

［222］ Greninge A B, Triano A R. Trans. AIME, 1940, 140: 30 ~ 43.

［223］ Thomas G. Iron steel International, 1973, 46: 451 ~ 466.

［224］ Zackay V F. The Structure and Design of Alloys, London, 1973.

［225］ 清水谦一. 日本金属学会会报, 1972, 6（11）: 758 ~ 769.

[226] Harris W J, Cohen M. Trans. AIME, 1949, 180: 445~451.

[227] Khachayuryan A G. Theory of Structural Transformantion in Solid. New York: John Wiley $ Sons, 1983: 123~157.

[228] Brauner J. Arch Eisenhüte. , 1963, 34: 173~186.

[229] Rupp P. ibid, 1965, 36: 125~133.

[230] Fritsch J. Revue Mét. , 1970, 67: 739~945.

[231] Fritsch R. ibid, 1971, 68: 389~396.

[232] Изотов В Н. Ф. М. М. , 1972, 34: 123~147.

[233] Thomas H. Metall. , 1956, 10: 95~102.

[234] Hisashi Sato, Stefan Zaefferer. Acta Materialia, 2009, 57: 1931~1937.

[235] Chilton J W, Barton C G, Speich G R. J. I. S. I, 1970, 209: 184~189.

[236] Tkalcec I, Azco C, Crevoiserat S, Mari D. Materials Science and Engineering, 2004, A 387~389: 352~356.

[237] Carr M J. Metall. Trans. , 1978, 9A: 857~869.

[238] Bnadesia H K D H. Proc. of 3rd Int. Conf. on Martensitic Transformation (ICOMAT – 79), Borton, 1979: 76~79.

[239] Cai W, Gao L, Lin A I. Scripta Materialia, 2007, 57: 659~662.

[240] Rose A, Peter W. Stahl und Eisen. , 1952, 72: 1063~1075.

[241] Мирзаев Д А, Штейнбри М М. Ф. М. М, 1979, 47: 985~997.

[242] Муравбев В И, Черной С М. МиОТМ, 2003, 5: 8~13.

[243] Hull D. Bull. Inst. Met. , 1954, 2: 134~145.

[244] Palumbo M. Computer Coupling of Phase Diagrams and Thermochemistry, 2008, 32: 693~708.

[245] Kaufmanm L, Cohen M. Prog. in Met. Physics, 1958, 7: 165~168.

[246] Мирзаев Д А, Карзунов С Е. Ф. М. М, 1986, 62: 318~325.

[247] Tanaka Y, Oikawa K, Sutou Y. Materials Science and Engineering, 2006, A438~440: 1054~1060.

[248] Krauss G. Mater. Sci. Eng. , 1999, A273~275: 40~55.

[249] Певзнер М В . МиОТМ, 1956, 10: 2~17.

[250] Thomas H. Z. fur Physik, 1951, 129: 219~223.

[251] Vasudevan P. J. Iron Steel Inst. , 1958, 190: 386~398.

[252] Ke Zhang, Meihan Zhang, Zhenghong Guo, Nailu Chen, Yonghua Rong. Materials Science and Engineering, 2011, A 528: 8486~8491.

[253] Bhadeshia H K D H. Mater. Sci. Technol. , 2005, 21: 1293~1301.

[254] Speer J, Matlock D K, B C De Cooman, Schroth J G. Transformation, Acta Materialia, 2003, 51: 2611~2622.

[255] Wang X D, Zhong N, Rong Y H, Hsu T Y, Wang L. J. Mater. Res. , 2009, 24: 260~278.

[256] Misra R D, Nathani H, Hartmann J E, Siciliano F. Mater. Sci. Eng. , 2005, A394: 339 ~ 352.

[257] Shanmugam S, Misra R D, Hartmann J E, Jansto S. Mater. Sci. Eng. , 2006, A437: 436 ~ 445.

[258] Niels Hansen, Robert F Mehl, Award Medalist. New Discoveries in Deformed Metals. Metallurgical and Materials Transactions; Dec 2001; 32A, 12; Academic Research Library: 2917.

[259] Kovács Zs, Chinh N Q , Lendvai J, Horita Z, Langdon T G. Materials Science Forum Vols. 2002: 396 ~ 402: 1073 ~ 1078.

[260] Ma A, Lim S W, Nishiha Y. Mater. Sci. Forum, 2003, 426 ~ 432: 2735 ~ 2740.

[261] Kunihiro Ohashi, Takeshi Fujita, Keiichiro Oh-ishi, Kenji Kaneko, Zenji Horita, Terence G Langdon. Materials Science Forum, 2003, 426 ~ 432: 2637 ~ 2642.

[262] Richert M, Richert J, Zasadziński J, Hawrylkiewicz S, Dlugopolski J. Materials Chemistry and Physics, 2003, 81: 528 ~ 530.

[263] Zuyan L, Zhongjin W. J Mater Proc Tech, 1999, 94 (2/3): 193 ~ 196.

[264] Vtunommiya H, Souna R, Skai T. Mater. Sci. Forum, 2003, 426 ~ 432: 2681 ~ 2686.

[265] Cui Q, Chori K. Mater. Sci. Tech, 2000, 16: 1095 ~ 1107.

[266] Mao J, Kang S B, Park J O. Grain refinement, thermal stability and tens. 2005, 159: 314 ~ 328.

[267] Fatay D, Bastarash E, Nyilas K, Dobatkin S, Gubicza J, Ungar T. Carl Hanser Verlag, Munchen Z. Metallkd. , 2003, 94: 221 ~ 228.

[268] Kehoe M, Kelly P M. Scripta. Met. , 1770, 4: 473 ~ 486.

[269] Баннылт О А, Бьлинов М Е. МиОТМ, 2003, 2: 3 ~ 12.

[270] Saxena A, Artar R, Sinha S N. J. Mater. Eng. and Performance, 2003, 12 (4): 445 ~ 453.

[271] Hidaka H, Tsuchiyama T, Takaki S. Mater. Sic. Forum, 2003, 426 ~ 432: 2717 ~ 2722.

[272] Zheng H X, Xia M X, Liu J, Li J G . Journal of Alloys and Compounds, 2004, 385: 144 ~ 147.

[273] Entiwisle A R. Metall. Trans. , 1971, 2A: 2395 ~ 2402.

[274] Gulnaz V N, Maria D B, Ruslan Z V. M. M. T. , 2000, 66 (10): 982 ~ 988.

[275] Jianfeng Wan, Shipu Chen. Current Opinion in Solid State and Materials Science, 2005, 9: 303 ~ 312.

[276] Zhu Jiewu, Xu Yan, Yongning Liu. Materials Science and Engineering, 2004, A 385: 440 ~ 444.

[277] Deschamps A, Livet F, Brechet Y. Acta Mater. 1999, 47 (1): 281 ~ 292.

[278] Salem H G, Lyons J S. Journal of Materials Engineering and Performance, 2002, 11 (4): 384 ~ 396.

[279] Yu R Kolobov, Kieback B, Ivanov K V, et al. Int. J. Refr. Met. Hard Mater, 2003 (21):

69 ~ 79.

[280] 林学强，刘宗昌. 内蒙古科技大学学报，2009，28（4）：296 ~ 301.

[281] J Tianfu，G Yuwei，Q Guiying，et al. Mater. Sci. Eng.，2006，A 432：216 ~ 220.

[282] Zherebtsov S V，Salishichev G A，Galeyev R M，et al. Scripta Materialia，2004（51）：1147 ~ 1151.

[283] Aoki K，Kimura Y. Mater. Sci. Forum，2003，426 ~ 432：2705 ~ 2718.

[284] Hidaka H，Tsuchiyama T，Takaki S. Mater. Sci. Forum，2003（426 ~ 432）：2717 ~ 2722.

[285] Yu R Kolobov，Kieback B，Ivanov K V，et al. Int. J. Refr. Met. Hard Mater，2003（21）：69 ~ 78.

[286] Valiev R Z. Mater. Sic. Forum，2003，426 ~ 432：237 ~ 244.

[287] Rowlands P C. TMS – AIME，1968，242：1559 ~ 1563.

[288] Cherukuri，Balakrishna，Nedkova，Teodora S. JOM，2004，56（11）：218 ~ 230.

[289] Lai G Y. Nature Phys. Set.，1972，236（68）：108 ~ 117.

[290] Brauner J. Arch. Eisenhutt.，1963，34：173 ~ 186.

[291] Rupp P. ibid，1965，36：125 ~ 134.

[292] Fritsch J，Murry G，Revue Mét.，1970，67：739 ~ 748.

[293] Castro R. Revue Mét.，1971，68：389 ~ 397.

[294] Stolyarov V，Valiev R. Ultrafine Grain Materials // Y. T. Zhu，T. G. Langdon，R. S. Mishra，S. L. Semiatin，M. J. Saran，T. C. Lowe. The Minerals，Metals and Materials Society，Warrendale，PA，2002：209 ~ 213.

[295] Knowles K M. Phil. Mag.，1982，45A：357 ~ 368.

[296] Davies R G. Metall. Trans.，1971，2A：1934 ~ 1979.

[297] Zhang M X，Kelly P M. Scripta Mater.，2001，44：2575 ~ 2581.

[298] Metals Handbook，A S M，Cleveland，U. S. A.，1948.

[299] 刘宗昌，段宝玉，王海燕，等. 金属热处理，2009，34（1）：24 ~ 28.

[300] Tamura I. On the thin-plate martensite in Fe-Ni-C alloy［A］. ibid，1976：59 ~ 68.

[301] Khau K H. Metall. Trans.，1971，2A：1937 ~ 1944.

[302] Oka M，Wayman C M. Trans. Met. Soc. AIME，1968，243：337 ~ 349.

[303] 金属学与热处理手册（第三册）［M］. 北京：冶金工业出版社，1959.

[304] Cohen M. Trans. A. S. M.，1939，27：334 ~ 348.

[305] Schoen F J，Nilles J L，Owen W S. Metall Trans，1971，2A（9）：248 ~ 249.

[306] Wekasa K，Wayman C M. Scripta Metallurgica.，1979，13（12）：1163 ~ 1166.

[307] Van Gent A，Van Doom F C，MiHemeijer E J. Metall Trans A，1985，16（8）：1371 ~ 1384.

[308] Chilton J W，Barton C J，Speich G R. J Iron Steel Inst，1970，208（part 1）：184 ~ 193.

[309] Morito S，Tanaka H，Konishi R. Acta Mater，2003，51（6）：1789 ~ 1799.

[310] Schastlivtsev V M，Rodionov D P，Khlebnikova Y K，Yakovleva I L. Mater Sci Eng A，

1999，A273～275：437～442.

[311] Krauss G, Marder A R. Metall Trans, 1971, 2A：2343～2350.

[312] Krauss G. Mater. Sci. Eng. , 1999, A273～275：40～57.

[313] 牧正志，田村今男. 鉄と鋼，1981，67（7）：852～857.

[314] Marder A R, Krauss G. ASM TRANS QUART, 1967；60（4）：651～660.

[315] Mirzayev D A, Mschastivtsev V M, Ulyanov V G. J De Physique Ⅳ, 2003, 112（part 1）：143～146.

[316] Ohmura I, Hara T, Tsuzaki K. J Mater Research, 2003, 18（6）：1465～1470.

[317] Wakasa K, Waymen C M. Acta Metal. , 1981, 29：991～1011.

[318] Apple C A, Caron R N. Metall. Ttans. , 1974, 5A：593～603.

[319] Inouse T, Matsuda S. Trans, JIM, 1970, 11：36～45.

[320] Gourgues A F, Flower H M. Metall. Trans. , 2000, 16：26～34.

[321] Bnadesia H K D H . Proc. of 3ʳᵈ Int. Conf. on Martensitic Transformation（ICOMAT－79），Borton, 1979：28～37.

[322] Yokota M J, Lai G Y. Met. Trans. , 1975, 6A：1837～1848.

[323] Watanable M, Wayman C M. Acta Met. , 1977, 25：681～694.

[324] 牧正志，津崎兼彰，田村今男. 鉄と鋼，1979，65（5）：515～522.

[325] Корнилов И И ДАН СССР, 1954, 95（3）：121～134.

[326] Mehl R F. Hardenabilily alloy steel, A. S. M. , 1938：1～17.

[327] Hisashi Sato, Stefan Zaefere, Yoshimi Watanabe. ISIJ International, 2009, 49（11）：1784～1791.

[328] Thomas G, Sarikaya M. Proc. Solid－Solid Phase Transformation Conf. , Pittsburgh PA, August, 1981.

[329] Chen Q, Xingfang W U, Wei L Y. Science in China（Series A），1997，11：4～11.

[330] Курдюомов Г В. Док АН СССР. , 1948, 61：83～96 .

[331] Курдюомов Г В. ЖТФ. , 1946, 16：1307～1312.

[332] King H W. J. I. S. T. , 1959, 193：123～135.

[333] Белоцкий А В. Изв. ДАН СССР, Мемаллургия и горрноедело, 1963, 5：126～139.

[334] Roberts C S. Trans A. S. M, 1953, 45：576～588.

[335] 北京钢铁学院金相热处理教研室. 金属热处理 [M]. 北京：中国工业出版社，1961.

[336] Энмии Р И. МиОТМ, 1956, 9：3～21.

[337] Bowman F. Trans. A. S. M. , 1946, 36：236～249.

冶金工业出版社部分图书推荐

书　名	定价(元)
金属精密塑性加工工艺与设备	46.00
金属塑性成形力学	26.00
金属塑性成形力学原理	32.00
金属塑性成形	28.00
金属塑性加工学——轧制理论与工艺	39.80
金属塑性加工学——挤压、拉拔与管材冷轧	35.00
塑性加工金属学	25.00
二十辊轧机及高精度冷轧钢带生产	69.00
中国冷轧板带大全	138.00
板带材生产原理与工艺	28.00
高精度板带材轧制理论与实践	70.00
薄板坯连铸连轧钢的组织性能控制	79.00
薄板坯连铸连轧微合金化技术	58.00
德汉轧钢词典	58.00
金属固态相变教程（第2版）	30.00
金属固态相变原理	20.00
贝氏体与贝氏体相变	59.00
合金定向凝固	25.00
材料科学与工程实验系列教材	
材料科学与工程实验教程（金属材料分册）	43.00
材料科学与工程实验教程（高分子分册）	39.00
材料成型与控制实验教程（焊接分册）	36.00
金属材料塑性成形实验教程	20.00
材料现代分析测试实验教程	25.00
材料织构分析原理与检测技术	36.00
材料微观结构的电子显微学分析	110.00
材料组织结构转变原理	32.00
材料现代测试技术	45.00
材料的结构	49.00
材料科学基础	45.00